国家社科基金重点项目"拓展新时代文明实践中心建设研究"（项目编号：21AZD052）的阶段性成果

九州文库

当代中国政治伦理精神研究导论

陈绪新 白冰 著

九州出版社
JIUZHOUPRESS

图书在版编目（CIP）数据

当代中国政治伦理精神研究导论／陈绪新，白冰著．
北京：九州出版社，2024.8. -- ISBN 978-7-5225
-3217-2

Ⅰ. B82-051

中国国家版本馆 CIP 数据核字第 2024UA3313 号

当代中国政治伦理精神研究导论

作　　者	陈绪新　白　冰　著	
责任编辑	黄明佳	
出版发行	九州出版社	
地　　址	北京市西城区阜外大街甲 35 号（100037）	
发行电话	（010）68992190/3/5/6	
网　　址	www. jiuzhoupress. com	
印　　刷	唐山才智印刷有限公司	
开　　本	710 毫米×1000 毫米　16 开	
印　　张	17	
字　　数	305 千字	
版　　次	2024 年 8 月第 1 版	
印　　次	2024 年 8 月第 1 次印刷	
书　　号	ISBN 978-7-5225-3217-2	
定　　价	95.00 元	

中国式政治现代化的伦理向度
（自序）

　　"现代"是相对于"传统"而言的，以工业文明为核心内容与标志的"现代化"是相对于农业文明时代传统的生产方式、生活方式、思维方式而言的。"现代化"不是一个完成时，也不是一种静止的状态，更没有一个固定的模式，它是历史的，是不断变化发展的，是因文化传统、民族国家和文明形态的不同而有别甚至迥异。政治现代化是现代化的最核心要件，它决定着现代化的生发源头、发展动力、前进方向、价值旨归及其基础上形塑的人类文明形态。中华民族的文明源头、文化传统、历史进程及其基础上形成的民族国家基本结构范式、民族精神性格、文明或社会基本形态等与西方式政治现代化及其道德谋划以及由此而形塑的西方文明形态有着本质区别。照搬、照抄西方式政治现代化及其文明形态必将与华夏文明形态、中华优秀传统文化以及中国人和中华民族的精神性格格格不入。即便是在世界观和方法论上与中国人和中华民族的精神性格有着高度契合的马克思主义，同样必须与中国具体实际、中华优秀传统文化相结合，且不断与时俱进。

　　综括地讲，文艺复兴以降，资本主义生产方式、生活方式、思维方式宰制下的西方式政治现代化及其道德谋划因其"原子式的"的文明脐带、以自我为中心的狭隘立场、被宰制的"非此即彼"的僵化思维，不可避免地获致人与自然、人与人、人与社会、人与自身的关系危机。西方式政治现代化及其道德谋划以及由此而形塑的西方资本主义文明形态，因其秉持"追求自我利益最大化"的标准行为假设，将自然环境简约化为"自然资源"，不见了生态的多样性；将社会关系简约化为"社会资本"，不见了生活的真实性；将个体劳动者简约化为"人力资本"，不见了生命的目的性；将伦理精神简约化为"道德资本"，不见了美德的纯洁性。将自己的幸福建立在他人的痛苦之上、人类的幸福建立在大自然的痛苦之上的西方式政治现代化及其道德谋划以及由此而形塑的文明形态可以说是当今人类社会一切政治危机和全球性生态危机的制度根源。与西方式

1

政治现代化及其道德谋划截然不同的是，中国式政治现代化及其道德擘画因其强调天与人的合一、情与理的相通、真善美的统一的文化传统或文明脐带而追求人与自然、人与人、人与社会、人与自身关系的和谐统一；因其具有天人合一、民胞物与、美美与共的民族精神性格而追求共同富裕的民本情怀和协和万邦的天下情怀；因其坚持马克思主义基本原理同中国具体实际相结合、同中华优秀传统文化相结合并以中国化马克思主义为根本价值指导而不断与时俱进、开拓创新；因其无产阶级政党的阶级属性和全心全意为人民服务的最高宗旨而始终坚持以人民为中心的发展理念；因其秉持开放包容、文明交流互鉴的世界历史观而致力于构建"你中有我，我中有你"的人类命运共同体。作为人类文明新形态的内生动力和核心要件，中国式政治现代化及其道德擘画突出表现为以下四个方面的显著特征。

第一，中国式政治现代化及其道德擘画突出表征为"一元主导、多元共存"的政党伦理生态，走出西方式政治现代化及其道德谋划之"非此即彼"的二元对立。首先是"东西南北中党领导一切"的根本政治前提。中国共产党的领导是中国特色社会主义最本质特征。党政军民学，东西南北中，党是领导一切的。中国共产党的领导地位、中国共产党领导的多党合作与政治协商的政党制度、中国特色社会主义道路都是历史的结论、人民的选择。也就是说，是中国人民和中国近现代历史选择了中国共产党在当代中国政治生活中的领导地位和多党合作的政党格局。历史和现实已经告诉我们，中国共产党的全方位领导是中国式政治现代化攻坚克难的根本政治保证。党内外、国内外的政治环境和斗争形势越是错综复杂，就越是要更加保持坚强的政治定力，提高政治敏锐性和政治鉴别力，坚决同各种错误倾向作斗争，坚决维护党中央权威和集中统一领导。其次是"多党合作、政治协商"的政党政治生态。多党合作与政治协商是中国共产党领导中国人民在新民主主义革命时期、社会主义革命和社会主义建设时期、改革开放和社会主义现代化建设时期、新时代中国特色社会主义建设伟大历史时期所形成的人类政党制度和政党文明新形态。新时代推进国家治理体系和治理能力现代化，更要充分调动和发挥各民主党参政议政、民主监督的积极性、主动性和创造性。习近平总书记指出："拒谏者塞，专己者孤。"强调要从制度上保障和完善民主监督，探索开展民主监督的有效形式。在当前中国新型政党制度的运行中，民主监督是受关注程度最高、创新发展空间也最为广阔的方面。协商民主创造了人类民主政治和国家政治治理的新模式。中国共产党与各民主党派在长期革命、建设和改革的历史进程中逐步形成了牢固的"长期共存、互相监督、肝胆相照、荣辱与共"的政党命运共同体，为人类社会处理不同社会阶级、阶层或利益集团之间的关系和矛盾，增进全体人民、全社会甚至全人类的共同福祉贡献了中国智慧和中国方案。相比之下，西方式政治现代化及其道德谋划，历史地生成了以资本论英雄的金元政治基础，以市场为原则的逐利政治生态，以及"非此即彼"的民主政治格局，其结果是抽象形式的民主造就了现实质料的不民主，抽象形式的自由造就了现实质料的不自由，抽象形式的平等造就了现实质料的不平等，抽象形式的人权造就了现实质料的非人权，抽象形式的博爱造就了现实质料的爱有差等。

第二，中国式政治现代化及其道德擘画突出表征为"人民至上、共建共享"的政治伦理原则，走出西方式政治现代化及其道德谋划之"金钱至上"的政治围囿。"人民就是江山，江山就是人民"既是中国共产党人百年奋斗的伦理精神的根本写照，也是中国共产党领导下的百年中国式政治现代化及其道德擘画的核心动力。"人民就是江山"，古往今来，得民心者得天下，顺民心者治天下，中国共产党打江山依靠的是人民，守江山更是依靠人民；"江山就是人民"，中国共产党从成立的那一天起就以"为中国人民谋幸福，为中华民族谋复兴"为初心使命，始终坚持"立党为公、执政为民"，打江山、守江山都是为了人民。人民至上是中国共产党领导的中国式政治现代化及其道德擘画的价值原点。中国式政治现代化及其道德擘画始终把最广大人民群众的根本利益放在首位；始终坚持全心全意为人民服务的最高宗旨；始终坚持"权为民所用，情为民所系，利为民所谋"；始终把人民群众对美好生活的向往作为党和国家各项事业的奋斗目标。"一切为了群众，一切依靠群众，从群众中来，到群众中去"的群众路线是中国共产党最根本的工作方法和领导方法，以人民为中心是中国式政治现代化及其道德擘画的根本出发点和落脚点。一方面，中国共产党团结和带领全国各族人民共同建设社会主义现代化；另一方面，社会主义现代化的建设成果又为全体人民共同享有，在共建共享中探索出一条中国式政治现代化及其道德擘画的"共同富裕"道路。共同富裕是中国式政治现代化的发展动力与本质特征，是中国式政治现代化及其道德擘画的价值旨归。在深刻总结社会主义建设经验和教训的基础上，中国共产党人对社会主义本质的认识不断深化，提出"共同富裕是社会主义的本质特征"。邓小平曾多次强调："社会主义最大的优越性就是共同富裕，这是体现社会主义本质的一个东西。"1992 年，邓小平南方谈话时明确指出："社会主义的本质，是解放生产力，发展生产力，消灭剥削，消除两极分化，最终达到共同富裕。"江泽民同志进一步强调："实现共同富裕是社会主义的根本原则和本质特征，绝不能动摇。"胡锦涛同志特别指出："使全体人民共享改革发展成果，使全体人民朝着共同富裕的方向稳步前进。"中国特色社会主义进入新时代，开启了创造美好生活、逐步实现全体人民共同富裕的新征程。习近平总书记反复强调，"共同富裕是中国特色社会主义的根本原则""我们推动经济社会发展，归根结底是要实现全体人民共同富裕"。共同富裕思想充分体现了社会主义生产力和生产关系的统一、根本任务和根本目的的统一、物质基础和社会关系的统一，破除了罗尔斯所悬设的西方式政治现代化及其道德谋划之"无知之幕"的制度虚设、"原初状态"的抽象假设、"自由、平等、博爱"的虚假面纱以及公平、正义、人权的价值虚掷。

第三，中国式政治现代化及其道德擘画突出表征为"全过程人民民主"的政治道德实践，走出西方式政治现代化及其道德谋划之"无知之幕"的抽象假设。资本主义生产方式、生活方式、思维习惯、文化传统及其精神性格宰制下的西方式政治现代化及其道德谋划，因其社会基本结构范式所内在预制的或者外在强化的道德悖论——解构真实性、颠覆传统性、极具宰制性以及人格的裂变、见物不见人，致使近代以来资本主义生产方式宰制下的人类社会出现了一系列难以解决的复杂性问题。因为受到人类文明冲突论和意识形态魔咒的蛊惑，西方式政治现代化及其道德谋划致使西方借助经济霸权、军事霸权、政治霸权、文化霸权和意识形态霸权，始终以一副高高在上、人类社会救世主的嘴脸示人，且不厌其烦地到处兜售自认为普世的但却蹩脚得很的所谓政治民主价值观。与西方式政治现代化及其道德谋划形成鲜明对照的是，中国式政治现代化及其道德擘画是实现人民民主的政治现代化。人民当家做主是中国式政治现代化和民主政治建设的起点，也是落点。人民是人民民主的真正参与者，更是直接推动者；党的领导与人民当家做主在民主集中制的原则基础上实现高度的一致和统一。民主集中制不仅确保了党的主张与人民的诉求和意志的高度统一，更是党性和人民性的高度一致。中国式政治民主不是抽象的，而是具体的、历史的。全过程民主则是将党的领导与人民当家做主的人民民主纳入"依法治国"的全部领域和整个过程。"金豆豆，银豆豆，豆豆不能随便投。选好人，办好事，投在好人碗里头。"延安时期这首反映"豆选"的民谣，生动体现了中国共产党人为了动员不识字的农民参与民主选举所进行的智慧创造。习近平总书记深有感触地说道，"我们走的是一条中国特色社会主义政治发展道路，人民民主是一种全过程的民主"。从延安窑洞到北京人民大会堂，从《共同纲领》、"五四宪法"的制定到现行宪法与时俱进的修改完善，中国共产党领导中国人民不断探索和发展适合中国国情的民主政治道路，通过全过程民主使人民民主在东方大国落地生根、繁荣发展。新时代发展全过程人民民主，以建设完备的中国特色社会主义法律体系和法治体系为抓手，坚持走中国特色社会主义法治道路，在全面依法治国的政治实践中真正实现党的领导、人民当家做主和依法治国的有机统一。习近平总书记强调指出："坚持人民主体地位，必须坚持法治为了人民、依靠人民、造福人民、保护人民。要保证人民在党的领导下，依照法律规定，通过各种途径和形式管理国家事务，管理经济和文化事业，管理社会事务。要把体现人民利益、反映人民愿望、维护人民权益、增进人民福祉落实到依法治国全过程，使法律及其实施充分体现人民意志。"

第四，中国式政治现代化及其道德擘画突出表征为"自我革命、与时俱进"的政治道德自觉，走出西方式政治现代化及其道德谋划之制度性安排的道德阙如。自我革命是中国共产党最鲜明的伦理品格，也是中国共产党最大的政治优势。正如习近平总书记指出的那样，中国共产党不仅能够带领中国人民进行伟大的社会革命，也能够进行伟大的自我革命，"以勇于自我革命的精神打造和锤炼自己"。自我革命是指主体对自己自觉、自发、自动的革命性行动。中国共产党的自我革命，就是通过不断的自我净化、自我完善、自我革新、自我提高，经常性解决自身存在的问题，不断克服自身存在的缺点，始终保持生机和活力。这不仅是纪律的自我约束，更是道德的自觉自律。习近平同志强调："要坚持高标准与守底线相结合，既要注重规范惩戒、严明纪律底线，更要引导人向善向上，坚守共产党人精神追求，筑牢拒腐防变思想道德防线。"自觉自律的道德高线与不可触碰的纪律底线，为党员干部画出了一高一低两道红线。道德高线是理想信念，是共产党人坚定信仰的"精神之钙"；纪律底线是党规党纪，是党员干部必须遵守的"硬杠杠"。前者是高标准，后者是红底线。高标准如同"灯塔"，起引领作用；红底线如同"堤坝"，起规制作用。坚持"高标准"，就不会迷失方向、丧失动力；守住"红底线"，就不会恣意妄为、腐化堕落。对于"高标准"和"红底线"的道德自觉源于中国共产党人的思想自觉和理论自觉。中国共产党在推动中国式政治现代化和创造人类文明新形态的过程中始终坚持解放思想、实事求是、与时俱进。坚定清醒的思想自觉，厚重丰富的理论滋养，刮骨疗伤的革新魄力，坚如磐石的战略定力以及"功成不必在我"的政治襟怀是中国特色社会主义制度的独特优势，其他社会制度或者文明形态难以企及。马克思主义中国化，既坚持了基本原理的"原则性"，又坚持了具体国情的"灵活性"，始终没有挂别人的拐棍，而是独立自主地选择自己的革命、建设、改革和发展道路，独立自主地进行治国理政的顶层设计，独立自主地处理内政与外交。习近平总书记指出："实践发展永无止境，我们认识真理、进行理论创新就永无止境。"以中国特色社会主义伟大实践为源头活水，不断创新发展中国特色社会主义理论体系，不断使马克思主义基本原理与当代中国具体实际、与中华优秀传统文化在新的更高水平上发生"有机反应"。这种"有机反应"必然将反馈和体现为中国特色社会主义的制度性安排，进而成为滋养制度的运行力、提升制度的执行力、化解制度的阻滞力以及制度演进的推动力。

　　是以为序。

陈绪新
2022 年 7 月

目　录
CONTENTS

第一章

两种不同的政治现代化及其道德谋划传统

现代（Modern）并非现时代才出现的语词，而是一个古老且又时新的范畴，早在古希腊古罗马时期，"现代"就已经被用来作为区分基督教与异教徒的差异，只不过表示"当下"与"过往"，也就是"今天"和"昨天"的不同罢了，通常被理解为"新旧交替的成果"①。我们今天所理解的"现代"主要是指工业革命之后，随着社会化大生产、市场经济和经济全球化的迅猛发展，给人们的生产与生活带来的广泛而深刻的变化。

第一节　政治现代化及其道德谋划的内在构成性要素

现代化（Modernization）其本意可以理解为"使……成为现代的"，使之具有现代特点，适应现代的需要，旨在吸收众长之和，以适应现代之状况，并顺应历史发展之趋势。从历史叙事的视野去看，"现代化"应该包括两方面的内涵：一是时间上的持续性，即随着时间的流逝，新旧事物之间不断地进行更替变换；二是空间上的伸张性，即事物的结构与功能随着社会或者时空的发展变化而不断地丰富扩展。因为受不同的文化传统、不同的生存境遇的影响，人们对于"现代化"也有着不同的理解，在不同的历史时期"现代化"也有着不同的目标内容与判定标准。但是无论如何，"现代化"总是以社会体系的完善为方式，以价值理念的更新为引导，以促进人的发展为目的，从而使民族国家能够顺应并度过我之社会或者世界转型的历史交汇期。

一、政治现代化的概念阐析

现代化使社会的方方面面都进行着更新与重组，使其呈现出新的面貌，具

---

① 汪民安，陈永国，张云鹏. 现代性基本读本［M］. 郑州：河南大学出版社，2005：108.

备新的结构与功能，从而适应日新月异的环境。一般意义上讲，"现代化"主要包括：经济领域的现代化，以新的生产方式来提高社会的生产效率，从而不断促进社会的进步；文化领域的现代化，对文化进行创造性转化和创新性发展，用先进的文化为社会的发展提供智力支持，从而引领社会的前进；政治领域的现代化，用合乎社会发展规律、符合人民根本利益和追求政治管理质量与效率的上层建筑统筹社会，从而使国家在践行政治正义的同时促进社会的行稳致远。在所有的现代化领域中，政治现代化理应站在现代化建设最前线，为国家的现代化建设提供基本的保障。列宁认为政治是国家建设的统帅，并指出："政治同经济相比不能不占首位。"① 政治现代化意味着对旧有的体制与机制的解构以及对新的政治理念、制度规范与政党体系的建构，从而将现代化既内化为国家的治理结构，为社会的发展起根本的保障与支撑作用，又外化为社会的原则规范，对社会的进步起基本的约束与引导作用。政治现代化包括政治理念现代化、政治制度现代化、政治行为现代化以及政党现代化。政治现代化的历史演进就是不断创新政治理念、不断更新政治制度、不断改善政治行为、不断加强政党建设的过程。从空间上看，它是多角度、多层次、多方位的具体行为所汇合并推动而成的政治发展过程；从时间上看，它是对历史经验进行不断的加工、改造、重组进而更新成为新的政治体系的过程。中国特色社会主义进入新时代，深入推进政治现代化建设有助为经济与文化的现代化发展提供配套的制度体系保障，以减轻或破除现代化过程中产生或遇到的重重阻力；有助于总结我国社会主义发展，尤其是社会主义现代化历史进程之中存在的正反两方面的历史经验，汲取治国理政的智慧，从而指引中国特色社会主义向正确的方向发展；有助于推进马克思主义中国化与时代化，形成并不断创新发展中国特色社会主义理论体系，使马克思主义和科学社会主义在 21 世纪的中国焕发出新的生机与活力。

二、政治现代化的形式建构

当今世界正处于百年未有之大变局，中国与世界的关系面临新的重塑，中国在国际秩序中的角色与使命需要新的定位；中国目前进入了改革的深水区和经济发展的新常态，许多深层次的问题需要进行分析与解决；中国进入了新的历史方位，如何平衡政府部门的权力关系、如何促进全过程人民民主、如何使社会跳脱制度路径的依赖而呈现出和谐样态等成为亟须回答的时代课题。这诸

---

① 中共中央马克思恩格斯列宁斯大林著作编译局. 列宁选集：第 4 卷 ［M］. 北京：人民出版社，2012：407.

多问题的存在，作为执政党，需要中国共产党作出及时且深刻的回应，不断推进政治现代化，扎实推进我国国家治理体系和治理能力现代化，不断以新的政治思维方式和战略方法加以破解。

1. 政治现代化建设的二维结构

作为早期共识，政治现代化包含"国家权力"和"社会民主"的二维结构，使二者之间在保持适当的张力下而彼此共存，从而促进社会的矛盾与冲突得到有效的调节和缓和，但国家的政治建构与社会的民主全力之间仍存在着一些难以调和的客观矛盾。其一，要么使国家的政治权力过于集中，从而导致民主只存在于形式上。比如，西式民主实质上是服务于精英统治的民主，是脱离民意的形式民主，从本质上说，资本主义国家多党制仍然是资产阶级选择自己的国家管理者，实现其内部利益平衡的政治机制。而真正的民主应该是基于文化传统和现实国情的长期实践，与各个国家的历史文化传统、社会关系状态、人口结构状况、宗教信仰形式、内在民族构成、经济发展水平、民众法治意识、国民综合素质等因素相结合，因地制宜地采取的民主形式。其二，要么使民主权力过分魅化，把平民化和大众化作为政治运动和政治制度合法性的最终来源。肯定平民的首创精神，充分吸收民意以丰富政治的内容具有积极的作用，但个人进入群体之后容易丧失自我意识，在集体意志的压迫下成为盲目、冲动、狂热、轻信的"乌合之众"。不仅如此，如果极端强调大众的价值和理想，依靠大众对社会进行激进改革，使普通群众从整体上实施整体且有效的控制与操纵，难免酿成诸如无政府状态等许多难以治愈的社会问题。平民主义的强调对应的是精英分子的反对，在此情形下，政治家往往被短期的民意所绑架，政治决策往往被大众所否定，势必对国家的政治变迁产生巨大的潜在威胁。总之，国家建构与民主权利的客观矛盾、统与分的关系在现实社会中呈现出互相排斥而非互相促进的面貌，这种情形在西方社会较为明显，比如在美国，三权分立导致联邦政府与州政府之间权力失衡，自由民主与国家政策之间的冲突激化等都是这种问题的直观反映。

2. 政治现代化建设的三维结构

弗朗西斯·福山建构起包括"有效国家、法治和民主问责制"的政治现代化三维结构，意图用"法治"缓解国家集权与民主权力间的张力问题。有效国家是指国家具有强大的自主性和统摄能力，包括对内的立法权、司法权与行政权，具备社会的管控能力、资源的调动能力、社会群体的动员能力、行政的掌控权力等；对外具有独立自主的主权性，能够守卫国家的领土和主权神圣不可侵犯，以及能够与他国进行友好合作与交流的能力等。有效国家是进一步政治民主化的先决条件。职是之故，弗朗西斯·福山坚持一种从有效国家到法治，再到民主政治的发展次序的观点。民主问责制是将国家的部分政治权力扩大化，通过民主政治制度的设计和民主基本权利的确定，允许民众参政议政，使民众能够通过多种渠道有效参与到国家的建设之中，从而有效平衡国家与民众之间的关系。但是二者的平衡往往出现失衡，实践的天平往往无法保证相对的平衡，时而出现"极端"的现象。因此，福山将法治作为有效国家和民主之间的调和剂，并指出法治作为"一套行为准则，反映社会中的普遍共识，对每个人都具有约束力，包括最强大的政治参与者，如国王、总统和总理"①。法治具有两方面的能力：其一，对上限权与授权。限权即设置国家或政府行政的边界，从而制止国家权力的滥用；授权即为政府的权力提供合法性证明并赋予其权威性，从而保证国家治理活动和政府行政能够有效进行；其二，对下赋权与规权。赋权即通过法律条文明确民众的权责范围，保证民众意志得到有效反馈，民众利益得到有效保障，民众义务得到有效落实；规权即限定自由的范围，对人们的活动起到一定的规制作用，一旦发现人们有"越轨"的行为，能够及时且有效地予以纠正，从而促使其"回轨"。用法治作为联结国家和民众的中介、桥梁和纽带，赋予了政治现代化新的内涵，既实现了政治决策的民主化与科学化，也实现了政治运作的法治化和权威化，提高了国家政治治理的效率与质量。

然而，随着法治社会的不断发展，促使社会的结合以法律与理智为基础、以约定与协议为方式，导致在社会生活场域内，人与人之间的知、情、意被冷冰冰的法律条文所抹去，使社会的价值理性被工具理性所架空；导致在社会舆论的场域内，在法律严令禁止的范围外，产生了严重的社会问题。在一个规则与秩序健全的环境中，人们会在法律的边缘疯狂试探，从而在不知不觉中对他人和社会产生伤害，比如近些年频频发生的网络暴力事件。在互联网上，无数的网友、无数的"平庸之恶"聚集在一起，形成令人生畏的破坏力量。反思网络暴力，很多施暴者根本没有意识到自己的一句话、一个举动会对他人造成多大的精神伤害，也意识不到自己的行为逾越了网络社群的边界。平和理性的网络环境，不仅需要社会法律的规范，更需要依赖每个人的自我构建和伦理维持。

3. 政治现代化建设的四维结构

2019 年 10 月颁发的《新时代公民道德建设实施纲要》指出，要"坚持德

---

① ［美］福山. 政治秩序与政治衰败：从工业革命到民主全球化［M］. 毛俊杰，译. 桂林：广西师范大学出版社，2015：33.

法兼治，以道德滋养法治精神，以法治体现道德理念"①。中国共产党不仅将法治作为治国理政的基本方式，并创造性地提出了坚持依法治国与以德治国相结合的治理格局，从而形成有效的国家或政府、依法治国、以德治国、全过程人民民主的政治现代化建设的四维模式。习近平总书记指出："法律是成文的道德，道德是内心的法律。"② 只有形成一个情、理、法结合的社会控制体系，将法治与德治相结合，才能促进社会的健康运行。德法兼治观既强调对法治领域突出的问题进行道德的考量，也强调对道德领域突出的问题进行有效的治理，并思考如何将法治与德治有效结合；这既可以保障国家的有效运行，也可以保证人民的自由全面发展；既体现了当今社会发展所具有的时代特征，也体现了中国特色社会主义制度的优越性。德法兼治观作为新时代治国理政的最新理论成果，具有鲜明的时代特征、丰富的理论内涵、深广的实践关切以及鲜明的价值旨归。

首先，德法兼治观是对新时代、新问题的崭新回应。党的十八届四中全会通过的《中共中央关于全面推进依法治国若干重大问题的决定》，强调落实依法治国基本方略，加快建设社会主义法治国家，必须全面推进依法治国；强调全面推进依法治国，必须坚持依法治国和以德治国相结合。"坚持依法治国和以德治国相结合，是对古今中外治国经验的深刻总结，是坚持走中国特色社会主义法治道路的内在要求，是在新的历史起点上坚持和发展中国特色社会主义的现实要求。"③ 党的十八大以来，法治建设在社会的建设中发挥了稳根基、促发展、利长远的作用，但在法治领域仍存在着一些不容回避的问题。比如在立法领域，出现法律法规未完全体现人民的意志与意愿，且法律条款的针对性、可操作性不强的问题；在执法领域，出现有法不依、违法不究、执法不严的情况，甚至出现执法体制内权责脱节的现象；在司法领域，有些机关办人情案、金钱案、关系案，出现徇私舞弊、贪赃枉法的问题；在守法领域，人们的法律意识相对薄弱、对犯法的后果缺乏充分的认识等导致社会仍出现较多的违法犯罪现象。因此，针对法律方面存在的问题，一方面需要提高立法质量、加强执法力度、严肃司法监管、强化守法意识；另一方面，需要辅以道德的加持，提升人们的道德修养，促进"四德"教育。当下我国在不同领域、不同程度上出现了

---

① 中共中央党史和文献研究院 . 十九大以来重要文献选编（中）[M]. 北京：中央文献出版社，2021：229.
② 习近平 . 习近平谈治国理政（第二卷）[M]. 北京：外文出版社，2017：133，158，175.
③ 本书编写组 .《共中央关于全面推进依法治国和以德治国若干重大问题的决定》辅导读本 [M]. 北京：人民出版社，2014：51.

一定的道德失范现象，比如个人生活上的拜金主义、享乐主义、极端利己主义，社会交往上的见利忘义、唯利是图、损公肥私、损人利己等，不断突破社会的公序良俗和道德底线，不仅妨碍了人们美好生活的实现，也伤害了国家尊严和民族情感。只有将法治与德治相统一，才有利于社会的健康发展与良序运行。法律是评价是非的准绳，道德是处理问题的软尺。法律的公正性，对上体现为不阿权贵，不屈从和逢迎有权有势之人，保证法律面前人人平等；对下则体现为慎法，慎法是中国古代统治思想的一个重要内容，早在周朝就出现了老幼残疾者可以适当免刑的"三赦之法"。《管子·正世》有言："故事莫急于当务，治莫贵于得齐。制民急则民迫，民迫则窘，窘则民失其所葆。"行事最要紧的是解决当务之急，治国最可贵的是掌握缓急适中，管理过急则人民困迫，困迫则无所适从，无所适从则人民失去生活的保障。因此，治国理政更确切地说是"善政"和"善治""莫贵于得齐"。要掌握好度，能够惩治奸邪、处罚失信，使百姓畏法自正就可以了，切不可疾苛察甚至酷刑暴虐。慎法是古人"刑德相辅"观念的具体体现，"刑"与"德"是治国的两个关键手段，其中刑罚不是目的，更重要的是通过道德教化使人无作恶之心。在具体谈到道德教化作用时，习近平总书记强调："必须以道德滋养法治精神、强化道德对法治文化的支撑作用。再多再好的法律，必须转化为人们内心自觉才能真正为人们所遵行。"① 概而论之，坚持依法治国与以德治国相结合既是对历史经验与教训的深刻总结，从根本上揭示了中国过去为什么能够成功的原因与奥秘所在；也是对治国理政规律的深刻认识和把握，科学地回答并指明了我国未来怎么才能够继续取得成功的根本遵循和原则所在。

其次，德法兼治观具有丰富的思想基础。"德法兼治"是习近平新时代中国特色社会主义思想的重要主张，具有鲜明的中国特色和深厚的思想基础。其一，中华优秀传统文化中内蕴宝贵的德法兼治的思想资源。孔子曾言："道之以政，齐之以刑，民免而无耻；道之以德，齐之以礼，有耻且格。"用政令来训导民众，以法治来治理社会，老百姓只知道避免犯罪，但并没有自觉的廉耻心；相反的是，用道德来引导人民、用礼教来规范人民，老百姓不仅有自觉的廉耻心，并且能够心悦诚服。孔子的政治主张是德治、礼治，其实质是将伦理与政治融为一体的伦理型政治治理模式，是政治与伦理的直接同一。政治建立在道德与伦理之上，能够使社会充满温情，但也容易造成治权与亲权的混乱，从而使社会治理既失去了政治权力中明确的责任与权力的划分，也失去了亲权的纯洁与

---

① 习近平. 习近平谈治国理政（第二卷）[M]. 北京：外文出版社，2017：117.

情感特征。法家与儒家的政治治理具有显著的区别，法家政治主张法治，以政令、刑法驱遣民众。韩非子在其《韩非子·八说篇》中明确指出："明其法禁，察其谋计。法明，则内无变乱之患；计得，则外无死虏之祸。故存国者，非仁义也。"君主应该严明法令，明察计谋。法令严明，内部就没有动荡叛乱的祸患；计谋得当，对外就没有国破为虏的灾难，所以保全国家靠的不是仁义道德。与儒家性善论的人性观不同，法家的伦理思想在某种意义上是建立在"人性恶"的人性观基础上的诚信观和义利观。法家思想对于国家的政治、文化、道德方面具有较强的约束作用，但是任由法家思想发展也容易抹去人与人之间的温情，致使整个社会处于冷冰冰的状态之中。孔子强调的德治侧重于用"心"，而法家强调的法治侧重于用"刑"。通过深入考察我国历史与现实的诸多因素，我们不难发现，在进行当代政治建设和国家治理的顶层设计时，既吸收了儒家的道德伦理思想中的合理因素，强调社会的礼治秩序，引导社会向好向善，也吸收了法家对政治权力与责任的划分，使政治建设既具有儒家的礼治与伦理性特征，又具有法家的法治与秩序性特征。习近平总书记在主持中央政治局第37次集体学习中，大篇幅、全方位、高凝练地概括了道德与法律的关系，概言之，"法安天下，德润人心"[1]。"我国历来就有德刑相辅、儒法并用的思想。法是他律，德是自律，需要二者并用。"[2] 因此，坚持礼治与法治是当代坚持依法治国与以德治国相结合的宝贵思想财富。其二，马克思、恩格斯对道德与法律关系的思考为德法兼治观提供了理论基石。马克思主张："法律不是压制自由的措施，正如重力定律不是阻止运动的措施一样……恰恰相反，法律是肯定的、明确的、普遍的规范，在这些规范中自由获得了一种与个人无关的、理论的、不取决于个别人的任性的存在。法典就是人民自由的圣经。"[3] 而且"道德的基础是人类精神的自律，而宗教的基础则是人类精神的他律"[4]，将道德的自律与法律的他律相统一的宗旨就在于实现个体的自由乃至社会的秩序。恩格斯也曾说过："如果不谈所谓自由意志、人的责任能力、必然和自由的关系等问题，就不能很好

① 习近平. 习近平谈治国理政（第二卷）[M]. 北京：外文出版社，2017：133.

② 中共中央文献研究室. 习近平关于社会主义文化建设论述摘编 [M]. 北京：中央文献出版社，2017：138.

③ 中共中央马克思恩格斯列宁斯大林著作编译局. 马克思恩格斯全集：第1卷 [M]. 北京：人民出版社，1995：176.

④ 中共中央马克思恩格斯列宁斯大林著作编译局. 马克思恩格斯全集：第1卷 [M]. 北京：人民出版社，1995：119.

地议论道德和法的问题。"① 在《反杜林论》中，恩格斯通过对杜林的批判，也将道德与法的关系问题贯穿自由及其秩序的道德哲学体系，这为我们理解道德与法律、德治与法治关系中的理论与现实问题提供了明确的方向指引。②

再次，德法兼治观重在解决法律与道德领域的实际问题。具体实践之中的纠偏，是德法兼治的关键。正如马克思所言："哲学家们只是用不同的方式解释世界，问题在于改变世界。"③ 实践是马克思首要和基本的观点，人也只有透过具体的社会实践的棱镜之特定视角和水平，才能历史地且正确地反映外部对象；只有以摸石过河代替刻舟求剑，以退而结网代替临渊羡鱼，以灵活变通代替墨守成规，才能建构出适合本国现实国情的现代化建设体系和国家治理体系；理论也只有真切地解决现实的问题并经受实践的多次检验才能称为真理。德法兼治观是否适应社会发展，能否促进以及如何促进国家进步也源于实践并需要在实践中进行验证。对于实际问题的纠偏，包括有效解决道德领域出现的突出社会问题。例如，前些年我国陆续发生的"毒奶粉""地沟油""瘦肉精""彩色馒头"等恶性食品安全事件；唯利是图、坑蒙拐骗、贪赃枉法等丑恶和腐败行为；老人倒地扶不扶；等等。这些社会道德问题充分表明诚信缺失、道德滑坡已经到了极其严重的地步。面对老人摔倒该不该扶的问题，谁都不想做第二个"彭宇"，在人性的荒漠上，在勇气流失的土壤里，任何人都有选择懦弱的权利，是环境造就的冰冷和内心的炙热在碰撞。每一个人都是一个纠结的矛盾体，要么选择不做，要么选择旁观，如何让那些悬在半空的援手落下来？一方面，需要不断提升国民的道德文化素质，加强社会主义道德文化建设，让人们能够勇敢蹚过冷漠与懦弱的河流；另一方面，需要法律的约束，既惩戒坏人的行为，也为好人抹去风险和压力，从而以法律的规章制度惩恶扬善。只有坚持依法治国与以德治国相结合，正确地运用德治与法治，才能提高社会治理的效率与质量。以习惯法为例，它是内心之法，具有不成文的形式，但对人的行为却具有规范作用，某些道德规范也被确立成文法，比如针对群众反映强烈的以"失信"为代表的道德败坏行为，我国提出："既要抓紧建立覆盖全社会的征信系统，又要完善守法诚信褒奖机制和违法失信惩戒机制，使人不敢失信、不能失

---

① 中共中央马克思恩格斯列宁斯大林著作编译局. 马克思恩格斯选集：第 3 卷 [M]. 北京：人民出版社，1995：454.

② 宋希仁. 马克思恩格斯道德哲学研究 [M]. 北京：中国社会科学出版社，2012：442.

③ 中共中央马克思恩格斯列宁斯大林著作编译局. 马克思恩格斯选集：第 1 卷 [M]. 北京：人民出版社，2012：136.

信。"① 从而将德性养成与制度构建统一起来，以实现"运用经济、法律、技术、行政和社会管理、舆论监督等各种手段"② 的综合治理。又比如孝敬老人是中华民族的传统美德，孟子在《孟子·离娄上》中曾言："不得乎亲，不可以为人；不顺乎亲，不可以为子是。"不孝顺父母的人就失去了起码的做人资格，不能事事顺从父母亲的心意，便不能称其为儿女，孝顺父母是做人的根本道理。除道德上的软约束之外，法律也对孝敬父母做了硬约束。法律上明确指出不能虐待老人、遗弃老人并要赡养老人等，做不到便会受到法律的惩罚。可见，道德与法律彼此交叉与渗透，共同构筑起社会的良好秩序。但依法治国和以德治国相结合并非简单地将两者并列起来，古往中来，对德治与法治何为主、何为次一直争论不休，主要有德主法辅、法主德辅以及德法并重这三种基本观点。但德治与法治究竟何者具有优先地位并不能简单地给予定性，应该根据时间、地点、条件、事件的不同而具体问题具体分析，结合不同的事项，分析二者的功能，从而达到良好的社会治理与国家治理的效果。概而言之，法治与德治之间有一种关键性联系：一是法治作为外在的规则，有其限度，需要德治的培源与支持；二是德治作为内在的规则，相对脆弱，需要法治的强化与支撑；三是敬重规则、崇尚法治也是一种美德，这是德治与法治有机结合的最高境界。

最后，德法兼治观以促进我国的长治久安和人民的幸福为价值旨归。德法兼治观是符合中国国情和中国特色社会主义现代化建设的合理安排，具有鲜明的中国特色。中国特色的法治道路，是"坚持依法治国和以德治国相结合，强调法治和德治两手抓、两手都要硬，这既是历史经验的总结，也是对治国理政规律的深刻把握"③，而"这条道路的一个鲜明特点，就是坚持依法治国和以德治国相结合"④。习近平总书记关于治国理政的德法兼治观既不是传统社会法治与德治的"再版"，也不是西方治理体系的"翻版"，而是中国共产党经过百年长期探索、实践检验和反复比较而得到的，充分体现国家建设需求和人民美好生活需求的"原版"。习近平总书记的德法兼治观充分吸收了我国传统法家的法治观念和传统儒家的德治理念，克服了德法无法相融的局限性，充分借鉴了西方治理体系对道德与法律的重视，但摆脱了西方特有的政治色彩、制度属性和文化特征。一方面，德法兼治观可以实现社会的长治久安，促进国家的平稳发

---

① 习近平．习近平谈治国理政（第二卷）［M］．北京：外文出版社，2017：134-135.
② 新时代公民道德建设实施纲要［M］．北京：人民出版社，2019：24.
③ 习近平．习近平谈治国理政（第二卷）［M］．北京：外文出版社，2017：134.
④ 习近平．习近平谈治国理政（第二卷）［M］．北京：外文出版社，2017：134.

展。我国的德法兼治观始终坚持中国共产党的领导，把党的领导贯彻到依法治国和以德治国的全过程和全方面，从根本上充分保障了政治建设的正确方向性和实现中华民族伟大复兴的正确导向性。另一方面，德法兼治观能够维护人民利益，促进人民幸福。德法兼治的治国方略作为中国特色治国理政的制度优势，其价值旨归就是尊重人民群众的主体地位和首创精神，以实现人民的美好生活和幸福为归宿。习近平总书记指出："我国社会主义制度保证了人民当家做主的主体地位，也保证了人民在全面推进依法治国中的主体地位。这是我们的制度优势，也是中国特色社会主义法治区别于资本主义法治的根本所在。"① 无论是法治建设还是道德建设，都始终以为人民服务为出发点，以实现全体人民共同富裕、实现每个人自由而全面的发展为落脚点。法治建设和道德建设的主体都是人民，法治建设不断提升人们行善的执行力、知善的判断力和信善的想象力；道德建设使人们之间能够互相成为德行的鞭策者、道德素养上的切磋者和素养能力的鉴定者。国家治理过程中坚持法治建设与道德建设相统一，有助于将实现人民美好生活的目标落实在现实的生活之中，通过制度的限制与风俗良俗的约束，使人们不仅尊法、守法、学法、用法，并且能够做到明大德、守公德、严私德，从而形成德法兼修的核心素养，不仅造就了新时代新公民，也能够彰显中国特色的制度优势。

我国坚持将依法治国与以德治国相结合，将德法兼治作为调和国家上层调控与民主下层参与的矛盾，并始终坚持中国共产党的坚强领导，在党的坚强领导下，将党的领导与全过程人民民主相统一。我国的全过程人民民主不同于西方式民主：其一，西方式民主是止于"选举"的民主，而我国的民主体制是将人民参与贯穿于中国特色社会主义民主政治建设的各环节、全过程。现代资本主义民主大都沉迷于"选举"这一初始环节，"人民主权"被置换成"人民的选举权"，民主被简化为选举，选举进一步简化为投票，而对于决策是否民主、管理是否民主、监督是否民主等方面却丝毫不感兴趣，止于"选举"的民主只顾开头，不顾过程和结尾。这种民主即便有始却不一定有终，即便能善始却未必能善终。而民主和选举不能等量齐观、等同视之，真正的民主体制应该包括民主选举、民主决策、民主管理、民主监督等各个环节，覆盖起点、过程、结果等各个阶段。其二，西式民主是迷于"游戏"的民主，而我国的民主形式在程序上不仅规范且严肃认真。在特权的基础上，资本家和劳动者之间、富人和穷人之间存在着事实上严重的不平等，资产阶级法律的实质是将存在于资本家

---

① 习近平. 习近平谈治国理政（第二卷）［M］. 北京：外文出版社，2017：115.

和劳动者之间、富人和穷人之间经济利益的不平等合法化。民主的游戏化、娱乐化，这是西方式现代化及其道德谋划的又一杰作，西方将民主变成了游戏，选民以娱乐的心态对待民主，西式民主在游戏中沉沦，选民在娱乐中迷茫。在这场游戏中，赢的永远是政客，输的始终是选民。其三，西式民主是金钱操纵下的民主，而我国的民主是体现最广大人民意志的民主。资本主义社会的主导逻辑是资本逻辑，不仅经济领域服从这一逻辑的统治，民主政治领域同样服从这一逻辑的主宰。政客与财团之间结成生死与共的命运共同体，也常被金钱、媒体、黑势力、财团等影响和操纵。在实际的选举过程中，为了得到选民的认可和支持，参选者往往要支付巨额竞选活动的经费，这笔经费是普通公民根本没有能力支付的，只有大财团才能支付得起。资本主义政治制度中的选举，事实上是有钱人的游戏，是资本玩弄民意的过程。号称民主典范的美国，其总统和参众两院议员的选举在现实中已经沦为烧钱的游戏，一人一票异化为"一元一票"，筹集竞选经费的能力早已成为问鼎白宫的风向标，金钱是"打开权力之门的金钥匙"。历史学家曾统计，从 1860 年以来的历次美国总统大选中，竞选经费占优的一方几乎都获得了胜利。"钱主"的后果就是"钱权联姻"。在西方，钱与权具有天然的近亲关系，"钱能生权，权又能生更多的钱"，"政治献金"与"政治分赃"总是如影随形。美国民主的实质就是"1%所有，1%统治，1%享用"。总之，我国政治现代化的四维建构模式不仅以法治作为舒缓国家与民主的张力，以道德调和法律之外的社会问题，而且以党的坚强领导为核心实现人民的最根本利益，促进四维向度之间的镶嵌和协调并进，从而形成的具有中国特色的社会主义政治现代化建设模式，是符合中国国情、符合社会主义社会前进规律的安排。因此，既坚持又发展是推进政治现代化建设的基本态度，以做到在坚持的过程中不断创新政治工作新方法、创设政治工作新模式、开拓政治工作新路径、刷新政治建设新高度。

三、政治现代化的道德谋划

中国特色社会主义进入新时代，以习近平同志为核心的党中央坚持把马克思主义基本原理同中华优秀传统文化相结合，高度重视中华优秀传统文化的创造性转化和创新性发展，充分发掘中华优秀传统文化特别是中华传统美德所内蕴的伦理思想资源，为培育和践行社会主义核心价值观、推进国家治理体系和治理能力现代化、实现以德治国与依法治国有机统一提供丰厚的道德滋养。

1. 将道德融入政治现代化建设的理论意义

一方面，加深对中华优秀道德文化的理解。传统文化中包含着丰富的且优秀的道德思想，充分体现了各国不同的发展路向、文明形态和民族精神气质。西方世界自文艺复兴以降，其生产方式、生活方式、思维方式宰制下的西方式政治现代化及其道德谋划，因其"原子式的"文明脐带、以自我为中心的狭隘立场、被宰制的"非此即彼"的僵化思维，不可避免地获致人与自然、人与人、人与社会、人与自身的关系危机；与西方相反的是，中国历来强调天人合一、情理相通、真善美的统一、民胞物与、协和万邦等，由其造就了中国所追求的人与自然、人与社会、人与自身的友好和谐关系。因此，只有深层在挖掘优秀的道德文化，才能赋予当代中国政治现代化以符合本国特色的丰厚的思想史基础，也只有结合时代需求对道德文化进行批判与继承，才能赋予道德文化以时代魅力。

另一方面，加深政治现代化建设的道德底蕴。中西道德伦理体系具有不同的特征，充分吸收中西伦理体系的精华有助于为当代中国政治现代化建设提供精神根基。西方的伦理体系具有各层级伦理不相隶属、不相关联的认知，此种认知不是否认各层级之间存在的逻辑与自然关系，而是明确地肯定每一个伦理体系的相对独立性；相比之下，中国的伦理体系强调各层级的彼此联系，将个人伦理、社会伦理、国家伦理以及宇宙伦理相统一，以达到"修身、齐家、治国、平天下"和"天人合一"的境界。西方的伦理体系遵从客体现象的道德责任性和承担此责任的理性能力，可理解为"责任伦理"；中国的伦理体系追求道德的目的性和实现此目的的德性能力，可理解为"德性伦理"。[①] 西方的"责任伦理"具备理性的分析力和精确度，能够掌握权利与义务的分野，并重视行为的效率和效果，但其削弱了人的主体性整体的投入，将人推向了机械和商品的存在，无法真正凸显人的崇高和尊严；中国的"德性伦理"具有强烈的目的性，能够激发人性中的创生力量，展现人的道德、勇气、智慧和活力，能够淋漓尽致地展现人的善行良心，但是面临现代科技和经济社会的发展，有时候会无法有效地调动众人的力量，德性伦理无法如责任伦理那样透过理性的立法使社会产生共识与共担社会责任。根据新时代、新要求，融合中西伦理体系，破除各自潜在的困境与危机，对于当代中国的政治现代化建设而言，具有重要的价值导向、行动导向和群众导向的作用和性质。

2. 将道德融入政治现代化建设的现实意义

一方面，将法理与情理相结合，赋予政治现代化解决问题的现实力度。德法兼治是以习近平同志为核心的党中央的最新理论成果，这种观点既关注道德

---

① 樊浩. 中国伦理精神的历史建构［M］. 南京：江苏人民出版社，1992：3.

领域的秩序问题，也对法治领域进行道德考量，具有双重关照的实践旨趣。西方的文化体系以理性和科学为主体，个体道德机制的主要内涵是理性和意志，因此，理性与意志的统一构成了个体德性的本体性特征。在"理性+意志"的精神现象结构中，意志是行为机制与行为能力，其主体是理性，意志据理性而行事，理性向意志发布命令。中国的文化体系是一种血缘文化、情理文化，因而，情感以及与之相联系的人们在人伦关系中，尤其是在血缘关系中形成的日用理性，就形成了它对"道"认同的特殊机制，情感与理性的统一就是传统伦理中个体德性的特征。在"情感+理性"的精神现象结构里，情感本身就具有行为能力，且这种行为往往是一种身不由己的反射，理性只是情感运作的法则与原理。① 中国伦理往往是推己及人、设身处地的情感体验，是由己及人、由亲及疏的"推"的结果，是将心比心、以心换心的"恕"的达成。这种主体德性的差异，在文化上归根到底表现为以求真为目标的科学型文化与以求善为目标的伦理型文化的差异。东西方伦理具有截然不同的风格，这两种不同伦理的心理或精神结构是由两种不同的文化传统或文明形态造成的，只有将理性与意志相结合，将法理与情理相结合，才能有效地解决道德领域和法治领域出现的诸多社会问题。

另一方面，促进伦理与政治相统一，使人们在安伦尽分中实现民族国家的安定团结。儒家是中国传统文化的最重要代表，儒家伦理精神是一种以血缘宗法为核心和根基的精神，其特征是家族精神、宗法精神、政治精神"三位一体"，在血缘关系的基础上确立宗法的原理，再把血缘宗法的原理直接上升为政治的秩序，形成一种特殊的社会关系、人际关系的组织结构形式与特殊的意识形态——伦理政治。伦理政治是政治与伦理的直接同一。政治建立在伦理的基础之上，确切地说，是建立在血缘宗法的基础之上，从家族血缘中引申出政治的原理。由血缘到宗法，由宗法到等级，对被统治者来说，这种政治是伦理，对统治者来说，这种伦理是政治。伦理政治化是必然的，它反映了其阶级实质，而政治伦理化的努力在阶级社会中只能是一种软弱的要求，或者只能是为政治的神圣性做合理性与合法性证成，而不能充分实现政治伦理化的理想目标。在中国文化语境里，伦理与政治相结合具有其合理性的同时，也存在一些不合理甚至是消极负面的问题。正如前文所说，治权与亲权的混合造成了严重的混淆，既失去了政治权力中明确的责任与权力的划分，也失去了亲权的纯洁与情感特征。而西方社会走的是泛法制主义，孤立的法治只能免而无耻，并导致人性，

---

① 樊浩. 中国伦理精神的历史建构［M］. 南京：江苏人民出版社，1992：21.

尤其是人的主体性丧失，儒家强调德化与礼治，既正面地肯定人性，亦可有防患于未然之效。人治固不可取，完全的法治亦有其弊，要形成一个情、理、法有机结合的社会控制体系。礼法结合的治国理政体系及其实践，走的是一条马克思主义基本原理与中国具体国情相结合、与中华优秀传统文化相结合的中国特色社会主义民主政治道路，实现伦理与政治的有机结合，使每个人都能遵循自己的本分或义务而行事，表现出善良的道德行为，能使自己成为健全的人，在"安伦尽分"中实现个人的自由全面发展，最终达到社会的和谐稳定与全面进步。

第二节　西方式政治现代化及其道德谋划的文化基因

政治现代化指在传统农业社会向现代工业社会的转变过程中，建构的以民主政治为核心，以上层建筑统筹经济基础为方式，以追求社会稳定为目的，在践行政治正义的过程中推进社会进步的新型民主政治形式。中西方政治现代化在内容与形式上具有异质性，其异质性的根源在于不同的历史背景或文化视景，不同的道德谋划成就了不同的民族精神或气性。西方文明发源于古希腊、古罗马时代，过渡于黑暗的中世纪，成形于近现代资产阶级社会，西方政治现代化具有与其道德谋划相契合的理论与体系形态。

一、源头活水：古希腊罗马时代的伦理思想与道德原则

欧洲文明最早发端于古希腊的奴隶制时代。希腊临海多山的地理环境决定了它的文明形态不可能以农业为基础，而是从一开始就朝着海洋文明的方向发展，对外经济与交往也因此发展得较为迅速，在往来之中不仅学到了外来的先进文化，铸就了古希腊人学识上的渊博、视野上的宽广，而且频繁的对外交往使希腊人民有了城邦意识，拥有了城邦独立和平等的观念。除此之外，鉴于希腊特有的地理面貌，即地理狭小、资源有限、土地贫瘠，希腊人也不得不各自结为城邦，以防御外敌入侵。城邦是他们的栖身之所，是生命和物质的保障，须臾不可脱离。因此，希腊时代的伦理思想和道德原则，主要是围绕人和城邦关系展开的。

1. 古希腊城邦的民主政治思想

在古希腊时期，有权参与审判、议事和行政活动的人，是完全意义上的公民，而妇女、儿童、外邦侨民、奴隶等都不是完全意义上的公民。一个有资格

参与城邦政治生活的人，属于"自由人"；那些受人支配、不能参加城邦政治的人，属于"非自由人"。前者属于城邦的公民且占人口的少数，后者占绝大多数。由此，参与城邦政治和分享城邦权力，就成为古希腊人最高的政治理想，也被他们认为是个人自由的体现或根本保障，而人的属性和地位也相应地是由占人口少数的公民所结成的政治共同体（城邦）所决定的。

雅典和斯巴达是古希腊城邦政治的主要代表地。雅典被誉为"西方文明的摇篮"，是欧洲哲学的发源地，对欧洲文明的发展产生了深远的影响。雅典城邦具有较为完整且成体系的民主政治制度，这为其文化教育的发展提供了有利条件。在哲学上，诞生了并称为"希腊三贤"的苏格拉底、柏拉图、亚里士多德，大作家希罗多德，戏剧作家阿里斯托芬，"三大悲剧大师"埃斯库罗斯、索福克勒斯、欧力庇德斯，以及其他著名的哲学家、政治家和文学家等。在文学上，雅典拥有大量的艺术作品，其中最著名的就是雅典卫城的帕特农神庙和伊瑞克提翁神庙，它们都是雅典文化的象征，雅典也由此被称为民主的起源地。雅典重视城邦教育的发展，而教育的目标主要是培养适合于城邦建设的公民，使其不仅身体健康，而且道德品质高尚。雅典的教育包括德、智、体、美等方面的内容，既有唱歌弦琴的音乐教育，又有五项竞技的体操学校；既有体育馆的强化学习，又有文法、修辞和辩证法的"三艺"教育，还有"埃弗比"的军事训练。雅典的教育虽然强调良好道德行为的获得，但是道德教育在雅典教育中并不很重要，其居于体育、智育和美育之后。

斯巴达以严酷的纪律、贵族统治和军国主义而闻名，斯巴达的政体是寡头政治。作为一个奴隶主贵族专政的军事国家，斯巴达人勇敢强悍、崇武好战的特点，决定了其教育目的主要是培养军事人才，以维护奴隶主贵族的统治。在政治集权上，个人与政治的关系非常紧密，斯巴达将社会分为三个等级：首先是斯巴达人，这是城邦中的全权公民，成为斯巴达国家的统治阶级；其次是庇里阿里人，居住于城邦周围或沿海一带，从事手工业和商业，有人身自由，却无政治权力；最后是黑劳氏，黑劳氏属于斯巴达城邦的奴隶，平时被固定在土地上，从事艰苦的体力劳动，并将收成的一半以上交纳给奴隶主。战时随军出战，并且往往被迫打头阵，用生命去探明敌方的虚实，削减敌方的战斗力，在斯巴达城邦里，无论身处哪一等级，都是为城邦服务并受制于城邦政治统治之下的。在文化教育上，斯巴达与雅典形成了鲜明的对比，斯巴达轻视文化教育，而重视军事教育。男孩从出生开始就要以是否能够从事军事训练而进行选拔，并开始进行相关的军事训练。对于斯巴达人而言，青少年只需要写命令和便条即可，简洁的语言或沉默寡言更利于进行军事管理。在斯巴达城邦内，我们几乎看不到一座宏伟的建筑物和壮观的神庙，只有一个又一个村落，斯巴达人也没有制作出精致的艺术品传到后世，这些都足以证明斯巴达对文化的轻视。如果说在雅典，个人有接受教育的权利、有思想的自由、可以选择是否成为政治动物，那么在斯巴达，所有人都只有一条路，被迫成为政治动物，成为维护寡头政治的工具。

古希腊是西方民主与文明的发源地，具有典型的地缘政治特征。在其特有的地理环境之下，形成了以城邦为核心的政治统治，政治建设的目的便是维护城邦的统治、协调城邦的秩序、推动城邦的发展。以城邦建设为核心的政治体制是由希腊半岛特殊的地理条件和商业文明决定的，然而它的影响却远远超出希腊半岛，成为古代罗马共和国与近代欧洲民主制度的楷模。

2. "古希腊三贤"的道德哲学精神

人是理智的动物，理智与感情欲望等其他人性成分相比，更能突出人是政治动物。西方人在征服自然、培养科学意识的过程中，也特别重视理性思维的培育，理性是西方文化的典型特征，而哲学便是人的理性发展的产物。西方道德哲学的发展主要以"古希腊"三贤的思想为源头。

苏格拉底是古希腊理性主义伦理学的开创者，正是他把哲学思考的对象引向人本身——人的心灵和德性。在苏格拉底之前，古希腊的哲学家主要研究宇宙的本源是什么、世界是由什么构成的等问题，而苏格拉底认为研究这些问题对于拯救国家没有什么现实意义，出于与国家和人民命运的关系，苏格拉底转而研究人类本身，即什么是正义，什么是非正义；什么是勇敢，什么是懦弱；什么是诚实，什么是虚伪；什么是智慧，智慧如何获得；具有什么样的品质才能治理国家，治国的人如何培养等问题。在苏格拉底的道德判断中，我们可以清晰地看到人类理性的突出地位，不管是获得德性的方法（反思），还是最后得出的结果（知识），都仰仗理性的支持。苏格拉底的理性概念具有明显的认识论与实践论意义。苏格拉底认为，善是人们的道德要求，人类因为受到善良的规约而建立起一个和谐的生活居住场所；善是人们的行为准则，是促使人类灵魂追求美德的动因；善是人类的理想目标，作为行为的主导力量，引导着个人向着美好的方向发展。苏格拉底还提出"智德统一"的理论。他认为，知识、智慧和道德是具有内在联系的，人的行为之善恶，主要取决于他是否具有有关的知识。苏格拉底在其对话录《论美德》中明确提出了"美德即知识"的观点，此观点强调了知识是美德的基础，知识贯穿于美德之中，并且从"智德统一"的观点出发，苏格拉底进一步提出"德行可教"的主张。人们可以通过教育的引导提升德性，成为有德之人，即拥有智慧、勇敢、正义、节制等美德的人。

苏格拉底认为，世界上没有人愿意去做坏事，拥有崇高德性的人选择做坏事是不自觉的表现，这类人所拥有的道德知识也是虚假的，只有拥有美德而且在实际生活中也践行了美德的人才算是真正拥有美德的人。苏格拉底提出"认识你自己"并把它当作座右铭，他认为，道德教育的目的是认识自己，认识自己的缺点，找到且找准自己的位置。总之，从外在的教育给予人们美德的知识，再进行内在的修养，内化为个人的品性，最终再外化为个人的道德品行，是维护城邦稳定和政治统治秩序的重要方式。

柏拉图继承和发展了苏格拉底的哲学思想，认为人的生活目的是幸福，即追求至善，幸福不是感官的快乐而是有德性的生活。柏拉图是西方客观唯心主义的创始人，他指出世界是由"理念世界"所组成的，理念世界是真实存在和永恒不变的。根据他的理念论，他把人分为可朽的肉体和不朽的灵魂两部分，肉体追求感官的快乐，灵魂追求理念的知识，灵魂高于并统治肉体，它的最终目标是摆脱肉体，认识最高的理念"善"——这就是追求德性。同时，他认为人的一切知识都是由天赋而来，它以潜在的方式存在于人的灵魂之中，因此知识不是对世界物质的感受，而是对理念世界的回忆。教学目的是恢复人的固有知识；教学过程即是回忆理念的过程；理性训练是柏拉图教学思想的主要特色。在教学过程中，柏拉图始终是以发展学生的思维能力为最终目标的。在《理想国》中，他多次使用了"反思"和"沉思"两词，认为关于理性的知识唯有凭借"反思""沉思"才能真正融会贯通，达至举一反三。感觉的作用只限于现象的理解，并不能成为获得理念的工具。因此，教师必须引导学生心思凝聚、学思结合，从一个理念到达另一个理念，并最终归结为理念。教师要善于点悟、启发、诱导学生进入这种境界，使他们在"苦思冥想"后"顿开茅塞"，喜获"理性之乐"，这与苏格拉底的"助产术"有异曲同工之妙。在这种品质的形成过程中，人们不可避免地要用理性自由选择，因此，任何一种德性都有自愿和抉择的特点，而在实践中修养德性的方法是"中道"，它要求我们参照理性在"过分"与"不及"的情感和行动中取其"适中"。柏拉图在其著作《理想国》中，还将公民分为治国者、武士、劳动者 3 个等级，分别代表智慧、勇敢和欲望三种品性。治国者依靠自己的哲学智慧和道德力量统治国家；武士们辅助治国，用忠诚和勇敢保卫国家的安全；劳动者则为全国提供物质生活资料。3 个等级各司其职、各安其位、各尽其分。在这样的国家中，治国者均是德高望重的哲学家，只有哲学家才能认识理念，具有完美的德行和高超的智慧，明了正义之所在，按理性的指引去公正地治理国家。治国者和武士没有私产和家庭，因为私产和家庭是一切私心邪念的根源；劳动者也绝不允许拥有奢华的物品。依据个人先天禀赋将公民划分等级，并推崇哲学王管理国家的是柏拉图所设想的第一等好的城邦形式，这是一种正义之邦，但是在著作《法律篇》中，柏拉图设想了第二等好的城邦，这一城邦由贤人政体转换为混合政体，以防止个人专政，并恢复私有财产和家庭，根据后天财富的多寡划分公民的等级。这两种城邦治理形式对后世的西方思想家影响较为深远。

亚里士多德在伦理学上的最大贡献，就是把伦理学从"天上"带到"人间"。马克思曾称亚里士多德是古希腊哲学家中最为博学的人，恩格斯则称他为"古代的黑格尔"。作为一名百科全书式的科学家，他在伦理学、政治学、雅典法律等方面都作出了重要的贡献。伦理学方面，亚里士多德综合了前人的伦理思想成果，正式使用了"伦理学"这一名称，并把它作为一门学科；他继承和发展了德谟克利特等人的伦理思想，建立了一个以城邦整体利益为原则的比较完整的幸福论伦理思想体系。学术思想方面，亚里士多德主张从现实的国家出发，探寻能够促进国家发展的现实路径。从这个意义上讲，亚里士多德可谓是现实主义的鼻祖，不同于他的老师柏拉图以自己假定的理想国衡量现实，他主张从现实的国家出发，防止国家堕落和促进国家的发展，他在逐渐摆脱苏格拉底的道德悲剧以及柏拉图的理想道德观的同时，把道德引入实践领域，也就是说，我们要从现实出发去建立我们的道德秩序，构建人们的道德范式，树立人们的道德信念。政治学方面，亚里士多德提出了"人是天然的政治动物"这一著名的论断，明确了人必须参与政治生活；城邦是一种至高且广泛的社会团体，追求最高且最广的善业。人类是天生的政治动物，经家庭、村坊而组成城邦，政体按其宗旨及最高统治权执行者的人数，分为正宗与变态两大类。前者分为君主、贵族、共和三种，后者分为僭主、寡头、平民三种。雅典法律方面，亚里士多德主张治国依靠法治而不是纯粹的以理治国，他对人性和理性持怀疑态度，主张法治。他认为法律的来源不是人的理性或者学者的思考，而是来自历史和传统中为人们所遵循和认知的东西，也就是历史的理性。总之，亚里士多德所建立的体系和一系列政治观点，对西方政治思想的发展产生了深远的影响。

二、抽象化发展：西欧中世纪从人到神的宗教神学信仰

西方宗教意识的流行与西方商业经济的发展有密切的联系。西方向文明迈进的方式是以地缘性的国家取代了血缘性的氏族，其较早发展的商业贸易、手工业、航海、移民和海外扩张冲破了人与人之间原始的以血缘为基础的联系纽带。

1. 中世纪早期的思想桎梏

中世纪指的是公元 5 世纪后期到 15 世纪中期,是欧洲历史三大传统划分(古典时代、中世纪、近现代)的一个中间时期。始于公元 476 年西罗马帝国的灭亡,终于公元 1453 年东罗马帝国的灭亡,最终融入文艺复兴运动和大航海时代(地理大发现)。中世纪分为前期、中期、后期三个历史阶段,而术语"黑暗时代"或者"黑暗时期"一般是指中世纪早期。在中世纪早期,欧洲没有强有力的政权统治,封建割据带来频繁的战争,天主教对人民思想的禁锢,造成科技和生产力的发展停滞,人民生活在毫无希望的痛苦之中,因此,中世纪或者中世纪早期在欧美普遍被称作"黑暗时代",传统上认为这是欧洲文明史上发展比较缓慢的历史时期。就欧洲中世纪的社会文化发展而言,基督教无疑是中世纪最重要的文化现象。基督教诞生于希腊—罗马宗教动荡、经济巨变时期。这一时期,社会从对作为国教的希腊—罗马诸神的传统信仰之中获得的安全感正在消退,新生教派正在取代传统神祇,这些新生教派不仅互相竞争,也互相融合、吸收彼此的教义与宗教仪式,然而它们的基本信念却又惊人的一致:现世因充斥邪恶而终将消亡;人生而有罪故当远离世俗,在永恒的精神领域内熏陶自我,才能获得无尽的福佑。因此,它们不仅在实践上采取不同程度的禁欲主义,并同时相信存在一个救世主,甘愿以生命为代价为信徒们换取死后的永生。宗教在世界范围内广泛扩散,在许多地区都占据了思想领域的统治地位,佛教、基督教、伊斯兰教在许多国家发展成为"国教",宗教的发展对封建社会的巩固一度有着重要的推动作用,但随着经济的发展,尤其是资本主义的兴起,宗教再度成为社会进步和科学发展的障碍。其对社会的阻碍作用主要体现在:在神权大于政治统治权的时代,神权决定着人们的生产、生活、文化等各方面,对百姓的日常生活、文化教育、社会秩序等各方面产生了较大的约束作用。比如在伦理思想上,宗教强化神秘主义和禁欲主义,从个人的现实欲望、社会关系、道德追求等方面转向了人对上帝的绝对服从关系,不仅抹杀了个人的合理价值、利益需求,而且禁锢了人们的思想。

2. 中世纪存在的民主火花

在中世纪的欧洲,宗教的存在对西方的民主政治体系产生了深刻的影响。教权与皇权发生了密切的联系,要么教权与皇权相辅相成,要么教权凌驾于皇权之上,要么皇权试图摆脱宗教的束缚,而暂时具有独立领导的地位。教权在最初成就了皇权,却又在之后的发展过程中,对皇权产生了制约,达到了教权统治的一个顶峰时期,而国王为了与教权抗衡,又扶植了城市民众与其抗衡,减弱了教权在国家政治方面的权力。在宗教统治的欧洲中世纪这段时间里,教权与皇权不断地交锋与对抗，让社会形态也得到不断变化，新的阶级产生，形成了西方近代的民主政治的雏形。所以，基督教对西方的民主政治的影响可谓十分深远，不光影响了民主政治，其蕴含的民主思想，也在后来的几百年里，深深地根植在西方民众的心里，让人们对资产阶级民主的理解更为深刻，对自由和平等的追求更为迫切，让他们有了自己对于民主的独特想法。中世纪时代，民主的理论和实践被漠视、被压制，但也有一些民主的火花值得一提。从理论和思想层面讲，一是神学中"上帝面前人人平等"的平等思想引发人们追求平等权利；二是神学利用或借助人们对平等权利的追求而对抗皇权。在基督教的精神内核中，本身就包含了自由、平等、博爱、正义这些跟民主相关的精神。自由和平等，是民主思想的关键组成部分。在基督教世界里，对"自由"的观念也是十分支持的。基督教认为，虽然人类带有与生俱来的原罪，但是由于耶稣的献身，人们得到了救赎的希望。人们拥有意志自由，可以决定是否信仰上帝、是否爱上帝。只不过基督教的自由，并不是人们凭借自己的喜好去做事，而是可以用尽所有力量去做人们应该做的事情。至于"平等"，基督教的教义中强调上帝面前人人平等，大家都是上帝的子民，无论是至高无上的君主，还是社会地位卑微的普通人或穷人，在上帝面前，人人都是平等的。就教会而言，不光思想透露着自由和平等的观念，在行为上，他们也努力地秉承了这种公平性。他们的财产实行公有，劳动和生活也是共同完成的。就算教会的主教拥有至高无上的权力，并且已经创造了一种不平等的待遇，但是他们还是极力地鼓吹这种平等的观念。正是这种自由和平等的民主思想，为后来的西方资本主义的产生和发展奠定了精神基础。

在资本主义初兴期，为了巩固资本主义的政权组织形式，资产阶级用《圣经》作为自己的思想武器、理论依据和精神皈依，将自由和平等作为自己的精神内核，否定了教士阶级所有的特权和不平等的待遇，为资产阶级的统治做合理性与合法性证成。平等与自由的观点，虽俨然成为贯穿整个资本主义社会形态的精神主线，但随着资本主义的进一步发展，平等与自由也逐渐沦为或者只存在于形式之上，从质料上看，在资本主义范围内是用表面的合法性掩盖着其内在的不合理性，不可避免地导致严重的社会两极分化现象。

三、人的解放：近代以来西方式政治现代化的直接动力

14世纪发端于意大利的文艺复兴运动，被认为是西方中世纪文化与近代文化的分水岭，并开启了西方近代资产阶级社会的大门。文艺复兴运动打着复兴古希腊、古罗马文化的旗号，主张以人为中心而不是以神为中心，吁求肯定人

的价值和尊严，促进了西方人文主义和理想主义的发展，促进了人们的思想解放和文化发展。

1. 人的解放：上帝从"神龛"步入"尘世"

文艺复兴是人类主要是西方思想上的一次大发展，它促进了文化的繁荣、思想的解放和近代科学的飞跃。宗教改革和资产阶级革命进一步促进了社会的进步，自此维护个人权利、尊重个人自由与平等成了政治建设的出发点和落脚点。

文艺复兴在实质上符合资产阶级发展所需的思想解放运动，人文主义反对以神为中心，主张尊重人性；满足人的需求，主张个人利益的满足和生存环境的改善；文艺复兴把人从神权的枷锁中解放出来，明白人应该过怎样的世俗生活。文艺复兴为资本主义的发展解除了精神的枷锁，使更多的人从封建愚昧中解放出来，开始关注人本身。在人文精神的推动下，长期受天主教会压榨的德意志因为教皇兜售不合理的"赎罪券"而导致矛盾的逐步激化，西方开始进行以反对天主教会为目的的宗教改革运动。马丁·路德提出信仰得救、《圣经》高于教皇和教会的主张，以此削弱天主教会的控制，这些在一定的程度上都有利于资本主义的发展。17世纪至18世纪，伏尔泰提倡"天赋人权""法律面前人人平等"；孟德斯鸠提出"三权分立"学说；卢梭主张社会契约论与人民主权说；康德倡导人权、自由、平等。把斗争的矛头都指向了封建专制制度及其宗教思想体系，都沉重地打击了天主教会和封建统治，成功地促进了思想的解放。启蒙运动是西方资产阶级反封建的思想解放运动，"光荣革命"确立了资产阶级的统治地位，随着《权利法案》的颁布，确立了议会的主权地位。近代西方政治制度以代议制为核心，表现为君主立宪制和民主共和制两种政体，体现了民主化、法律化、制度化三大原则，英美逐步确立了资产阶级代议制，反映了资产阶级的民主精神，对世界其他地区的政治制度产生了深远的影响。

2. 文明脐带：以物的依赖性为基础的人的独立性

文艺复兴以降，资本主义生产方式、生活方式、思维方式宰制下的西方式政治现代化及其道德谋划，因其"原子式的"的文明脐带、以自我为中心的狭隘立场、被宰制的"非此即彼"的僵化思维，不可避免地获致人与自然、人与人、人与社会、人与自身的关系危机。

"原子式个人"不仅是近代世界观、价值观和人生观的基本原则，而且是全部资产阶级社会科学的基础和核心。资产阶级的人权、自由、平等、法治、民主等，无一例外地都以"原子式个人"为基石。马克思和恩格斯认为，所谓原子式个人，即"纯粹的"个人或孤立的、本原的、自然的人，不过是"以物的依赖性为基础的人的独立性"时代的客观假象。在资产阶级看来，所谓的原子式个人本意是指孤立的自然人，即能够脱离任何共同体而独立存在，同时，又能作为共同体的构成单位的个人。共同体是由原子式个人的抽象普遍性派生出来的人造物，即法人。法人可以被建构，当然也可以被拆解，而原子式个人则是无法拆解的最小的自然单位。所谓"人是目的"，意味着"原子式个人"才是目的，其他一切都只是达到个人目的的手段。资产阶级的民主以私有制基础上的人权和自由为前提，它并不是建立在人与人联合的基础上的，而是建立在人与人相互分隔、相互对立的基础上的，是自私自利的个人之间的政治关系。因此，民主制只能是朋党政治，通过民主程序选出的政权只代表一部分公民而无法代表全体公民，因为它是少数服从多数的结果。更重要的是，因为通过相互竞争形成的整体利益不同于通过联合而形成的整体利益，后者的稳定性在前者那里并不存在。竞争所造成的变化使得整体的各部分之间只存在短期利益的一致，不存在长期利益的一致，因此与那种凌驾于个人之上的共同体中的民主制度不同，资产阶级民主只能是一种不稳定的民主，其背后是变动着的阶级利益。原子式个人这种客观假象的形成有其历史必然性，它是假象，但它并不是可以随意消除的；相反，它是客观的，即历史地形成的，因而也只能随着历史条件的变化而变化，随着历史条件的发展而消失。

现代资产阶级民主理论尽管有可供我们借鉴之处，但它们仍然是为巩固资本主义制度服务的，对广大人民来说是伪善的，不能彻底地解决资本主义社会的基本矛盾和其他各种社会矛盾。西方国家现在所宣扬的民主，与民主的本质和本来意义相去甚远。西方主流思想在长时间内对民主是持批判态度的，以美国为代表的西方国家，向发展中国家兜售的民主政治，是被改造了的民主，民主在这里更多的是标签、是政治技巧。从古代雅典，到中世纪的西欧，再到当代的西方世界，协商讨论式的民主，始终是民主的内在要求，但在资产阶级利益主导下的政治架构中，协商民主难以被重视，也难以在政治活动中发挥重要作用。我们现在所使用的政治概念，不少来自西方。无疑，我们要借鉴人类文明所创造的有益成果，要运用中外融通的概念和话语进行国际交流，但是我们必须搞清楚西方政治概念的由来以及它的内含，不能盲目地妄自菲薄，简单地照搬照套。

将自己的幸福建立在他人的痛苦之上、将人类的幸福建立在大自然的痛苦之上的西方式政治现代化及其道德谋划，以及由此而形塑的文明形态可以说是当今人类社会一切政治危机和全球性生态危机的制度根源。人类社会要健康持续地向前发展，必须同时实现"两个和解"，即"人同自然的和解以及人同本身的和解"。人同本身的和解，即人与自我之间、人之人之间的和解，是人与自然之间关系和解的前提，离开了人与人的社会关系而妄图实现人与自然的单方面的和解是不可能的。私有制条件下，人与自然之间的和谐关系被粗暴地破坏掉了，单纯追求经济利益的本性使得人与自然的和谐发展成为一种奢望。私有制是人与自然和谐关系破裂的根源，因而人与自然的关系要获得协调、持续的发展，就必须消灭私有制，只有消灭资本主义私有制进而建立合理的社会主义和共产主义社会制度，才能真正地实现人与自然的协调发展，才能实现人的自由全面发展。

西方人持守"天人二分"的观点，宗教思想又使之将"天"高悬于彼岸世界，而将"人"留在了此岸世界，在两者之间划出了一条难以逾越、难以弥合的鸿沟。西方人在人与天之间历史地划出了界限，将自然世界视为人的对立面，并似乎提供了这样一种可能性，即一旦宗教的迷雾为近代启蒙大潮所澄清，人们便能够以一种客观的态度、实证的方法来探究和把握自然之理，为昌明科学、革新技术输入巨大的动力。

第三节　中国式政治现代化及其道德擘画的文明脐血

中国式政治现代化及其道德擘画因其强调天与人的合一、情与理的相通、真善美的统一的文化传统或文明脐血，而追求人与自然、人与人、人与社会、人与自身关系的和谐统一；因其具有天人合一、民胞物与、美美与共的民族精神性格，而追求共同富裕的民本情怀和协和万邦的天下情怀；因其坚持马克思主义基本原理与中国具体实际相结合、与中华优秀传统文化相结合，并以中国化马克思主义为根本价值指导而不断与时俱进、开拓创新；因其无产阶级政党的阶级属性和全心全意为人民服务的最高宗旨而始终坚持以人民为中心的发展理念；因其秉持开放包容、文明交流互鉴，而致力于构建"你中有我，我中有你"的人类命运共同体。

党的十九大报告指出，文化是一个国家、一个民族的灵魂。"中国特色社会主义文化，源自中华民族五千多年文明历史所孕育的中华优秀传统文化，熔铸于党领导人民在革命、建设、改革中创造的革命文化和社会主义先进文化，植根于中国特色社会主义伟大实践。"[①] 5000 多年孕育成熟的中华优秀传统文化、

_____

① 习近平. 习近平谈治国理政（第三卷）［M］. 北京：外文出版社，2020：32.

党和人民在长期的革命、建设和改革的历史进程中孕育的革命文化，以及随着我国改革开放和社会主义现代化建设、习近平新时代中国特色社会主义伟大实践而发展凝聚起来的社会主义先进文化，无不积淀着中华民族最深层的精神追求，是中华民族最独特的精神标志，构成当代中国建设社会主义文化强国的三大支点，共同构筑起了当代中华儿女的中国特色社会主义文化自信。

一、中华传统美德为中国式政治现代化厚植伦理精神底蕴

中华优秀传统文化是中华民族在漫长的历史长河中淘洗并积淀出来的智慧结晶，既呈现为浩如烟海、灿烂辉煌的文化成果，更集中体现为贯穿其中的思想理念、传统美德、人文精神，是中华民族的"根"和"魂"，是中国特色社会主义植根的文化沃土，也是我们在世界文化激荡中站稳脚跟的坚实根基，其中最核心的思想理念已经成为中华民族最基本、最强大的文化基因。

对待中华优秀传统文化，既要坚持古为今用、推陈出新，有鉴别地加以对待，有选择地予以继承，保持对中华优秀传统文化的礼敬和自豪，做优秀传统文化的忠实传承者和弘扬者，又要不断实现中华优秀传统文化的创造性转化和创新性发展；既要讲清楚中华优秀传统文化的历史渊源、发展脉络、基本走向，讲清楚中华文化的独特创造、价值理念、鲜明特色，又要不断赋予传统文化以新的活力，使中华民族最基本的文化基因同当代中国文化相适应、同现代社会相协调，弘扬跨越时空、超越国界、富有永恒魅力、具有当代价值的文化精神，使古老的中华文明之树开出新的时代之花，为社会发展提供正确的精神指引。中华优秀传统文化中有许多思想与智慧的结晶，在当今时代仍具有经久不灭的思想火光，特别是崇仁爱、重民本、守诚信、讲辩证、尚和合、求大同等思想理念，自强不息、敬业乐群、扶正扬善、扶危济困、见义勇为、孝老爱亲等传统美德，彰显着中华民族世世代代在生产生活中形成和传承的世界观、人生观、价值观，并塑造和培育着中华民族的思维方式、精神品格、价值取向和行为方式。

1. 中华传统美德是中国式政治现代化的文明脐血

我国的古老文明具有典型的地缘性特征。我国是大陆型国家，人们生活在以黄河、长江为主线的灌溉平原，地理环境呈现出幅员辽阔、腹地纵深、半封闭的特征。一方水土养一方人。在航海运输业不发达的情况下，决定了我国是以农业生产为主，商业处于不发达的状态。农耕文明既影响了人们的生产与生活，也形塑了中国人的思想意识和精神面貌。一方面，人们的生产生活固定在相对稳定的土地之上，不仅住所固定，而且也决定了家庭是生产的主单位和社

会的子细胞；另一方面，形成了以血缘为纽带的社会关系系统，人与人之间具有严格的等级观念并且思想呈现出相对封闭保守的特点，以至于这种天然的血缘关系成为中国人用以支撑整个国家的伦理基石和维系全部社会成员的精神纽带。

儒家是中国文化最重要的代表者，儒家的伦理精神最充分地体现了中国血缘文化、情理文化、入世文化的文化特质与文化方向。"血缘—情理—入世"的文化三结构共同形塑了中国相对稳固牢靠的"家国一体"社会基本结构范式。儒家伦理精神是一种以血缘宗法为核心和根基的精神，其特征是家族精神、宗法精神、政治精神"三位一体"，血缘关系、血缘心理、血缘精神是中国文化的基本结构要素，它渗透到民族文化、民族心理、民族精神的方方面面，成为中国"人化"的基本特征，使中国文化成为一种血缘文化。尽管中国历来贸易活动不断，有时还相当活跃，但始终不能挣断血缘对于社会生活各方面的强韧束缚。在血缘关系的基础上确立宗法的原理，再把血缘宗法的原理直接上升为政治的秩序，形成一种特殊的社会关系、人际关系的组织结构形式与特殊的意识形态——伦理政治。① 伦理与政治的直接同一，使政治具有了伦理的至上性，伦理具有了政治的强制性，伦理政治化反映了阶级的本质，体现了阶级统治的需要，但伦理与政治融为一体，使政治权利失去了明确的责任与权力的划分，也使人身的依附关系强化、个性逐渐被抹杀。利用家族的血缘关系将氏族制发展为宗法等级制，秦汉以后，这种宗法等级制虽然有不少变化，但作为一种社会制度和思想体系仍被基本继承下来。秦汉以后，封建统治者把儒家这种伦理思想进一步概括为"三纲五常"，中国的纲常教义通过个人伦理的修养达到了国家的统一，因此中国是靠伦理来维系国家的持续发展与稳定，维护国家的政治统治秩序成为中国人几千年来一直遵循的最高的道德原则和规范。所谓"先天下之忧而忧，后天下之乐而乐""天下兴亡，匹夫有责"，便是这种家国一体的伦理道德的最集中体现。

中国文化强调天人合一，人道顺应天道，重和谐与统一。"天人合一"的宇宙观认为自己与外部世界是统一的、和谐的，把世界看成本质上是一个不可分割的整体，"合"便是内道与外道、天道与人道的统一。中国人持"天人合一"观，谋求"大人者与天地合其德""赞化育，参天地""天地与我并生，而万物与我为一"的境界，强调个人服从整体、追求君子境界、重义轻利、处世平和中道、讲求慎独、自强不息等美德，为中华民族几千年来自立于世界民族之林

---

① 樊浩. 中国伦理精神历史建构［M］. 南京：江苏人民出版社，1993：8.

和为人类作出巨大贡献提供了精神保障。其实，中国人所讲究的"天人合一"是在伦理政治的实际需要基础之上所作的一种构想，因此那些与"修齐治平"并无直接关系的自然科学和生产技术，便被视为"无用之辨""不急之务"而备受冷落。虽然中国古代曾经取得过像"四大发明"这样辉煌的科技成就，但根深蒂固的政治功利主义偏见已经为中国近代以来科技发展的滞后和落伍埋下了祸根。中国文化强调情与理的统一，具有"理性+情感"的伦理结构。中国的伦理结构与西方的伦理结构不同，要对中国的伦理结构有深刻的认识，关键是要对"理"有一个真切的把握。这里的"理"不是所谓的"理性"，而是"性理"，是由性即理，由人的伦理本性达到外在的习俗理性，是建立在父慈子孝、兄友弟恭的感性经验基础上的经验理性，重在情之理，或人情之理、人伦之理。这种理以情为主体，它不是冷冰冰的，而是充满人情味的，是从血缘本性、血缘亲情出发，进行"合理"的判断，说到底，就是情之理、性之理。因此，在中国文化中，不但强调所谓的亲情，而且具有泛情感主义的倾向。[①]

2. 儒释道辩证综合是中国式政治现代化的道德实践自觉

中国文化源远流长、博大精深，主要以儒、佛、道三家文化为主流。我国的传统文化不仅思想深邃圆融、内容广博，更重要的是，儒家、佛家、道家三家文化，高扬道德，为国人提供了立身处世的行为规范以及最终的精神归宿。儒学以仁义教化为核心；道学以顺应自然为核心；佛学以慈悲、大爱、解脱为核心，强调诸恶莫做，众善奉行。自律是儒家、自悟是佛家、自然是道家。儒家是解决人与人的关系，佛家是解决人与心的关系，而道家是解决人与自然的关系。儒释道的辩证综合，是中国人自律、自悟、自然之气性的辩证综合，是人与自然、人与人、人与社会、人与自身关系的辩证综合，它为中国式政治现代化提供了一种"自然、必然、应然"辩证综合的道德自觉。

儒家指出了一条通过修身而实现内在超越的道路，将社会的完善寄希望于个体的道德修炼。先秦儒家教育思想奠定了中华民族教育思想发展的基础，它系统完整，兼容并收，深深影响了我国此后两千多年的传统教育和古代社会的发展。从孔子开始，儒家的教育内容基本上都属于伦理道德的范畴，道德教育是儒家教育的灵魂和核心，智育、美育和体育等内容都是以德育为中心，并为德育服务的，儒家鼓励人们积极进取以修身养性，以积极进取的伦理道德修炼入世的品质。同时，孔子强调道德修养不是依靠外加强制，而是依靠自觉努力，道德修养不是闭门自修，参与社会实践活动更为重要。另外，由于人的行为不

---

① 樊浩. 中国伦理精神历史建构［M］. 南京：江苏人民出版社，1993：7.

一定都符合道德准则，常有做得过分和不及的情况，孔子认为那样都不好，最好的是做到恰到好处，因此他强调"中庸"，认为待人处世都要"中庸"，防止发生偏向，一切行为都要中道而行，不偏不倚。我们常说公道自在人心，也就是天理在每个人心里，儒家思想不是教导人们顺从屈服，而是敢于跟自己的私欲作斗争，敢于去承担，去改变，这种改变从自己开始，然后正家风，治理国家，心怀天下。孟子继承并发展了孔子道德教育的思想，孟子以人的"性善论"为出发点，强调人内在的心性纯良，并以此为依据来论述人的道德内容。孟子认为，道德教育必须以"仁""义"为核心，以"孝""悌"为基础。同时孟子不断地总结道德教育的原则和方法，他认为可以通过尚志养气、反求诸己、知耻改过、存心养性和锻炼意志等几个方面来进行道德教育，提高道德修养。荀子的道德教育以其"性恶论"为基础，对各家有所继承，又有所扬弃。荀子把"礼"看作道德生活的最高准则，认为"礼"是修身和治国的根本，因为人性恶，要"化性起伪"，要通过"化师法，积文学，道礼义"，然后才可能成为有修养的君子。儒家优秀伦理思想昭示了中华民族的辉煌历史，展现了中国各族人民的伟大智慧创造，也是中华民族和中国人民在"修齐治平"、尊时守位、知常达变、开物成务、建功立业过程中逐渐形成的有别于其他民族的独特的精神标识。

道家伦理精神即道心，在价值取向上表现为自然主义。从自然人性论出发，道家主张清静无为、顺应自然、返璞归真、道法自然，讲究天人合一、无为而无不为。老子认为，世上万事万物都是相比较而存在的，善恶、美丑、是非……都是互相包含和渗透的，任何事物都不是一成不变的，发展到一定程度就会物极必反；老子倡导无为而治，认为人为的干预会破坏原始的自然淳朴而导致人格的分裂，因此"大道废，有仁义；慧智出，有大伪；六亲不和，有孝慈；国家昏乱，有忠臣"①；老子主张"小国寡民"，人类以小部落生存，部落内部人与人之间相互配合，集体生产，集体分配，无私利无纷争。其实儒释道思想虽然都不同，但都蕴含了人类至纯至善的心。道家的思想具有许多值得借鉴之处，但是道家思想的特点还在于消极的个人主义，主要表现为追求个体的超越与解脱，从而逃避社会责任。

儒家思想在现实中存在着不可克服的人伦与人生的矛盾，导致个人三十岁左右才能找到自己安身立命的根本，因此需要实现人伦的超越，而道心和佛性就是实现这种超越的补充。佛教的最根本思想出自佛祖释迦牟尼——世人尊称

---

① ［春秋］老子. 道德经［M］. 桂林：漓江出版社，2017：86.

为佛陀。释迦牟尼的故事广为流传，他创立佛教在于从根本上解决世人的痛苦。战争纷争、生老病死，人经历人世间种种的苦难，究其根本在于人类欲望的执念，因此佛教教人清心寡欲，实现对现实的超越；佛教讲因果，讲轮回，讲修行顿悟、超越生死、了断烦恼，直至涅槃，最终实现积极的出世再入世；佛教引导人们向善，追求人生的智慧，教人拥有自度度人的社会责任感，促进清心寡欲、克己自律的人格生长，是对德性道心的补充和完善。禅宗是出世的，认为世间万事万物无不是一个"空"字，任何事物从心而过不留痕迹。佛家有大乘小乘之分，小乘追求个人的自我解脱，大乘讲究的是大慈大悲的普度众生，所以佛家的核心是放下所有、追求解脱、利益众生。

总之，儒家的德性是中国精神的主干，集中体现着血缘、情理和入世的文化特征；道心是中国文化自身产生的调节与补充的机制；佛家是中国文化融合外来文化的调节与完善。儒家的伦理政治、道家的人生智慧、佛家的人伦超越，三者的辩证统一构成了浑然一体的中国人精神的三维结构。

二、中国革命道德为中国式政治现代化烙上伦理精神底色

革命文化是中国特色社会主义文化的重要组成部分，是一代又一代的中国人在革命斗争和伟大实践中熔铸的思想结晶，是中华民族革命斗争历史文化的高度凝聚，是国家独立、民族解放、人民幸福的思想旗帜，是激发全体中国人民不断奋进的思想动力，集中展现了中国人民顽强不屈、坚韧不拔的民族气节和英雄气概，充分体现了中国共产党在革命、建设、改革的各个历史时期所展现出来的勃勃生机与精神面貌，是中华民族最为独特的精神标志。

1. 中国革命道德对中华传统美德的传承发展

中国传统文化在封建制度的束缚下举步维艰，在与西方文化的碰撞中显现出内在的保守性与落后性。近代中国文化的探索与革新是与国家独立、人民解放的历史任务一并发起的。魏源提出"师夷长技以制夷"，学习西方先进的科学技术以抵御列强侵略；洋务派以"中学为体、西学为用"的宗旨学习西方科学与军事，探索国家自强之路；资产阶级维新派"变法维新"，不仅要学习西方的科学与军事，还要学习西方的政治制度；孙中山提出"三民主义"学说，借鉴西方政治、经济、文化，希望在中国建立一个真正的资产阶级民主共和国。但是，这些探索方案都没有能够使近代中国摆脱被侵略、被奴役的命运，获得独立与自强，他们所提出的文化革新，也没有实现中华文化的振兴与自信。

中国共产党在马克思主义的指导下，在与中国的具体国情相结合的情况下，取得了一次又一次革命的胜利，在这一历史进程中酝酿、产生和发展起来的革

命文化，凝聚了中国共产党和人民群众的伟大革命精神，从根本上扭转了中华文化自鸦片战争以来的衰落走向。二万五千里的长征中，是对革命胜利的无限向往，是为中国人民谋解放的革命信念，支持着中国共产党人和红军战士，爬雪山过草地，战胜恶劣的自然条件，并突破国民党反动派的无数次围追堵截，勇往直前。革命文化既见证了"没有共产党就没有新中国"的历史，也见证了中国共产党在革命斗争中对马克思主义信仰一以贯之的坚守。革命文化是激励中国人民克服一切艰难险阻、走向胜利的关键所在。革命文化是在继承了中国传统文化的优秀基因的基础上，推动着中华文化从传统到现代的转化，逐步建立起具有科学性、先进性、时代性以及民族化、大众化的中国现当代文化形态，成为中华民族独特的精神标识。从"为万世开太平"到"革命理想高于天"，从"威武不能屈"到"大无畏的革命英雄主义"，从"民惟邦本"到"全心全意为人民服务"，从"格物致知"到"实事求是"，从"自强不息"到"自力更生、艰苦奋斗"等，都生动反映了中华优秀传统文化在革命斗争中的传承、转化和发展，并赋予民族志向、民族品格、民族精神以新的时代光芒。在争取民族独立和解放的革命斗争实践中，面对"三座大山"的剥削、压迫，中华儿女不畏强暴、百折不挠，以"为有牺牲多壮志，敢教日月换新天"的伟大精神气魄和坚毅的革命品质，顽强拼搏、奋力前行，呈现出一种高度坚定的道德自觉和积极向上的精神样态，最终赢得了新民主主义革命的伟大胜利，使中国人民和中华民族从此真正站了起来。

革命文化孕育于中国共产党为中国人民谋幸福、为中华民族谋复兴的初心，形成于中国革命的伟大实践始终，是中华民族文化的宝贵精神财富，彰显的精神价值为新时代创建人民的精神家园提供了重要道德资源，已经成为实现中华民族伟大复兴的强大精神动力和强有力的文化支撑。

2. 中国革命道德为中国式政治现代化孕育红色基因

《易经·贲卦》云："观乎人文，以化成天下。"文化的力量是贯穿人类社会历史演进的经络，是一个国家和民族的进步之魂。革命文化是在中国新民主主义革命时期形成的，是那个时代的产物，它之所以具有生命力，除了它本身的精神特质外，还在于革命文化与当代的精神追求与价值观念具有内在的生发与传承关系。

革命文化蕴含不怕困难、艰苦奋斗的革命品格。革命文化诞生于艰苦的革命年代，充分体现着不怕困难、艰苦奋斗的革命品格。中国共产党人紧紧团结和带领广大人民群众，不畏艰难，坚韧不拔，走出了一条农村包围城市、武装夺取政权的新民主主义革命道路，开辟了广阔的农村革命根据地，把落后的农村变成了革命的摇篮；在十四年艰苦卓绝的抗日战争中，中国共产党领导中国人民，不畏强敌，不惧艰险，英勇顽强地抗击日本侵略者，取得了抗日战争的伟大胜利；在新民主主义革命胜利的前夕，毛泽东同志向全党发出"务必保持艰苦奋斗的作风"的革命号召，以此警醒每一个中国共产党人要将社会主义事业进行到底；在中华人民共和国成立初期，中国共产党人秉持这一革命品格，克服万难、自力更生、百折不挠，冲破了西方资本主义国家的严格封锁，经受住国内外环境的重重考验，克服了"左"倾的错误和影响，取得了社会主义建设的初步胜利。革命文化蕴含民族独立、人民解放和实现国家富强、人民富裕的理想追求，革命文化的实质内涵与中国人民的理想追求是高度一致的。中国近代救亡图存的革命斗争，始终贯穿着一个明确的历史目标即民族独立、人民解放和国家富强、人民富裕，这也是革命文化贯穿始终的基本主题。而在争取民族独立、人民解放和实现国家富强、人民富裕的斗争中形成的革命文化，也已经融入中华民族的思想血液，成为中华民族的精神基因。

革命文化凝聚着坚定的马克思主义信仰。革命文化是马克思主义鲜明的底色，是中国共产党领导中国人民在马克思主义的指引下取得中华民族独立和解放的见证，彰显了中国共产党和中国人民在异常艰险的革命斗争中对马克思主义的信仰与坚守。革命文化蕴含以人民为中心的集体主义情怀。人民群众是革命文化的主体，革命文化是人民的、大众的文化，体现了中国共产党和人民群众的不可分割性。革命文化蕴含科学、民主的价值理念。革命文化以民主、科学的新文化改造传统文化，在革命实践中孕育和形成了"实事求是""理论联系实际""密切联系群众""批评与自我批评""民族统一战线"等系统的科学革命思想。革命文化还充分体现出一种"不唯书，不唯上，只唯实"的科学精神。

一言蔽之，革命文化孕育了中国特色社会主义文化建设的红色革命基因，体现了中国共产党人的世界观、人生观、价值观，是中国共产党人精神家园的根基。革命文化是新民主主义革命时期的文化样态，体现了我们党在灾难深重的近代中国勇于担当的理想信念和精神追求，突出表征为以伟大的"建党精神"为母体、为机制，涵盖"五四"精神、红船精神、井冈山精神、苏区精神、长征精神、西柏坡精神、雷锋精神、焦裕禄精神、"两弹一星"精神以及伟大的抗洪精神、抗震精神和抗疫精神等在内的中国共产党人精神谱系，是中华民族精神在革命斗争年代的具体表现形式，是中国共产党人培育创造并具有独特文化价值的文化或精神形态。

三、社会主义道德为中国式政治现代化指明伦理精神方向

社会主义先进文化是在党领导人民推进中国特色社会主义伟大实践中，在马克思主义指导下形成的面向现代、面向世界、面向未来的，民族的、科学的、大众的社会主义文化，代表着时代的进步和发展。社会主义先进文化在多样化的文化观念和社会思潮中居于主导地位，中国特色社会主义的生动实践，亿万人民追求美好生活的不懈奋斗，为它的发展注入了蓬勃旺盛的创造活力。社会主义先进文化萃取了中华优秀传统文化和革命文化的精华，是与中华优秀传统文化和红色革命文化的深度融合，也是中华文化在当代中国的最新发展，社会主义先进文化及其内蕴的社会主义先进道德是我国经济社会发展的强大精神支撑和民族凝聚力、向心力的重要源泉。作为一种价值理念，它塑造着当代中国人的思维方式和行为规范；作为一种理想信念，它指明人们为之奋斗的理想和目标；作为一种精神纽带，它统一人们思想、维系民族团结、维护国家稳定。

1. 社会主义先进文化与先进道德的核心内容

中国特色社会主义先进文化以马克思列宁主义、毛泽东思想、邓小平理论、"三个代表"重要思想和科学发展观为指导，以习近平新时代中国特色社会主义思想为统领。只有牢牢把握社会主义先进文化的前进方向，紧紧围绕实现全面建成小康社会、建设社会主义现代化强国、实现中华民族伟大复兴的宏伟目标，才能把社会主义事业不断向前推进；只有弘扬以爱国主义为核心的民族精神和以改革创新为核心的时代精神，才能引领社会主义的前进方向；只有发展面向现代化、面向世界、面向未来的民族的、科学的、大众的社会主义文化，才能在时代的风云际会中历久弥新；只有不断满足人民群众日益增长的精神文化需求，不断满足人民群众对美好生活的向往，努力培育有理想、有道德、有文化、有纪律的社会主义公民，才能提高全民族的思想道德和科学文化素质，促进人的全面发展和社会全面进步。社会主义先进文化是社会主义文化强国建设的先导工程。推动社会主义文化大发展大繁荣、建设社会主义文化强国，对夺取全面建成小康社会新胜利、开创中国特色社会主义事业新局面、实现中华民族伟大复兴具有重大而深远的意义。建设社会主义文化强国，必须始终坚持社会主义先进文化前进方向，大力推进社会主义先进文化建设，着力推动社会主义先进文化更加深入人心，不断开创全民族文化创造活力持续迸发、社会文化生活更加丰富多彩、人民基本文化权益得到更好保障、人民思想道德素质和科学文化素质全面提高的新局面，推动社会主义物质文明和精神文明全面发展。

2. 社会主义先进文化和先进道德的主要特征

随着我国经济社会的不断向前发展，社会主义先进文化也已成为社会主义制度优越性的重要体现，极大地增强了国人的文化自信心。文化自信地树立显然离不开改革创新，改革创新已然成为进一步增强社会主义先进文化自信的重要动力，其价值取向是有利于个人、家庭、国家以及全人类的和谐发展与全面进步，有利于构建"你中有我，我中有你"的中华民族命运共同体和人类命运共同体。社会主义先进文化和先进道德具有以下几个方面特点：

现实性与理想性的有机统一。社会主义先进文化和先进道德是在我国革命、建设和改革的伟大实践中形成的，服从服务于亿万中国人民创造幸福美好生活的现实需要。如果脱离这一实践基础与现实需要，社会主义先进文化和先进道德就会成为无源之水、无本之木，就失去了价值和意义。同时，社会主义先进文化和先进道德以共产主义远大理想为精神支撑，以实现人的全面发展为基本价值取向，具有一定的长远性和理想性。

科学性与人文性的有机统一。社会主义先进文化和先进道德建立在马克思主义基本原理基础之上，符合中国先进生产力发展的要求，体现了人类文化发展趋势，推进社会主义先进文化建设，需要坚持以马克思主义为指导，自觉把握和运用文化建设的客观规律，因此具有科学性。同时，社会主义先进文化以实现好、维护好、发展好最广大人民群众的根本文化权益为基本价值追求和评判标准，坚持文化发展为了人民、文化发展依靠人民、文化发展成果由人民共享，具有鲜明的人文性。

民族性与开放性的有机统一。一方面，社会主义先进文化和先进道德与我国的历史文化传统、经济发展状况、社会制度、发展道路等高度契合，具有鲜明的民族性和中国风格、中国气派，为广大中国人民所认同和接受。另一方面，社会主义先进文化和先进道德又十分注重吸收借鉴人类文明进步成果，具有开放性和包容性。

社会主义先进文化建设是推动社会创新发展、实现社会共同富裕的重要保障。推进社会主义先进文化和先进道德建设，必须以改革创新为动力，努力破除一切不利于文化繁荣发展和社会道德进步的思想观念和体制机制，深化文化体制改革，积极探索有利于文化发展和道德建设的管理体制和运行机制。建设社会主义先进道德，必须以社会主义核心价值观为统领，充分发掘中华传统美德以滋养社会主义先进道德，实现中华优秀传统文化特别是中华传统美德的创造性转化和创新性发展，在中国特色社会主义进入新时代这一新的历史方位上，深刻总结中国特色社会主义伟大实践的思想道德成果；加强社会主义先进道德建设，实现弘扬传统美德、遵守社会公德、恪守职业道德、锤炼个人品德的"四位一体"。

今天是历史的延续和发展，当代思想文化和伦理精神也是对传统思想文化及其伦理精神的传承和升华。中华优秀传统文化与传统美德、中国革命文化与革命道德、社会主义先进文化与先进道德不是相互割裂的，而是内在关联的，后者是前者的赓续传承、创造转化和创新发展，三者既各具特点又相互贯通，共同闪烁着中华民族一脉相承的精神追求、精神特质、精神脉络的光芒。中华文化的主体与主流由中华优秀传统文化、革命文化和社会主义先进文化构成，当代中国道德建设的主体与主流也是由中华传统美德、中国革命道德和社会主义先进道德构成，它们凝聚着中华民族共同经历的奋斗历程，蕴含着中华民族共同培育的民族精神，贯穿着中华民族共同坚守的理想信念，联结着中华民族的过去、现在和未来，是中华民族共同创造的精神家园，也是中华民族屹立于世界民族之林的强大精神力量。中华文化及其内蕴伦理道德精神有其独一无二的理念、智慧、气度、神韵，增添了中国人民和中华民族内心深处的自信和自豪。我们的文化自信的底气和骨气在于我们有博大精深的优秀传统文化，有奋发向上的革命文化，有承前启后、继往开来的社会主义先进文化。文化自信的内核是伦理精神的自信；而我们今天的伦理精神自信的底蕴和底气就在于有生生不息的中华传统美德，有全心全意为人民服务的中国革命道德，有以实现共产主义作为远大理想的社会主义先进道德。

四、命运共同体意识为中国式政治现代化的"伦"之"理"

中国有关伦理学或道德哲学的研究起步较早，先秦诸子逐步展开并呈现"百花齐放，百家争鸣"的镜像与态势，只不过未能像古希腊那样作为一门学科被提出来，未能以"伦理学"的名义系统地展开。在中国文化语境里，"伦理"更多的是对人的生活的真实反映或写照，是对现实生活里的人的行为方式的约定俗成或规范。

1. 中国伦理精神的缘起：我们如何在一起？

在中国文化语境里，"伦理"旨在回答我们为何以及如何"在一起"。"人"因"伦"而"立"，"理"在"伦"中"生"，"伦"与"理"互融互释，是"身安""心安""理得"的统一。从本体意义上讲，人之"伦"可以综括为三种"形"态，即"形而上"的"精神"形态、"形而下"的"物理"形态以及介于两者之间"形而中"的"伦理"形态。人"伦"的三种"形"态，使一个人获致性格、位格、品格的异"格"同"构"，也就是阿拉斯代尔·查莫斯·麦金泰尔（Alasdair Chalmers MacIntyre）教授所称谓的"未经教化的偶然所是的人性""实现其目的而可能所是的人性"以及"作为这两者转化之手段的理性的伦理学训诫"的异"格"同"构"。在中国文化语境里，"伦理"的一方面或者说是过上"伦"里的生活的第一个理由是"个体的善"，"伦理"的另一方面或者说是过上"伦"里的生活的第二个理由是"共同的善"。因为只有待在"共同体"内部，只有不脱离社会，只有过上有"伦"里的生活，一个人才有可能做出某种自相一致的行动，并且在与其他共同体或社会成员"一起"追求共同体或者社会的共同愿景的过程中实现个体的善与共同的善以及两者的统一。

从词源学上讲，"伦"有"辈"之意，指的是人与人之间的次第辈分关系，逐步引申为社会生活的份（等级、礼份）、序（秩序、次序）、比（亲疏、忠恕）、类（类聚、群分）等；"理"取自"治玉"，有如琢如磨、如切如磋之意，也就是对浑浊的、错乱的、复杂的、良莠不齐的"璞玉"进行琢磨、切磋之后，取其精华、去其糟粕之后所获致的"美玉"。在中国文化语境里，"美玉"好比"美德"，是"治玉"出来的，是"理"出来的。从这个意义上讲，"伦理"反过来说就是"理伦"，就是"理"清楚人与人之间的关系即"人伦"。由是可见，"理"有条理、道理、治理、整理等意涵。"理"指的是事物或者行为理所当然的道理或者律则。同样的一块"璞玉"，不同的人去"理"、去"治玉"，就会得出不同的只属于他的或她的所称谓的、所欲求的"美玉"。同样的道理，"道"外在于我们，"得道"的境界完全取决于一个人品性与修行，"得道"不同，境界迥异，也就有了中国人人性提升和人格完善之"格物、致知、诚意、正心、修身、齐家、治国、平天下"的八阶段或八境界，即经典儒家思想的"八达德"或"八德目"。

一方面，"人"因"伦"而"立"。

在中国文化语境里，"伦"即"关系"，是人与人之间的关系，是"共同体"，是相互联系的人们在共同劳动、共同生产、共同生活基础上形成的命运与共的"命运共同体"，但又不同于格奥尔格·威廉·弗里德里希·黑格尔（Georg Wilhelm Friedrich Hegel）所称谓的"伦理实体"。因为在黑格尔那里，伦理实体指的是"充满着主观性的客观的东西，从客观方面来考察伦理，那么可以说。人们在其中不自觉具有伦理观念，这样一来，整个'伦理'既有客观环节又有主观环节"①。而在中国文化语境里，作为一种"实体性存在"的"伦"

---

① ［德］黑格尔. 法哲学原理［M］. 范扬，张企泰，译. 北京：商务印书馆，1979：164.

不仅给以物理的形式存在的人的肉身找到一个个得以"安顿"的地方——因为我们的肉身一直在路上，而且为他提供了一个驻足之地、栖身之所，让人的肉身不至于离群索居，无家可归。"伦"给予行走、漂泊的人们以归属感、安全感。因为只有在"共同体"内部，个体的"我"才会成为"我们"；因为"共同体"内部"我们""在一起"的共同生活，给予我们驻足回望的精神家园，给予肉身的保护和灵魂或精神的庇佑，从而得以"安身立命"。

展开来说，在"伦"里即命运共同体内部，我们能够感受到"爱"与"被爱"，我们尝试着学会了"己所不欲，勿施于人"的金律；在"伦"里，我们清楚地明白，只要我们"安伦尽分"就能够"安身立命"的道理；在"伦"里，我们的行为有了取舍或抉择。这是因为，只要在共同体内部，我们就不再是"单个人"，我们成了一种"类存在"，是"命运与共"的"伦"的存在；是因为我们不是"固有"的一成不变，我们在变，我们寄身于其中的命运共同体即"伦"也无时无刻不在变；是因为我们不是"抽象物"，我们是具体的、真实的存在，是有着具体时间和空间的物理的存在以及看似抽象但又具体且能够被感知的精神的存在。正是在这个意义上，正是从具体且真实的、不是一成不变的、作为"类存在"或"伦"里的人的"现实性"出发，马克思将"人的本质"规定为"一切社会关系的总和"。"一切社会关系"构成了"实体性存在"的我们身与心、肉与灵均得以"安放"的"伦"。

另一方面，"理"在"伦"中"生"。

在中国文化语境里，"理"即规矩、律则或准则。没有规矩，作为实体性的命运共同体的"伦"也就难以为继。"理"就是个体把身与心、肉与灵"安顿"在"伦"里的那个"理由"，因为这个"理由"，以观念或者精神的形态展现出来的我们的灵魂才能得以"安放"，只有在"伦"的里面我们才能"求放心"。这个"理"也就是"安伦尽分"。一个人只有"安伦尽分"，才能够"安身立命"。只有在"伦"里，在"命运共同体"内部，一个人才不会落魄为孤魂野鬼，才能够将个体与共同体、自我与他者、我和我们、个体的善与共同体内部"共同的善"、私利与公利、私德与公德、个人价值与社会价值、个人理想与社会理想、个人幸福与公共福祉统一，进而获得个体对自我人格的同一性认同。在仁者见仁、智者见智的"理"里，我们的精神能够得到"安顿"，是人类为自己的肉身与精神找到得以"安放"的地方之后找寻自给自足的"安放"的理由——先天的或后致的，主动的或被动的，有理由的或无理由的，或是使肉身和精神得以庇佑，或是在共同体内部实现自我价值与共同体价值，进而达至"个体的善"与共同体内部"共同的善"的统一，使放荡不羁的灵魂得以"安顿"。

正因为"人的本质"是一种"关系的存在",一种"类存在",一种"伦"里的存在,所以我们的一言一行、一举一动、所作所为、所思所想都会关乎着另外一些人至少是一个人的利益,关乎着另外一些人至少是一个人的感受,这就是"伦"之"理"——我们的行为的抉择就有了理由,能够"自给自足"的理由。"伦理",即人伦之理,以"理"理"伦",只有这样我们才能够从"伦"里即"命运共同体"内部"共同的善"实现或者找寻自己的"个体的善",在促进共同体内部"共同的善"的同时使自己过上"善的生活"。在"伦"里即命运共同体内部,我们养成属于自己独特的"性格",与自己的身份、角色或地位相对应或者相符合的"位格",通过外在教化、克己内省、生活习得而获致的"品格",实现自己的人性提升与人格完善。在"伦"里即命运共同体内部,我们找到了属于自己的做人的尊严,这种"尊严"是因为自己的成长或成就获得了共同体或共同体内部成员即他者的"尊重"进而增益我们的"自尊"心,在他者的"尊重"和我的"自尊"心的共同作用基础上我们才获致了自己做人的"尊严"。不仅如此,我们做人的价值、事业的成就也是在并且只有在共同体内部即"伦"里才能够获致,在某种意义上是由他人或社会成就的、赋予的,以及由他人或社会认可的、评价的。

作为一种"关系的存在",过上一种"伦"里的生活,我们的行为需要有"正当的""好的""善的""合宜的""恰到好处的"的刚刚好的选择,即为"伦"里的行为的"理"由。或是基于内在的自然情感的同情心、同理心或善性良心,是一种"优秀的善"即"性好",诸如经典儒家的恭、宽、信、敏、惠、温、良、俭、让,就像大卫·休谟(David Hume)所追问的那样,你这样做是否"令自己愉快"?你这样做是否"令他人愉快"?或是基于外在的人为设计的制度、规范、原则即制度的有效性安排,是一种"有效性的善",诸如公平、正义、公正、合理性、合法性等,就像大卫·休谟所追问的那样,你这样做是否"对自己有用"?你这样做是否"对他人有用"?只不过,休谟(Hume)所追问的以及由此而产生的社会性的道德原则,当且仅当"令自己愉快""令他人愉快""对自己有用""对他人有用"同时满足的情形下,我们的行为抉择及其理由才是善的或者正当的。[①] 从这个意义上讲,中国文化语境里的"伦理"不仅仅是黑格尔笔下的那个家庭、市民社会和国家三位一体的所谓的"伦理实体"——黑格尔的"伦理实体"更多观照的是"伦理"中"伦"的一面,只是

---

① [英]休谟. 道德原则研究 [M]. 曾晓平,译. 北京:商务印书馆,2003:9-10.

为我们的肉身明确了得以"安放"的地方而已。在中国文化语境里，"伦理"是"伦"与"理"、肉身（安放）与灵魂（安顿）、物质（现象）与精神（理念）的一体，是"身安""心安""理得"的统一。

2. "人伦""人格"与共同体

在中国文化语境里，我们的判断所具有的、为伊努尔·康德（Immanuel Kant）所极力强调的普遍性即"伦理"，是一种从下列事实中产生的，即我们采取了整个共同体的态度、采取了所有其他"有理性的存在者"① 的态度。我们通过与其他人的关系，才成为我们现在这个样子。而一个人之所以有一个人格——更确切地说是"道德人格"，也是因为他寄身于某个"共同体"即"人伦"之中。没有共同体的生活或社会性的存在，没有相对于其他人同类的比照，就不会有人与人之间彼此的差异，也就没有人之所以为人、人之所以异于禽兽的社会本质属性的存在，而正是这种把自己与他人区别开来的差异性以及人之所以为人或者人之异于禽兽的共同的本质属性即社会属性或"伦理属性"奠定了我们人格的基础。

首先，人之"伦"的三种"形"态。

从本体意义上讲，人的存在可以综括为三种"形"态的有机统一体。第一种"形"态的存在，是一种能够被感知的、现象的、有"形"的存在，是一种感性的、经验的存在，它构成了一个人或者康德所称谓的"一个有理性的存在者"的全部现实，是受各种各样的规律或必然性所规约的存在，是"伦理现象"界，我们姑且称之为"形而中"的"模型世界"，是必然王国——因为规律或者必然性是它的原因性概念，必须服从而不能违背规律或必然性去行事。第二种"形"态的存在，是一种超感性的、先验的、理性所悬设的、形式的并且凭借理性向人的意志发出命令的存在，是"精神现象"界，我们姑且称之为"形而上"的"原初世界"，是自由王国——因为"自由"是它的原因性概念，只听从道德法则②的安排，只按照道德法则去行事。第三种"形"态的存在，是一种隐藏在潜意识里、往往以冲动、欲望、激情等形式表现出来的、本能的且任性的存在，是"物理现象"界，我们姑且称之为"形而下"的"心理世界"，

---

① ［德］康德. 实践理性批判［M］. 关文运，译. 桂林：广西师范大学出版社，2002：10.

② 所谓普遍的道德法则是指对人的意志的一种"绝对命令"，它对任何人都普遍具有一种无条件的、必然的先验的指挥行为的力量，它不受任何经验、情欲、利害关系、效果有无等条件的制约，是以其自身为根据成立的。只有从绝对命令出发的行动，才是道德的。人必须按绝对命令行动，应该为尽义务本身而尽义务。参见：［德］康德. 道德形而上学原理. 苗力田，译. 上海：上海人民出版社，2001：10.

是自然王国——欲望或冲动是它的原因性概念，常常以冲动、激情的方式释放出来并且挑战"伦理世界"的规律、必然性，试图摆脱"精神世界"的原则或法则的屈抑。

无论是"形而下""形而中"还是"形而上"，都是直接指向"人"的，都始终是以"人"为目的，而非其他。从精神分析心理学的角度看，第一种"形"态是"自我"，第二种"形"态是"超我"，第三种"形"态是"本我"。一个有理性的存在者，他的理性能够依据"形而上"的唯一的形式即道德法则——或是康德的"绝对命令"①，或是超越宗教或文化差异的"黄金法则"②，或是传统经典儒家的"忠恕之道"③ ——即"超我"，对"形而下"的本能或欲望即"本我"下达命令，达至"形而中"的行动或实践即"自我"的练达或者平衡。"伦理"即"人伦之理"，是人类生产与生活实践的产物，原本就应该是直接指向"形而中"的现实世界，其真实目的是让每个人都能过上"善生活"至少是幸福生活，让我们每个人所寄居其中的"共同体"能够实现"共同的善"至少是共同的福祉。不过，虽然伦理源自人的生产和生活的现实，但是伦理又不只是停留于现实，它的美妙之处还在于给现实的尘世也就是"此岸世界"的我们悬设了一个形式的精神的"彼岸世界"，让"此岸世界"的人们有了"彼岸世界"的精神或灵魂的皈依。与此同时，还通过"彼岸世界"的这个形式的精神"法则"向我们的"意志"——自由的意志——下命令，屈抑或贬抑我们的本能冲动，不让欲望迷住我们理性的双眼，使人们不至于迷失自我，能够过上人与自然和谐共生、人与人和谐共处、人与社会和谐共进、身与心和谐共存的善生活，进而拥有健全的人格，过上美好的生活。

其次，伦之"人"的异"格"同"构"。

"形而下"的自然王国、"形而中"的必然王国、"形而上"的自由王国，在人为结成的"伦"里以及由此而过上的"伦"里的生活中实现了自然、必然和应然的异"形"同"构"。美国当代著名伦理学家麦金太尔教授认为，伦理学或道德哲学原本就是一门认识和理解个体、群体和人类社会从它们存在的一种存在状态（感性的经验世界）向另一种状态（超感性的精神世界）转化或者迈进的科学。因此，他从伦理学的角度，尤其是从"伦"的角度，将人格规定

---

① 要只按照你同时认为也能够成为普遍规律的准则去行为。参见：［德］康德. 道德形而上学原理［M］. 苗力田，译. 上海：上海人民出版社，2001：38.

② 你们愿意人怎样对待你们，你们也要怎样待人。参见：［美］罗斯特. 黄金法则［M］. 赵稀方，译. 北京：华夏出版社，2000：10.

③ 杨伯峻. 论语译注［M］. 北京：中华书局，2006：34.

为三重架构，即"未经教化的偶然所是的人性"，"实现其目的而可能所是的人性"，以及"作为这两者转化之手段的理性的伦理学训诫"。① 就个体而言，伦理学不仅是一门关于使人们能够理解他们是如何从前一种状态转化或者迈进到后一种状态的科学，而且预设了对个体潜能（形而下的）、行动及对作为理性动物的人的本质（"形而中"的）以及更为重要的对人的目的的某种解释（"形而上"的）。

展开来讲，社会关系所决定或者由命运共同体所生成的个体性存在的三种状态或者说人之"伦"的三种"形"态，共同形塑了个体人格的三重架构，使人性呈现出三种样态。首先是"未经教化的偶然所是的人性"，可以理解为作为个体性存在的人的"自然王国"，是身与心、性、情、欲、命的存在，是一种本体的存在，是人的自然属性，由此而产生人的目的具有道德本体论意义，其人生法则或原理是以自然法则出现的，是个体的"性格"。其次是"实现其目的而可能所是的人性"，可以理解为作为个体的人的"目的王国"，是灵与魂、意义或符号的存在，是一种精神性的存在，是个体的精神属性，由此而发的人的目的具有终极关怀的道德目的论意义，其人生法则或原则则是个体永远向其进发的一个"鹄"，也就是几近所有的宗教所宣称的"来世"，是个体的"品格"。最后是"作为这两者转化之手段的理性的伦理学训诫"，这是作为个体的人的具体的现实的存在，可以理解为"必然王国"。在这个世界中，个体的人要受自然法则和伦理法则——康德所谓的自然规律与道德规律的双重规约，他是生活在由必然规律所编制成的王国之中，他的自由是相对的，在这个世界中，人性是以社会关系呈现出来的，即人的社会属性，由此而产生的人的目的是受一种现实的道德规范指引的，这是人的生活世界，也就是几近所有的宗教所宣称的"尘世"，是个体的"位格"。

概而言之，人格就是共同体内部"人"的性格、位格、品格的异"格"同"构"，即"未经教化的偶然所是的人性""实现其目的而可能所是的人性"以及"作为这两者转化之手段的理性的伦理学训诫"的异"形"同"构"。也正如黑格尔所规定的那样，人格是"自我"——意识到自己是作为一个有理性的存在主体的"我"——"在有限性中知道自己是某种无限的、普遍的、自由的东西"。②

---

① ［英］麦金太尔. 追寻美德：伦理学理论研究［M］. 宋继杰，译. 南京：译林出版社，2001：67-68.

② ［德］黑格尔. 法哲学原理［M］. 范扬，张企泰，译. 北京：商务印书馆，1979：45.

最后，在"伦"里获致人格同一性。

社会性存在或共同体生活形塑了个体人格的三重架构，接下来的问题是：在"伦"里也就是在共同体内部一个人又是如何塑造他的人格及其同一性的呢？又是如何获致他的人格的同一性认同的呢？麦金泰尔认为，作为共同体成员，个体是通过他们的特性角色（characters）扮演来塑造人格及其同一性的。所谓特性角色，就是指某一特殊的共同体的特定文化所规定的特定的社会角色（socialroles）。譬如在中国文化语境里，中国人和中华民族的集体人格及其同一性就是在中华民族这一特殊的命运共同体及其内蕴的特定的中华优秀传统文化所规定的特性角色的扮演所形塑或者获致的。对于一个社会来说，辨别这些特定角色的能力是至关重要的。因为有关这些特定社会角色的知识，能够为那些承担了这些角色的社会个体的各种行为提供一种解释。之所以如此，恰恰是因为那些个体已经运用了非常相似的知识来引导和建构他们的行为。因此，我们绝不能把特定角色混同于一般的社会角色。在特性角色中，是把某种道德束缚置于那些角色承担者的人格之中，比如爱国主义——以实现自由意志的自律。在特性角色中，角色与人格以一种特殊的方式融合在一起，这种方式就是形塑它们的文化传统以及对文化传统的一种无法割裂或割舍的路径依赖，使得不同文化传统以及由它们形塑的社会人伦关系即共同体和它的内部成员呈现出关键性区别。

特性角色是共同体及其文化传统的道德表征。"形而中"的现实世界的特性角色及其扮演使得"形而上"的道德观念与理论在日常生活中实现了具象化或具体化。特性角色可以说是道德所戴的面具。个人和角色都能够并且实际体现各种道德的信念、学说与理论，只不过方式各不相同而已。个人是通过其意向或意图来表达其行为方式所包含的道德信念或价值取向的。这是因为，所有意向都以复杂程度或高或低、融贯性或强或弱、清晰度或大或小的道德信念为前提条件的。而某类社会角色之所以能够以一种截然不同的方式体现各种信念，是因为一个人的真实信仰与他扮演的角色或采取的行为所表现出来的信仰有可能完全不同。特性角色为共同体成员提供一种文化或道德的理想和思维模式。这就好比是从"原型世界"的道德法则出发，在不同的共同体内部，以及相应的不同的特性角色的扮演，型构了一个个有着不用文化传统、道德理想和思维方式的"模型世界"。在具体的"模型世界"即各种各样的社会人伦关系里，特性角色与人格能够融为一体，而且必须融为一体，因为只有这样，社会生活形态与个体人格形态才能相吻合，进而达至人与人、人与社会的和谐共存。综括地讲，特性角色不仅使一种社会存在模式获得了道德上的合法化，也为特性角色的承担者的思想和行为提供了道德上的论证。① 因为没有什么人能在稍长一点的时期内单靠自己而很好地活动或行动，他们都需要由其伙伴的反应来激励和控制。人完全是因为与其伙伴的个人联系而在情感、智力、文化和道德上不断成长，进而形塑其和谐人格。事实上，对绝大多数人来讲，被逐出共同体而处于孤立无援、无人知晓甚至众叛亲离的境地是难以想象的。

总之，在中国文化语境里，个体性的自我只有将自己置于一个具有向心力的共同体即人伦关系内部，消除因归属感的丧失而获致的人格的暂时性分裂。从共同体或人伦中出走的人们会因为离群索居而找不到自己身体得以安顿、灵魂得以安放的地方，从而需要重新回到共同体即人伦关系之中来重构他的人格的完整性或同一性。只有这样，我们才会学着按照共同体的原则或者是共同体内其他人可能一致性采取的态度去行动。

中国伦理传统注重人伦关系。从人性的角度实现对合理的人际关系、社会关系与善良人性的追求，在客观上体现了人际关系、社会关系的发展与变化以及人性的提升与完善。伦理是人际关系、社会关系的自在表现，伦理的重要使命之一就是引导人们趋向人生的最高理想或至善，以养成理想完美的人格。儒家义利观是建立在道德理性与感情欲望对立的基础上的，强调用道德的理性去克制感情欲望，以便使义和利、整体和个人的关系得到有效的调节和控制。几千年来，由于历代统治者的提倡，同时得到道家的体道寡欲和佛家的去欲抛利的思想的互相激励与补充，使得这种思想成为中国人的普遍心理。重义轻利的价值观对于弘扬人的理性精神，保持自身不沦于"物"的地位，是具有一定积极意义的。但其局限性在于压制人的正常的物欲与正当的利益，忽视道德与物质的统一性，否定人们追求物质利益的正当性，从而对人的全面发展产生了严重的阻碍作用。

3. 个体的善与共同的善的统一

马克思主义的"唯物史观"告诉我们，道德是以善恶为标准对人的行为进行规范和评价的，道德的产生以及道德实践力量的发挥从本质上讲永远是指向他人的，道德就是一个人行为抉择或价值选择时所依据的那个被称之为共同体内部"一般化他人的立场"，可以是人性固有的"善端""性好"和美德，可以是人为设计的规矩、制度和规范。伦理是在共同体（人伦）内部实现"个体的善"或幸福与共同体内部"共同的善"或福祉而约定俗成的原因或理由。

---

① ［英］麦金太尔．追寻美德：伦理学理论研究［M］．宋继杰，译．南京：译林出版社，2001：35-37.

首先，个体的善："伦"里生活的第一个"理"由。

在中国文化语境里，"伦理"总体上是一种美德伦理或德性伦理。从美德伦理或者德性伦理的角度看，"伦理"的一方面或者说是过上"伦"里的生活的第一个理由是"个体的善"。"个体的善"就是个体性美德，它是一种使个人能够履行其社会角色的品质，是由这个人在"伦"里生活中或者共同体内部履行自己的特性角色而获致的品质。它是理解或表达人格同一性、角色一致性和叙事统一性的基础与前提。无论是从人的存在的三种"形"态、"伦"与"理"的三种"性状"还是从人格的三重架构看，"伦"里的美德同样具有三重性。首先，美德是一种能够朝着实现一个人所特有的目的运动的品质（"形而中"）。这一目的是自然的（"形而下"）抑或是超自然的（"形而上"），是一种有利于获得尘世或天国的成功的品质。其次，美德是一种"获得性"的人类实践品质。拥有这种品质会使我们能够获得那些内在于实践的利益，而缺乏这种品质就会严重地妨碍我们获得任何诸如此类的利益。最后，美德在人类生活中的地位是不难证明甚至是不证自明的。譬如，"伦"里生活中的"正义"的美德使我们不得不学会"给一个人应得的"的道理——应得的利益或者应得的惩罚；"勇敢"的美德使我们不得不冒险去做实践过程中所要求的任何可能危及自我的事情；"诚实"的美德使我们不得不认真聆听他人对我们自身不足的指责并同样认真地晓之以事实。从实践所赖以维系的那些关系类型看，诚实、勇敢、正义以及其他真正的"优秀"，是我们界定自己和他人所必须依据的"伦"里的理由。虽然不同的社会或命运共同体内部有着不同的关于诚实、正义与勇敢等美德的准则，却完全不会影响这些美德在各种社会形态里盛行。每一种实践均有其自身的历史，每一种历史形态都有至关重要的美德与之相联系。美德的实践不仅涉及当代的实践者，也关乎那些历史地先于我们进入这一实践的人们。

美德就是"我已经是的那个东西"，即我的社会地位以及我所担任的社会角色的品质，是"我已经是的那个东西"所内具的品质，它构成了我"伦"里的生活或者共同体存在的全部，也就是我的人格。① 人格的同一性就在于，"同一个人"即便处于两种截然不同的情境也能够按照自己已有的"获得性品质"即美德来指导自己的实践活动。也就是说，作为一种"获得性品质"，美德给予"同一个人"的实践以一种可理解的叙事背景——使他即便在不同的时间、不同

---

① ［英］麦金太尔. 追寻美德：伦理学理论研究［M］. 宋继杰，译. 南京：译林出版社，2001：275.

的地点也能够对自己的实践行为及其意义做出同一的描述——由"我已经成为的那个东西"即我的社会角色所内具的美德来理解或表达的。这种"历史叙事"方法所理解或者表达的人格与美德的"叙事统一性"源于两方面：一方面，我的存在或历史是他人所合理地认为的那个存在或历史，这是由我的"角色同一性"决定的；另一方面，他人合理地认为的那个存在或历史无论如何都是我自己的而不是别人的存在或历史——这是由我的"人格同一性"所赋予的。我是我的存在或历史的主体，并且赋予我的存在或历史有其自身独特的意义。"人格同一性"是"角色同一性"的先决条件，"角色同一性"是"叙事统一性"所必需的——没有这种统一性也就不存在任何可以被理解或者描述的故事以及故事的主体。在"伦"里即共同体内部，我是他们和他们的故事的一部分；与此同时，他们也是我和我的故事的一部分。在社会人伦关系中，任何一个人生活的叙事都是相互联结的叙事系列的一部分。简单的、最基本的叙事统一性要素包括：追问你的所作所为及其理由，陈述我的所作所为及其理由；考虑你对我的所作所为的解释，考虑我对我的所作所为的解释；考虑我对你的所作所为的解释与你对你的所作所为的解释之间的差异性。在某种意义上，自我的可解释性（accountability）是构成所有最简单、最基本的历史叙事及其连续性的条件。没有自我的可解释性，就没有叙事、叙事行为甚至是历史的可理解性以及它所必需的连续性。

其次，共同的善："伦"里生活的第二个"理"由。

从美德伦理或者德性伦理的角度看，"伦理"另一方面或者说是过上"伦"里的生活的第二个理由是"共同的善"。所谓"共同的善"是就个体相对于他人或共同体而言，诸"美德"被理解为这样一些"性好"，它们不仅能够维系实践（"形而中"），使我们能够获得实践的内在利益，而且还会通过克服我们所遭遇的那些伤害、危险、诱惑和迷乱（"形而下"）而支持我们对善（"形而上"）作某种相关的探寻。比如父慈子孝、兄友弟恭之类的为了维系男人们和女人们能够在其中共同追求善的那种家庭共同体所必需的诸美德；仁、义、礼、智、信之类的为了维系处于不同社会阶层或者有着不同生存境遇的人们能够在其中共同追求善的那种社会共同体所必需的诸美德；爱岗敬业、诚实守信、乐于奉献、办事公道之类的为了维系职场中的人们能够在其中共同追求善的那种职业共同体所必需的诸美德；礼义廉耻、公正廉明之类的为了维系政治生活领域中的人们能够在其中共同追求善的那种政治共同体所必需的诸美德，等等。① 只有以追求共同体内部的"共同的善"与"个体的善"为目的的生活才是善的生活。以追求善的生活为目的的诸美德必须是我们能够广泛且深入理解的那些美德。"共同的善"将"伦"里生活的美德引入第二个阶段，这个阶段凸显美德是人们共同追求的善的家庭等共同体所必需的，是与善生活相关联的，当然也是我们开展有关善的特征的道德哲学探究所必需的。第二阶段或层面上的美德意义超越了人的个体性以及个体关系性的界限，上升到群体生活领域，并从群体的角度来规定人格。

第一个阶段或层面上的美德意义仅限于那些由共同体内部的一个人与实践有关的善的生活而规定的美德，是使人格获得了更高层次的规定性和同一性，也就是社会关系或制度层面上的人格规定性和同一性。在基本相同或基本稳定的社会情境下，共同体中存在着的某些活动方式，对于任何一个置身于此共同体的个体来说，都是具有自我意志的个体从共同体内其他人的态度那里引出自己的行动方式。因此在我们所生活的共同体中存在着许多这样的共同反应系列或相互作用系列，即"一般化他人的立场"，它是制度形成的基础和前提。制度表现了共同体的所有成员对一种特定情境所作出的共同反应。因此，社会制度就是有组织的社会活动形式或者群体活动形式。由于这些活动形式组织化程度很高，所以，只要社会的个体成员采取其他人针对这些活动的一致性态度，他们就能够进行适当的、符合社会生活之要求的活动。美国著名的道德心理学家乔治·赫伯特·米德（George Herbert Mead）指出："无论如何，没有某种社会制度，没有构成各种社会制度的有组织的社会态度和社会活动，就根本不可能存在任何完全成熟的个体自我或者个体人格；因为各种社会制度都是一般的社会生活过程中有组织的表现形式，只有当这种社会生活过程所包含的每一个个体，都通过其个体经验反映或者理解了社会制度所体现或者表现的这些有组织的社会态度和社会活动时，这些个体才能发展和拥有完全成熟的自我或者人格。"②

反过来说，个体的自我统一性或者人格的完全成熟，往往标示着整个社会过程所具有的统一性或者社会完全成熟。因此，在共同体内部，"人格"这个术语意味着，个体既存在着使他与其他任何一个人区别开来、使他成为自己现在

---

① ［英］麦金太尔. 追寻美德：伦理学理论研究［M］. 宋继杰，译. 南京：译林出版社，2001：278.

② ［美］米德. 心灵、自我与社会［M］. 霍桂桓，译. 南京：译林出版社，2012：282.

这个样子的东西；同时也拥有某些共同的社会天赋。道德人格是"社会性的自我"与"个体性的自我"的有机整合。

在"共同善"的意义上，人格同一性则是指由自我从不同的社会群体或共同体中所获致的角色统一性。"在这样的社会情境中，存在着一个个体与另外一个个体之间的或多或少的认同，价值的认同。因为此时我们已经采取这个人的态度，使自己与这个人等同起来。"① 就像我们对自身美丑的最初想法是由别人的、而不是由自己的身形和外表引起的一样，我们最初的一些道德评论也是针对别人的品质和行为的，就好像网络自媒体时代很多人无时无刻不在观察各种评论会给自己带来什么样的影响。即便是在功利主义者给出的美德概念中，譬如按照托马斯·霍布斯（Thomas Hobbes）的观点，人不得不处于社会的庇护之中，不是由于他对自己的同类怀有自然的热爱，而是因为，如果没有别人的帮助，他就不可能舒适地或安全地生存下去。因是，社会对他来说是必不可少的，并且任何有助于维护社会和谐、增进公共福祉的东西，他都认为具有间接地增进自己利益的倾向；相反，任何可能妨害和破坏社会的东西，他都认为对自己具有一定程度的伤害和危害的倾向。作为共同体的一个成员，"伦"里的一分子，一个人想要知道如何按照普遍规则去思考和行动，就必须首先"认识我自己或你自己"。那么，如何正确地认识或描述"我自己"呢？答案是只能在共同体内部，在与他人的相互作用中来描述"我自己"，描述一个"关系中的自我"。约瑟夫·巴达拉克（Joseph Badarak）对这个"关系中的自我"做了极尽周详的概括："我是一些人的儿子或女儿，是一些人的兄弟表姐妹或是叔叔；我是这个或那个城市的居民，是这个或那个同业互助会或行业中的一员；我属于这一群体，这一国家。我继承着我的家庭、我的城市、我的群体、我的国家的过去，继承着各种各样的债务、遗产，以及正确的期待和义务，这些构成了我生命的前提，我的道德的出发点。这是赋予我与众不同的只属于我的道德的部分。"②

事实上，人格的这些只属于我的道德部分的属性，是"我已经成为的那个东西"，只是因为我们不能或者不愿意意识到它们。之所以如此，一方面可能出于外在利益而逃避某种责任，另一方面也是由于我们的知识或认知上的局限而导致的"我"的道德判断力匮乏。如果谁离群索居，谁就放弃了自己追求善生

---

① ［美］米德．心灵、自我与社会［M］．霍桂桓，译．南京：译林出版社，2012：223．
② ［美］巴达拉克．界定时刻：两难境地的抉择［M］．北京：经济日报出版社，1998：128–129．

活的目的，道德的传播也就与他毫不相干了；谁在道德方面只关心自己，谁就连自己也关心不了。孟子在《孟子·离娄章句下》中有曰："仁者爱人，有礼者敬人。爱人者人恒爱之，敬人者人恒敬之。"在中国文化语境里，"仁者爱人"与"爱人者人恒爱之""有礼者敬人"与"敬人者人恒敬之"是一体两面的。从"伦"的生活本真出发，一个人首先应该过一种社会性的或者共同体的生活，因为只有待在"共同体"内部，只有不脱离社会，只有过上有"伦"的生活，他才有可能做出任何自相一致的行动，并且与其他共同体或社会成员一起，在追求共同体或者社会的共同愿景的过程中实现个体的善与共同的善以及二者的统一。子曰："自天子及庶人，壹是以修身为本。"① 中国伦理传统强调个体的道德修养。"人之初、性本善、性相近、习相远"② 便是这个道理。所谓修养，就是以个体道德为起点，强调个人的正心、诚意，强调的个人"克己内省"。孔子曾提出君子应"修己以敬人""修己以安人""修己以安百姓"，强调在内心上下功夫来完善人格。中国传统道德型构了中国"如切如磋，如琢如磨"的内省型伦理思想或精神体系。

中国伦理传统注重道德情感的体验与道德实践的体悟。老子《道德经》有言："道可道，非常道。"意思是如果"道"是可以说的明白的话，那它就不再是原初的那个"道"了。孔子提出的"能近取譬""推己及人"的思想方法，也完全是以人类的道德经验、道德感情和实践体验为前提的，带有强烈的直观理性的特点。每个人都知道自己的欲望、理想与追求，因而只要一个人能够以自己的欲望、理想和追求去推己及人，将心比心，那么他必然会知道别人的欲望、理想与追求。因此，一个人只要他在处理社会的人际关系时能够把别人当作自己来对待，这便是道德。中国的这种道德"推"理的思维方式，反映了中华民族传统思维的特有方式，是西方文化传统及其伦理精神所不具备的。

以政治现代化及其道德谋划为例。文明的脐血所固化的思维方式、价值观念和行为方式的不同，使得政治现代化及其道德谋划呈现出两种截然不同的历史叙事方式与道德谋划传统。中国式政治现代化及其道德擘画与西方式政治现代化及其道德谋划的质的区别主要表现在：西方重契约，中国重人伦；西方重理智，中国重人情；西方伦理重于竞争，中国伦理重于和谐；西方的伦理道德是以人性恶为出发点，强调个体的道德教育，中国的伦理道德特别是儒家伦理

---

① ［宋］朱熹. 大学章句［M］//四书章句集注. 北京：中华书局，1983：4.
② 黄秉泽，黄昉. 三字经 百家姓 千字文 弟子规［M］. 武汉：崇文书局，2020：5.

则是从人性善的观点出发，强调个体的道德修养，等等。这是因为，西方是以个人为本位的道德取向，而中国是以家国为本位的道德取向。展开来讲，首先，中国式政治现代化及其道德擘画突出表征为"一元主导、多元共存"的政党伦理生态，走出了西方政治现代性及其道德谋划"非此即彼"的二元对立；其次，中国式政治现代化及其道德擘画突出表征为"人民至上、共建共享"的政治伦理原则，走出了西方政治现代性及其道德谋划"金钱至上"的政治囿围；再次，中国式政治现代化及其道德擘画突出表征为"全过程人民民主"的政治道德实践，走出了西方政治现代性及其道德谋划"无知之幕"的抽象假设；最后，中国式政治现代化及其道德擘画突出表征为"自我革命、与时俱进"的政治道德自觉，走出了西方政治现代性及其道德谋划之制度性安排的道德阙如。

第二章

"一元主导、多元共存"的政党伦理生态

    中国式政治现代化及其道德譬画突出表征为"一元主导、多元共存"的政党伦理生态，走出西方式政治现代性及其道德谋划"非此即彼"的二元对立。首先是"东西南北中党领导一切"的根本政治前提。中国共产党领导是中国特色社会主义最本质的特征。党政军民学，东西南北中，党是领导一切的。中国共产党的领导地位、中国共产党领导的多党合作与政治协商的政党制度、中国特色社会主义道路都是历史的结论、人民的选择。也就是说，是中国人民和中国近现代历史选择了中国共产党在当代中国政治生活中的领导地位和政党格局。历史和现实已经告诉我们，中国共产党的全方位领导是中国式政治现代化攻坚克难的根本政治保证。党内外、国内外政治环境和斗争形势越是错综复杂，就越是要更加保持坚强的政治定力，增强政治敏锐性和政治鉴别力，坚决同各种错误倾向作斗争，坚决维护党中央权威和集中统一领导。其次是"多党合作、政治协商"的政党政治生态。多党合作与政治协商是中国共产党领导中国人民在新民主主义革命时期、社会主义革命和社会主义建设时期、改革开放和社会主义现代化建设时期、习近平新时代中国特色社会主义建设伟大历史时期所形成的人类政党制度和政党文明新形态。新时代推进国家治理体系和治理能力现代化，更要充分调动和发挥各民主党参政议政、民主监督的积极性、主动性和创造性。习近平总书记指出："拒谏者塞，专己者孤。"强调要从制度上保障和完善民主监督，探索开展民主监督的有效形式。在当前中国新型政党制度的运行中，民主监督是受关注程度最高、创新发展空间也最为广阔的方面。协商民主创造了人类民主政治和国家政治治理的新模式。中国共产党与各民主党派在长期革命、建设和改革的历史进程中逐步形成了牢固的"长期共存、互相监督、肝胆相照、荣辱与共"的政党命运共同体，为人类社会处理不同社会阶级、阶层或利益集团之间的关系和矛盾，增进全体人民、全社会甚至全人类的共同福祉贡献了中国智慧和中国方案。相比之下，西方式政治现代化及其道德谋划，历史地生成了以资本论英雄的金元政治基础、以市场为原则的逐利政治生态，

以及"非此即彼"的选票型民主政治格局，其结果是抽象的形式的民主造就了现实的质料的不民主，抽象的形式的自由造就了现实的质料的不自由，抽象的形式的平等造就了现实的质料的不平等，抽象的形式的人权造就了现实的质料的非人权，抽象的形式的博爱造就了现实的质料的爱有差等。

第一节 "党政军民学，东西南北中"的一元主导

中国式现代化道路是具有中国特色、时代特征与世界意义的现代化道路，包括经济现代化、政治现代化、文化现代化、社会现代化、生态现代化等。其中经济现代化是中国式现代化道路的基石，为政治现代化、文化现代化、社会现代化、生态现代化等提供物质基础；政治现代化是中国式现代化道路的柱石，坚持党的领导、人民当家作主与依法治国有机统一是中国式政治现代化的鲜明特征与显著优势；文化现代化是中国式现代化道路的灵魂，现代化的实质在于实现人的现代化，而文化现代化是实现人的现代化的灵魂；社会现代化是中国式现代化道路的重点，旨在改善人民生活质量，提高社会建设水平；生态现代化是中国式现代化道路的题中应有之义，绿色生态文明是其必然要求，构建人与自然和谐的生态命运共同体。

在中国式现代化道路发展过程中，毋庸置疑，政治现代化发挥着把方向、定大局的"准心"作用。现代政治从根本上说是政党政治，政党的性质、宗旨、组织、党员构成状况等反映着该政党的政治生命力，这不仅关系着一个政党的前途命运，也反映着一个国家的政治发展状况，与整个国家和民族的前途命运密切关联。中国式政治现代化及其道德擘画的关键就在于要始终坚持中国共产党的领导。历史证明，办好中国的事情，关键在党。在中国的政治体系中，中国共产党是领导核心，党的领导是中国特色社会主义的本质特征。也即是说，党政军民学，东西南北中，党是领导一切的。党的建设伟大工程的推进以巩固中国共产党领导的一元主导地位为核心目标，坚持和加强党的全面领导是新时代中国特色社会主义民主政治发展的必然要求。在社会主义现代化事业发展全局和全过程中，党的全面领导必然要以全面从严治党为根本政治前提。全面从严治党是新时代推进党的建设现代化的关键政治抉择，是以习近平同志为核心的党中央面对新时代的风险挑战与新的历史任务所做出的重大政治战略选择。

一、中国共产党是中国特色社会主义事业的领导核心

中国共产党在社会主义民主政治发展中始终处于一元主导的地位，"必须坚持党政军民学、东西南北中，党是领导一切的"① 这一根本政治要求，将坚持中国共产党的领导落实到国家治理各领域与全过程。在中国的政治现代化发展过程中，坚持中国共产党的领导是推进政治文明建设的必然要求。"党的领导"从提出到实践经历了一个不断发展和完善的过程，"全面从严治党"是保证和坚持党的领导地位的题中应有之义，它始终处于进行时，没有完成时；若一旦停止全面从严治党，那么，中国共产党便不能成功化解其所面临的"四大风险"，更不能顺利通过"四大考验"。

从历史维度来看，"党的领导"自提出到实践经历了较长的发展历程。党的四大首次正式提出"无产阶级领导权"的问题，强调要加强党对革命运动的领导。党的四大以后，随着革命根据地斗争形势的发展，在党对工农联盟的领导权基础上，进一步要求革命根据地要加强自身的政权建设，在此基础上历史地孕育了党"一元化领导"的政治主张。新中国成立初期，党的一元化领导得到进一步巩固与强化。与此同时，中国共产党作为执政党获得了由历史和人民赋予的合法执政权。在改革开放和社会主义现代化建设新时期，提出坚持中国共产党的领导必须以改善党的领导为重要的时代课题。党的十八大以来，伴随着中国特色社会主义进入新时代，全面从严治党成为新时代加强和改善党的领导的重要抓手，其目的在于全面提高中国共产党的科学执政、民主执政与依法执政的能力与水平。党的十九大报告进一步强调坚持和加强党的全面领导，并将党的全面领导纳入国家发展的"四个全面"战略布局之中。在中国共产党成立百年之际，党和国家通过了《中共中央关于党的百年奋斗重大成就和历史经验的决议》，明确将"坚持中国共产党的领导"作为党的百年奋斗历史经验之首要经验写进决议，这充分体现出中国共产党在发展社会主义民主政治生活中的一元主导地位及其历史作用，再次表明坚持中国共产党的领导是历史的结论和人民的选择。

从内涵维度来看，"党的领导"即"中国共产党的领导"的内涵在革命、建设和改革历史进程中不断丰富、发展和完善。具体而言，"党的领导"由最初的革命运动领导权发展到工农联盟的领导权，再发展到革命根据地政权建设，并在革命实践中孕育出党的"一元领导"的政治格局。正是在革命、建设与改

---

① 习近平 . 习近平谈治国理政（第三卷）［M］. 北京：外文出版社，2020：125.

革的伟大实践中，党的一元主导地位得到进一步发展和巩固，最终实现了领导权与执政权的统一，并确立了党的长期执政地位。"党政军民学，东西南北中，党是领导一切的"是对党的全面领导与一元主导地位的凝练表达，也生动地诠释了中国共产党在中国式政治现代化的历史进程中始终发挥总揽全局与协调各方的领导核心作用。

坚持中国共产党"一元主导"的领导地位是中国式政治现代化有别于西方式政治现代化的关键所在。中国共产党的一元主导地位是由马克思主义执政党的本质属性所决定的，是历史的结论和人民的选择，它拥有较为系统完备的制度体系，从而有力地保障了党在社会主义民主政治发展过程中的领导地位。党的十九届四中全会明确了党的领导制度是我国的根本领导制度，在中国特色社会主义制度体系中居于统领地位，坚持和加强党的全面领导是新时代中国特色社会主义发展的本质要求。坚持和完善党的领导制度体系，离不开相关制度的建立健全为其提供的强有力支撑。从建立"不忘初心、牢记使命"的制度，完善"坚定维护党中央权威和集中统一领导"的各项制度，健全党的全面领导制度，健全为人民执政、靠人民执政的制度，健全提高党的执政能力和领导水平制度，到完善全面从严治党制度，为坚持和完善党的领导政治体系提供了积极有效的制度性安排，为新时代加强党的全面领导和长期执政能力建设提供了更为成熟定型的制度化保障。党的领导制度作为我国的根本领导制度，它是"党政军民学，东西南北中，党是领导一切的"在制度上的根本要求，从制度上正式确立并保障了党的一元主导地位，为坚定党的建设的正确政治方向提供了基本的制度遵循。坚持党的领导并非理论口号，"党的领导问题，归根到底是领导权问题，领导权决定革命的前途和命运，领导权决定一切"①。正如毛泽东所说，领导权的要害是人民群众跟谁走的问题，这与一个政党实质上所代表的阶级利益直接相关。中国共产党自成立以来始终代表最广大人民的根本利益，这就决定了党的领导地位与执政的历史合法性，即中国共产党是中国人民在革命、建设、改革的历史进程中的正确抉择，坚持党的领导符合广大人民的根本利益，顺应社会主义民主政治的历史发展大势。

坚持和加强中国共产党的领导是中国式政治现代化发展的必然要求。中国共产党在中国式政治现代化进程中担任一元主导角色，符合人民当家作主的社会主义国家性质，是建设适应中国国情的社会主义政治文明的题中应有之义。"党的领导是党和国家的根本所在、命脉所在，是全国各族人民的利益所系、命

---

① 赵云献. 毛泽东建党学说论：上［M］. 北京：人民出版社，2003：427.

运所系。"① 把方向、谋大局、定政策、促改革是党的领导一元主导作用的现实彰显，它要求全党必须在思想上、政治上、组织上自觉同党中央保持一致。同时，党的领导一元主导地位体现在科学执政、民主执政、依法执政的全过程中，总揽全局、协调各方是党发挥领导核心作用的真实体现，彰显了党的领导的正确政治方向和党始终代表最广大人民根本利益的无产阶级属性，并且实践地证明了中国共产党没有任何自己的私利，始终践行着全心全意为人民服务的根本宗旨。党的领导强调全面领导，特别是在政治方向上的领导。自新中国成立以来，中国共产党团结带领全体中国人民创造了符合中国国情、具有中国特色的根本政治制度即人民代表大会制度，以及与之相适应的三大基本政治制度即中国共产党领导的多党合作和政治协商制度、民族区域自治制度、基层群众自治制度，为社会主义政治文明建设既作了总体谋划和顶层设计，又制定了具体方案和实施细则，彰显出中国特色社会主义政治制度的巨大优越性，铸就了中国式政治现代化及其道德擘画的道路自信、制度自信与实践自觉。

综括地讲，中国共产党是我国社会主义现代化事业的领导核心，始终代表广大人民的根本利益，坚持和加强中国共产党的领导是历史的结论和人民的选择。将体现广大人民群众根本利益的党的路线、方针、政策依照法定程序转化为国家意志，使之成为全体公民共同遵守的法律法规，这是在实践中贯彻落实党的一元主导地位的必然要求和必要举措，是由全心全意为人民服务的伦理型政党的本质属性决定的。在发展社会主义政党政治的过程中，坚持中国共产党的领导是实施多党合作和政治协商制度的首要前提和根本保证。各民主党派在革命、建设和改革的伟大实践中愈发认识到中国共产党的先进性，坚持中国共产党的领导、与中国共产党"肝胆相照，荣辱与共"已经成为各民主党派的政治伦理自觉，并在政党合作的政治实践中一致拥护中国共产党的政治领导。"一元主导"的政治地位、"多党合作"的政治生态，不仅是中国革命、建设和改革的历史进程使然，更是由中国共产党的无产阶级属性决定的。马克思主义执政党是中国共产党永葆先进性和自我革命精神的自然属性，也是中国共产党建设长期执政的马克思主义政党的必然要求和建设伦理型政党的应然选择。

二、中国共产党的本质属性是马克思主义执政党

中国共产党的本质属性是马克思主义执政党，建设长期执政的马克思主义

---

① 中共中央关于党的百年奋斗重大成就和历史经验的决议 [M]. 北京：人民出版社，2021：27-28.

执政党是党的建设的重大战略议题。党的十九届六中全会通过的《中共中央关于党的百年奋斗重大成就和历史经验的决议》首次提出了建设"长期执政的马克思主义政党"重大时代课题，即建设什么样的长期执政的马克思主义政党？怎样建设长期执政的马克思主义政党？建设长期执政的马克思主义执政党，更为准确地阐释了中国共产党所处的历史地位，有利于增强党的长期执政意识和化解各种执政风险的能力。中国共产党对于自身的身份定位在社会主义民主政治实践中日益清晰，从马克思主义执政党到具有重大影响力的世界第一大执政党，再到长期执政的马克思主义政党，这是党在一系列政治实践中对其身份地位认识和政治人格认同方面取得的重大进展。马克思主义政党表明了中国共产党长期执政的法定地位，它是由工人阶级的先进分子组成的，代表最广大人民的根本利益，以马克思主义为根本指导思想，坚定共产主义理想信念，在实践中不断丰富发展马克思主义，产生了一系列既符合中国具体国情又与中华优秀传统文化相适应的马克思主义中国化理论成果，是具有显著的理论优势和政治优势的无产阶级政党。从实质上来看，马克思主义政党是致力于实现无产阶级解放的政党。中国共产党作为长期执政的马克思主义政党，在带领中国人民经过浴血奋战实现民族独立、人民解放的基础上，始终将"为中国人民谋幸福、为中华民族谋复兴"作为自己的奋斗目标和执政愿景，彰显出强烈的历史使命感和远大的政治抱负。

作为长期执政的马克思主义政党，要始终坚持马克思主义理论的指导，在建设社会主义现代化事业的伟大实践中不断进行理论创新，丰富并发展马克思主义中国化的理论成果。中国特色社会主义进入新时代是我国发展新的历史方位，标志着我国在经济、政治、文化、社会、生态等方面取得了一系列伟大成就，办成了许多过去想办而没有办成的大事，解决了许多过去想解决而没有解决的问题。习近平新时代中国特色社会主义思想是马克思主义中国化最新理论成果，坚持和发展中国特色社会主义必须坚持习近平新时代中国特色社会主义思想的指导，这是实现国家治理体系和治理能力现代化的必然要求，是推进中国式政治现代化的时代课题的题中应有之义。中国共产党作为长期执政的马克思主义政党，经历了从革命党走向执政党的转型和发展，并同时兼具二者的双重特性。当然，革命党和执政党的角色不是对立的，两者统一于中国共产党领导人民进行革命、建设、改革和民族复兴的伟大实践中。建设长期执政的马克思主义政党，要强化核心引领作用。中国特色社会主义事业的建设离不开中国共产党的坚强领导，不仅需要全党全军全国各族人民统一思想、统一意志、统一行动，更需要发挥党团结带领全国各族人民艰苦奋斗的领导核心作用。通过总结概括中国共产党百年奋斗史，可以发现党领导人民取得一次又一次伟大胜利的秘密就在于坚决维护党中央的核心，这是我们党在重大时刻凝聚共识、果断抉择的关键所在，是党团结统一、胜利前进的重要保证。回顾历史，党和人民事业在新民主主义革命早期屡遭挫折甚至面临失败危险，其中的重要原因之一在于当时还未形成一个成熟的党中央，全党的团结统一并未实现。遵义会议的召开，开始确立了以毛泽东同志为主要代表的马克思主义正确路线在党中央的领导地位，在形成以毛泽东同志为核心的党的第一代中央领导集体的领导下，我们党便开启了从胜利走向胜利的时代画卷。中国特色社会主义进入新时代，党和国家事业发生历史性变革、取得历史性成就，最根本的原因在于有习近平新时代中国特色社会主义思想的科学引领，在于有习近平总书记作为党中央的核心、全党的核心掌舵领航，在于有以习近平同志为核心的党中央的坚强领导和统一指挥。

中国共产党作为世界上最大的执政党，必须始终代表中国最广大人民的根本利益，坚持人民至上的伦理原则。全心全意为人民服务是党的根本宗旨，中国共产党的最大政治优势就在于密切联系群众，而党在执政后的最大政治危险就是脱离群众。中国共产党与人民群众之间的关系就像是鱼与水之间的关系，离开人民群众的党是不可能取得任何胜利的。"党的根基在人民、血脉在人民、力量在人民。"① 人民是党执政兴国的最大底气。中国共产党代表最广大人民的根本利益，没有任何自己特殊的政党利益，从来不代表任何利益集团、任何权势团体、任何特权阶层的利益，这是党立于不败之地的根本所在。人民至上的政党伦理追求，以人民为中心的发展思想要求党必须始终坚持全心全意为人民服务的根本宗旨；必须始终牢记"人民就是江山，江山就是人民"，坚持一切为了人民、一切依靠人民；必须坚持为人民执政、靠人民执政，坚持发展为了人民、发展依靠人民、发展成果由人民共享，坚定不移地走全体人民共同富裕的发展道路。坚持党的集中统一领导，维护党中央权威，确保党始终总揽全局、协调各方，在社会主义现代化事业建设的全过程中贯彻落实群众路线，这是治理好我们这个世界上最大的政党和拥有十四亿多人口的发展中大国的必然要求。民心是最大的政治，正义是最强的力量。坚持人民至上是建设长期执政的马克思主义政党的本质要求，充分突显中国式政治现代化发展的鲜明中国特色和强大的执政根基。党要坚守马克思主义政党的本质属性，顺应时代潮流和发展大

---

① 中共中央关于党的百年奋斗重大成就和历史经验的决议［M］．北京：人民出版社，2021：66．

势，遵循共产党执政规律和现代化建设规律，增强党的执政体系的政治有效性和伦理正当性，提升党的建设创新举措的诉求回应性和利益调适性，为建设长期执政的马克思主义政党奠定坚实的社会政治基础和伦理精神家园。

总的来说，中国共产党作为马克思主义执政党，以马克思主义为理论指导，以马克思主义政党理论作为中国共产党加强自身建设的理论和行动指南。建设长期执政的马克思主义政党符合中国特色社会主义政党政治发展的历史发展逻辑与政治实践逻辑。中国共产党的本质属性是马克思主义执政党，这决定了党在长期执政中要始终加强自我建设，巩固一元主导的领导核心地位。同时，在中国式政治现代化进程中，中国的伦理型政党完全不同于西方的竞争型政党，中国共产党的一元主导与各民主党派的多元共存构成了一个良性发展的政党伦理生态，中国共产党在政党政治中起到始终发挥领导核心的一元主导作用，总揽全局，协调各方，引领社会主义政党政治的正确发展方向，为中国特色社会主义政治现代化的发展扬好帆，掌好舵。

三、党全面领导国家治理体系与治理能力现代化

加强党的领导既是适应现代化发展和执政环境变化的需要，又是实现国家治理体系和治理能力现代化的核心要义。中国共产党的领导是基于马克思主义政党的先进性和党的初心使命所确立的，是通过党的正确路线、方针、政策来实现对无产阶级和广大人民群众的政治领导，以实现民族独立、人民解放、国家富强、人民幸福，进而推动以人类社会文明进步为主要目标的政治实践活动。始终加强党的执政能力建设是建设长期执政的马克思主义政党的宝贵经验，它是党执政后的根本性建设，是坚持和加强党的全面领导的内在要求。在大党治大国的政治格局下，中国式政治现代化道路的发展必然要求党的全面领导，中国特色的国家治理具有政党主导的鲜明特征，不断规范党的执政行为、持续提升党的执政能力是加强党的全面领导的实践要求。同时，加强党的领导不能割断自身的发展历史，要继承并发扬党的优良传统，持续推进全面从严治党和党的自我革命。全面从严治党是新时代背景下党应对"四大考验"与"四大危险"的应然举措，也是全面提高党自身的执政能力的必然要求。自我革命是党在一系列风险与挑战中提高自我净化能力，始终保持先进性和纯洁性的关键所在，自我革命只有进行时，而没有完成时。党的自我革命越是彻底，越能激发并保持党的政治生命活力，就越能巩固党的领导核心地位。

在发展社会主义民主政治过程中，要始终确保中国共产党的领导核心地位，这要求党要始终保持先进性与纯洁性，不断推进马克思主义中国化时代化，用

习近平新时代中国特色社会主义思想武装头脑、教育人民。指导思想对于政党的发展具有精神旗帜和行动指南的道德实践意义，是否始终坚持马克思主义、是否与时俱进地发展马克思主义，这是衡量一个马克思主义政党成熟与否的重要标志。中国共产党以马克思主义为根本指导思想，并在社会历史实践中促进马克思主义的中国化发展，这为党的长期有效执政奠定了坚实的思想理论基础。巩固党的领导核心地位必须始终坚持和发展马克思主义，"背离或放弃马克思主义，我们党就会失去灵魂、迷失方向"①。在中国式政治现代化进程中，中国共产党作为长期执政的马克思主义政党，要用党的创新理论武装全党，推进学习型政党建设，这是现代政党政治发展的基本要求，符合中国特色社会主义政党政治发展的实践逻辑。在中国特色社会主义进入新时代的执政环境下，中国共产党要坚持并善于运用马克思主义的世界观与方法论，立足于人们对于美好生活的追求目标，围绕"坚持和发展什么样的中国特色社会主义""怎样坚持和发展中国特色社会主义"，在继承发展中华优秀传统文化中汲取治国理政的政治智慧，在积极推进马克思主义中国化和时代化的过程中，不断夯实马克思主义执政党的理论基础。习近平新时代中国特色社会主义思想作为马克思主义中国化的最新理论成果，它是"当代中国马克思主义、二十一世纪马克思主义，是中华文化和中国精神的时代精华，实现了马克思主义中国化新的飞跃"②。因此，新时代加强党的全面领导，在思想层面必须以习近平新时代中国特色社会主义思想为指导，发挥好马克思主义政党的理论优势，将马克思主义基本原理与中国具体实际相结合、与中华优秀传统文化相结合，根据时代发展的新要求来推进党的理论创新，充分挖掘中华优秀传统文化资源，吸收借鉴人类优秀文化成果，不断开拓马克思主义中国化时代化的新境界。国家治理现代化离不开中国共产党的领导。从本质上讲，"国家治理现代化是中国政治现代化同义表述，是在扬弃西方治理理论的基础上实现的马克思主义理论的又一创新"③，这是中国共产党带领全国人民在社会主义现代化建设实践中的又一伟大创造。值得注意的是，我国的国家治理体系和治理能力现代化是基于"党的领导、人民当家作主和依法治国的有机统一"这一政治逻辑而提出并实践落实的，既不是一味地强化政府管理，更不是所谓的"去国家化"。不仅如此，中国式政治现代化是要

---

① 习近平. 习近平谈治国理政（第二卷）[M]. 北京：外文出版社，2017：66.

② 中共中央关于党的百年奋斗重大成就和历史经验的决议 [M]. 北京：人民出版社，2021：26.

③ 刘冰，布成良. 政治现代化的中国道路与国家治理的理念选择 [J]. 当代世界社会主义问题，2016（4）：42-48.

实现党委领导、政府负责、社会协调和公众参与的统一。从这个意义上讲，中国的国家治理体系和治理能力现代化与中国式政治现代化可谓是同构异语。中国共产党要充分展现自身的政治优势，把党的领导充分体现在治国理政的全过程和各领域，更好地发挥党的领导核心作用。中国共产党的全面领导是推进中国式政治现代化的定心盘，中国式政治现代化的健康发展必须坚持中国共产党的全面领导，走符合中国基本国情的政治现代化道路，发挥好中国特色社会主义民主政治的独特优势，增强独立自主走中国特色社会主义政治现代化道路的制度自信和伦理自觉。一言以蔽之，中国共产党在推进国家治理体系和治理能力现代化建设中要始终发挥全面领导作用，只有坚持中国共产党的全面领导，中国式政治现代化的发展道路才有坚强的领导核心，才能促进国民经济和社会发展朝着健康的方向有序发展，才能不断提高我国的综合国力，才能不断满足人民群众对美好生活的向往。

总之，中国共产党在中国式政治现代化的发展过程中要始终发挥领导核心的一元主导作用，党政军民学，东西南北中，党是领导一切的。不断提高党的领导能力和执政水平是建设长期执政的马克思主义政党的必然要求。理论创新是制度创新的前提，它深刻地影响着执政党的执政水平和建设质量。中国共产党是高度重视理论建设的马克思主义执政党，天然具有与时俱进的政党品格。马克思主义政党理论是中国共产党加强自我建设的理论和行动指南，为建设长期执政的马克思主义政党提供了科学的理论指导和坚实的思想根基。加强党的全面领导，并不是抽象空洞地喊口号，而是要落实在建设社会主义现代化事业的各环节之中，尤其要落实到推进国家治理体系和治理能力现代化建设之中，在实践中发挥党的领导核心作用，团结带领全国各族人民积极投身于实现"中国梦"的伟大实践，矢志不渝地担当起"为中国人民谋幸福，为中华民族谋复兴"的马克思主义政党的历史使命。

第二节 "政治协商，民主监督"的政党政治生活

现代化催生政党政治，政党政治主导现代化的发展方式和历史进程。中国式政治现代化的历史进程内蕴着"政治协商，民主监督"的政党政治发展的历史必然。中国共产党领导的多党合作和政治协商制度是我国发展社会主义民主政治的一项基本政治制度，中国人民政治协商会议是多党合作和政治协商的重要机构或舞台，是社会主义协商民主的政党政治基础。在中国式政治现代化的

历史发展进程中，"政治协商，民主监督"是其政党政治生活的现实写照，坚持中国共产党的领导是其根本政治前提。团结合作的新型政党关系及其鲜明的民族性与时代性特征赋予了中国式政治现代化及其道德擘画的社会主义性质的规定性。从政党关系来看，各民主党派与中国共产党是保持亲密无间关系的友好参政党，而非西方式政治现代化中彼此竞争的在野党，型构了一种结构上多元与核心上一元的新型民主政治形态以及由此产生的新型政党政治关系的伦理生态。从政治目标来看，中国共产党与各民主党派团结合作的第一要务是共谋发展，以实现中华民族伟大复兴为其合作的政治基础与伦理共识。因此，各民主党派与中国共产党在思想上同心，都是以马克思主义政党理论特别是习近平新时代中国特色社会主义思想为根本指导；在行动上同行，共同致力于社会主义现代化事业建设伟大实践，促进人的自我解放与自由全面发展。从民主建设来看，在中国政党政治生活中，各民主党派在参政议政、民主协商、民主监督等方面享有广泛而充分的民主，实现了过程民主与结果民主的统一，充分彰显出中国式政党政治的中国特色与显著优势。

一、"一元主导、多元并存"的中国特色政党政治关系

政党政治与现代化的共生与互动是人类历史发展的必然要求，符合人类文明演进的历史逻辑。中国式政治现代化进程中的政党政治生活呈现为：中国共产党为执政党，各民主党派为参政党；中国共产党领导的多党合作和政治协商制度作为基本政治制度，有效且有力地保障了社会主义协商民主的健康发展，形成了具有鲜明中国特色和独特政治优势的新型政党关系，即团结合作、共谋发展的新型政党关系。各民主党派与中国共产党是亲密的友党关系，在政治上自觉接受中国共产党的领导，拥护党和国家的路线、方针、政策，与中国共产党一起推进中国特色社会主义民主政治建设与健康发展。

中国共产党与各民主党派之间团结合作、共谋发展的新型政党关系，是在百年历史长河中孕育的，以实现中华民族伟大复兴为历史主题，充分汲取了中华优秀传统文化中的"和合文化"智慧，在革命、建设与改革的发展过程中不断探索并优化政党间的合作方式，不断寻求最大公约数，以画出最大同心圆。从根本上讲，一个国家的政党制度反映其政党关系，体现一个国家的基本国情、国家性质和社会发展状况。具体而言，团结合作、共谋发展的新型政党关系的形成经历了漫长的实践探索。近代中国半殖民地半封建社会的基本国情，社会经济、阶级结构、政治与社会意识等呈现出复杂性和多样性，社会各阶级为救亡图存进行了各种政治实践探索，以辛亥革命胜利果实被袁世凯篡夺为标志，

表明在近代中国建立资产阶级共和国、实行一党专政的政治方案行不通，这一基本国情为中国共产党领导的多党合作与政治协商制度的产生奠定了历史条件和现实基础。从文化基础来看，中华优秀传统文化蕴含着丰富的治国理政政治智慧，"天下为公""求同存异""和合共生""兼收并蓄"等伦理政治思想为当代中国政党关系的构建提供思想智慧；从政治基础来看，人民代表大会制度是我国的根本政治制度，实行人民当家作主，人民享有广泛的民主权利，民主协商的体制机制在不断形成和完善，社会主义政党政治在此过程中不断发展，为中国共产党领导的多党合作和政治协商制度的发展完善奠定了政治基础和社会条件；从理论基础来看，马克思主义政党理论在中国的传播与发展构成了团结合作、共谋发展的新型政党关系的理论基础；从组织基础来看，中国共产党自诞生以来，带领广大工人阶级、农民、小资产阶级、爱国知识分子等建立广泛的爱国统一战线，为新型政党关系的正式建立奠定了广泛且坚实的组织基础。

团结合作、共谋发展的新型政党关系以坚持中国共产党领导的多党合作制为制度保障，这是社会主义政党政治长期发展的必然结果。在中国进行的社会主义政党政治从最初探索到基本成型再到稳健发展历经百余年，形成了独具中国特色的社会主义新型政党关系。中国共产党从革命党转化为执政党以来，领导中国人民进行社会主义建设已70余年，在经济、政治、科技、文化、社会和生态等各领域取得了举世瞩目的历史成就，社会主义现代化建设事业有序稳步推进。透过历史镜头回顾近代以来中国的发展历程，在政党政治方面可以得出一个历史结论，即只有坚持中国共产党领导的多党合作制，才能凝聚一切社会主义建设力量，顺利推进中华民族伟大复兴的历史进程。中国共产党领导的多党合作制是人类政党制度发展史上的伟大创造，不同于西方政党制度，它符合全体中国人民的政治利益，以实现中华民族伟大复兴、开创人类政党政治文明新形态为价值定位。在运行机制方面，各民主党派可通过各级人民代表大会、中国人民政治协商会议等途径来参政议政，积极参与政治协商，充分发挥民主监督作用。中国共产党与各民主党派间的团结合作与共谋发展的新型政党关系内蕴着深刻的"领导""合作"与"商量"等伦理价值内涵。其中，"领导"突出的是中国共产党在新型政党关系中的政治领导，"合作"体现的是各政党在新型政党关系中的友好合作，"商量"体现的是在基本政治原则下为实现共同目标而展开的协商对话活动。值得注意的是，在新型政党关系中，中国共产党与各民主党派间的"领导""合作"与"商量"是同一过程的不同方面，三者统一于实现中华民族伟大复兴的实践之中，统一于共同推进国家治理体系和治理能力现代化的历史进程。概言之，中国共产党与各民主党派的团结合作、共谋发展是中国式政治现代化之实然与应然的统一，前者为了中国式政治现代化而正确领导，后者为了中国式政治现代化而精诚合作。

二、"长期共存、互相监督"的中国特色政党政治生活

中国式政治现代化不同于西方式政治现代化，在于中国式政治现代化坚持走中国特色社会主义民主政治发展道路。中国的新型社会主义民主形态表现为结构的多元性与核心的一元性，中国共产党是中国特色社会主义民主政治的领导核心，而由中国共产党领导的多党合作则呈现为多元性结构。也即是说，中国的社会主义政党政治是一元核心与多元结构的统一。正确处理好"一"和"多"的辩证关系，充分彰显了中国特色社会主义新型政党关系的原则性与灵活性相统一。

中国共产党作为长期执政的马克思主义政党，其在政党政治中的一元领导核心地位是作为执政党与领导党的应然要求与实然呈现。中国共产党的领导是中国特色社会主义的最本质特征，根本符合中国特色社会主义的历史逻辑与实践逻辑。中国共产党的领导体现在两个方面：一是对国家政权的领导，二是对国家政治生活的领导。一个政党进行领导必须掌握领导权，领导权本质上是一种政治权力，它体现为该政党对政治原则、政治方向和重大方针政策等的擘画与领导。中国共产党的领导权通过其执政权来体现，而执政权即执掌国家政权，是党在国家政权活动中的合法地位的生动体现。中国共产党执政的实质即代表工人阶级及广大人民掌握人民民主专政的社会主义国家政权。在中国式政治现代化发展进程中，中国共产党实现了执政党与领导党的统一，对于中国共产党的一元领导核心地位的突出强调，其目的在于加强党的长期执政能力建设。从领导党与执政党的关系来看，领导党的地位能否巩固和加强在于党的领导是否正确，而党的领导是否正确又需要通过党的执政实践来体现。在领导权与执政权的关系中，前者具有原则指导性，后者则具有具体灵活性；在实际的政党政治中，党的领导是党执政的政治前提，而党的执政则是党的领导地位在国家政治生活中的实然体现。因此，中国共产党在国家政治生活中既要发挥好总揽全局、协调各方的领导核心作用，也要遵循社会主义社会执政规律，进行科学执政、民主执政与依法执政，不断提高自身的执政水平与执政能力，实现党的领导、人民当家作主与依法治国的有机统一，从而全方位提高国家治理的能力，整体性推进国家治理体系与治理能力现代化。具体而言，中国共产党在政党政治生活中的领导核心地位与执政方式体现在以下几个方面：一是中国共产党通过提出正确的政治主张并与参政党平等协商、通力合作，虚心接受各民主党派

提出的建设性意见和监督，不断优化政策决策；二是在与各民主党派的协商过程中，细化讲解中国共产党的政治主张和战略决策，帮助参政党正确理解和接受执政党的政治主张，将各民主党派团结在中国共产党的周围，确保党和国家事业朝着正确的方向发展，将多党合作的政治优势转化为国家治理的实践效能，推进中国式政治现代化的健康发展。

中国共产党领导的多党合作与政治协商制度在结构上是多元性的。多元性的政党结构能够为一元领导的执政党提供政治智慧与力量支持。具体而言，在中国式政治现代化进程中，各民主党派作为参政党拥有多种途径参与国家政治生活，享有参政议政、政治协商与民主监督的权利。中国人民政治协商会议是中国各政党参政、议政的政治平台。"人民政协的政治地位基本定性是，通过中国共产党与各民主党派之间的政治协商，实现民主党派对作为执政党的中国共产党及其组建的人民政府的民主监督。"① 各民主党派通过提案、咨询、建议、检举等形式进行正式监督，也可通过专题协商会和专题议政性常委会来参与人民政协协商议政活动。习近平总书记在党的十九大报告中对人民政协的性质和任务做出了高度概括："人民政协是具有中国特色的制度安排，是社会主义协商民主的重要渠道和专门协商机构。"② 人民政协围绕"团结"和"民主"两大主题，把协商民主贯穿政治协商、民主监督、参政议政全过程，各民主党派在其中发挥建言献策的重要作用，促进协商议政的形式与内容不断完善。人民政协的政治任务和历史使命在于巩固民主监督的政治功能，聚焦党和国家的中心任务，各民主党派在其中发挥了不可或缺的重要作用，促进了政治共识的达成，增进了全国各族人民的大团结。

各民主党派虽代表特定利益群体，反映他们在社会、政治、经济、文化等方面的发展诉求，但在根本目标上与中国共产党保持高度一致，也就是在"为中国人民谋幸福，为中华民族谋复兴"的根本目标上与中国共产党保持高度一致。也即是说，中国式的多元政党结构并非西式的竞争性政党结构，中国的多元政党结构是以一元领导核心为政治前提的，中国共产党始终是中国特色社会主义事业的坚强领导核心，居于执政党的一元核心地位是我国政党政治的根本特点。在多党合作与政治协商过程中，中国共产党始终居于领导地位，这是我国政党制度区别于西方政党制度的根本所在。概而论之，坚持中国共产党的集

---

① 吕承文，司马双龙. 协商民主视角下中国特色政党政治的结构功能分析 [J]. 领导科学，2020（20）：98-102.

② 习近平. 决胜全面建成小康社会 夺取新时代中国特色社会主义伟大胜利 [M]. 北京：人民出版社，2017：38.

中统一全面领导是多党合作与政治协商的政治前提，而多党合作与政治协商能够为中国共产党执政提供有力支持和有效监督。中国共产党的正确领导与各民主党派的参政议政、民主协商共同为中国特色社会主义政治文明发展保驾护航，推进中国式政治现代化的深入发展。作为一种政治文明新形态，中国共产党领导的多党合作与政治协商制度为人类政治文明的发展贡献了中国智慧，提供了中国方案。

三、"政治协商、民主监督"的中国特色政治民主形式

中国共产党领导的多党合作与政治协商是协商民主过程的实然呈现。中国式政治现代化中的协商民主是过程民主与结果民主的统一，是形式民主与内容民主的统一，充分保障了人民当家作主的权利，代表着最广大人民的根本利益。从内涵来看，协商民主指的是"公民、政党或利益集团等组织通过广泛的公共讨论和协商的过程，使各方了解彼此的立场、观点，并在追求公共利益的前提下，寻求并达成各方可以接受的方案"[①]。由是可见，协商民主侧重公民和社会各阶层对于公共事务的事前与事中参与，满足利益多元化和文化多样性的现代社会政治参与需求。中国式的协商民主不同于西式的选举民主，它是以坚持中国共产党的领导为政治前提，各民主党派、无党派人士等虽代表特定群体的利益，但始终围绕实现中华民族伟大复兴这一政治主题，始终站在中华民族整体利益的高度来探讨民主政治，为实现共同富裕而进行团结合作，中国共产党和各民主党派、社会团体、无党派爱国人士一道共谋中华民族伟大复兴之大计。

西方学者为了弥补选举民主的缺陷也提出过协商民主理论，但是他们对协商民主的理解过于宽泛，认为民主化道路是多元的，选举是实现民主的一种方法，协商民主也只是其中的一种民主形式。就西方的选举民主与协商民主而言，前者实质上是一种竞争民主，旨在选出一位政治权威人物，然而，人们对其执政期间的决策、战略部署等缺乏民主协商与监督；后者看似是一种实质参与式民主，实际上公民希冀通过投票、请愿、陈情或社会运动来参与政治活动，并且假设在充分掌握信息、发言机会平等和决策公平的条件下，可以对公共政策进行公开讨论、协商，进而提出各方均接受的方案或决定。客观地讲，协商民主有利于培养公民的理性谈论和审议能力，客观上有助于形成信息公开、人民参与决策过程的良好政治环境。然而事与愿违的是，西方的协商民主更多的是

---

① 民盟福建省委课题组，刘泓，李仲才. 论协商民主与和谐的政党关系 [J]. 马克思主义与现实，2009（6）：30-34.

学者们的研究对象，在政治活动中并不能得到充分实践，公共事务的决策主要是由执政党所代表的利益集团做出的，因而西方的协商民主具有一定程度的理论空想色彩。

协商民主在中国则得到了广泛实践，从新民主主义革命时期到如今的中国特色社会主义进入新时代，协商民主的形式和内容在我国得到不断深化，协商民主业已发展成为具有鲜明中国特色的民主政治实践模式。我国的协商民主是在中国共产党的统一领导下进行的，具有社会主义政党政治的显著特征。马克思主义政党理论认为，政党是代表一定阶级、阶层或社会集团利益并为之而斗争的政治组织。政党的活动不同于一般社会团体，它代表统治阶级的利益，是为夺取政权、掌握国家经济命脉、改变国家政治经济制度与体制而进行的有计划、有组织的政治实践活动。协商民主以承认利益的多元化为前提，主张通过协商来调节各方利益以促进社会和谐发展；协商民主强调公共决策要考虑到社会各方的利益，它不仅限于追求和体现多数人的利益，充分表达社会各方观点并协调多元主体利益也是其重要目的。政治协商与民主监督的政党政治生活始终围绕中华民族伟大复兴的历史主题而展开，其中，中国共产党的集中统一与全面领导对于政党政治生活的有序展开起着统领全局的关键作用。在中国式政治现代化发展过程中，政治协商与民主监督的政党政治生活必须坚持中国共产党的领导，这是坚持正确政治方向，防止群龙无首、一盘散沙现象的内在要求，同时也是防止西式政党政治中的相互掣肘、相互推诿、高耗低效现象的必然要求。总之，在坚持中国共产党的政治领导下，以政治协商与民主监督为主题的多党合作政党政治具有西方政党政治所不可比拟的显著优势，协商民主贯穿整个政党政治生活，政治协商的出发点与落脚点都是为了实现好、维护好并发展好最广大人民的根本利益，在公共事务决策前与决策实施中广泛征集民意、平等友好地进行民主协商，致力于实现利益的最大化，这是实质民主与形式民主的统一，也是过程民主与结果民主的统一。

概而言之，在中国式政治现代化发展进程中，政治协商与民主监督的政党政治是中国特色社会主义民主政治发展的重要内容。坚持中国共产党的领导是多党合作的根本政治保障，中国共产党的政治领导对于多党合作的政治协商与民主监督具有政治方向上保驾护航的重大意义。政治协商是中国共产党与各民主党派、无党派人士等就关系国计民生的重大方针政策、公共卫生教育事业等的协商讨论，致力于协调并保障社会各方利益主体的合法利益。民主监督主要是各民主党派、无党派人士等对中国共产党的监督，在党外形成对中国共产党科学执政、民主执政、依法执政的良好监督环境，促进中国共产党执政水平与执政能力的不断提升。实现中华民族伟大复兴是中国共产党领导下的中国特色政党政治发展的历史主题，贯穿多党合作机制下的政治协商与民主监督的政党政治生活始终。在团结合作与共谋发展的新型政党关系中，坚持中国共产党领导的一元核心与多党合作的多元结构统一于中国特色社会主义民主政治建设与发展的实践之中，是实质民主与形式民主的统一，也是过程民主与结果民主的统一，彰显出有别于西方政党政治的显著制度优势。

第三节　"肝胆相照，荣辱与共"的政党伦理生态

在中国式政治现代化发展过程中形成了"肝胆相照，荣辱与共"的政党伦理生态，彰显出"天下为公"的政治情怀。透过中国共产党百年奋斗的历史进程我们不难发现："中国特色社会主义政党政治在中国革命进程、中国特色社会主义建设和现代国家建构的宏阔实践中，以鲜明的'根本性的价值定位''前提性的理论引导''主导性的制度支撑''目的性的价值牵引'以及'关键性的政治保障'，将自身价值与中国现代化融为一体并发挥统领性的主导作用。"① 人的彻底解放与自由全面发展是中国特色社会主义政党政治的根本价值定位，始终将马克思主义作为中国特色社会主义政党政治发展的理论基础，中国共产党领导的多党合作制是中国特色社会主义政党政治发展的制度支撑，中国特色社会主义现代化强国的建设是中国特色社会主义政党政治发展的目的性价值指引，中国共产党作为马克思主义政党，不断加强长期执政能力的建设是中国特色社会主义政党政治发展的政治保障。在坚持中国共产党的领导与各民主党派的通力合作的政治实践中，"肝胆相照，荣辱与共"也已成为中国式政党合作关系与价值共识的生动表达，其中蕴含着丰富的伦理意蕴，构建起中国所特有的政党伦理生态。从政党关系的性质来看，中国的政党关系不同于西方政党间的博弈关系，中国的政党关系是在中国共产党的领导下开展的政党间的合作与交流，彼此拥有共同目标，即致力于实现中华民族伟大复兴，各民主党派与中国共产党是荣辱与共的关系；从政党利益诉求来看，中国的政党与西方的政党在利益关系的代表上有着本质的区别，中国共产党与各民主党派都是自觉站在民族国家的整体利益基础上，都是以人民利益为根本前提的肝胆相照。

---

① 王绍兴.现代化进程中的中国社会主义政党政治［J］.中国社会科学，2019（6）：4-24，204.

一、坚持"以人民为中心"发展理念的肝胆相照

"长期共存、互相监督、肝胆相照、荣辱与共"作为中国共产党与各民主党派合作的基本方针，彰显出中国共产党领导的多党合作机制的伦理意蕴。人民是历史的创造者，中国共产党与各民主党派间的肝胆相照是以实现好、维护好、发展好最广大人民的根本利益为合作宗旨。"江山就是人民，人民就是江山"，习近平总书记的这句话道出了中国民主政治的真谛，也是中国式政党政治发展的目的所在。中国共产党始终代表最广大人民的根本利益，中国共产党的性质、宗旨、价值目标等都紧紧围绕"为中国人民谋幸福，为中华民族谋复兴"。一个政党的旺盛生命力是人民衷心拥护的结果，为人民谋福祉既是政党的使命，又是保持自身生命力的内在要求。《孟子·尽心下》主张"民为贵，社稷次之，君为轻"的伦理政治思想，他认为民众是国家的根本，社稷只能维系在民众之上才能稳固，而君主更是等而次之，只有在民众安乐和社稷安稳的前提下才能实现稳固的政治统治。民本政治思想是中国古代政治思想的重要内容，对于当代中国特色社会主义政党政治的发展具有超越时空的积极的伦理价值。以民为本可以知兴替，中国共产党的执政根基在人民，各民主党派的参政基础也在人民，人民是一个国家、一个政党存在与发展的根本政治前提。孟子"以民为本"的政治思想是中华民族优秀传统文化的重要组成部分，在中华民族的治国安邦实践进程中发挥着积极的价值引领作用，对实现人民安居乐业、社会团结稳定、国家长治久安具有现时代的伦理价值。

中国式政治现代化的发展具有鲜明的人民性特征，因为我国的根本政治制度与基本政治制度都反映并维护着人民的利益。在基本政治制度中，由中国共产党领导的多党合作和政治协商制度便是保障与发展广大人民利益的基本制度保障。中国自古以来便是伦理型社会，伦理与政治相伴相生，伦理政治是中国所特有的政治实践产物，根本区别于西方所推崇的理性与市民社会，由家及国到家国一体是中国人渗入骨髓里的伦理政治思想和社会道德情感。中国共产党领导的多党合作和政治协商制度，是近代以来中国共产党人与各民主党派在革命、建设与改革发展过程中不断探索并总结经验的政党政治创造，这一伟大政党政治创造了符合中国的政治发展实际，反映着全国各族人民的政治呼声，代表着最广大人民的政治利益。以维护人民利益为宗旨的肝胆相照阐明了中国共产党与各民主党派间的互助性，有益于政治智慧的凝聚与妥善运用，促进政治实践的广泛性与深刻性，彰显出中国式政党政治的一元主导与多元共存的制度优势。肝胆相照既是对中国共产党与各民主党派间的通力合作的必然要求，又

是对中国式社会主义政党政治发展的鲜明写照。

中国共产党与各民主党派在思想上同心同德，以马克思主义政党理论为指导，不断提高各政党成员对于政党本身及其政党政治的理论认识与价值认同，增强各党派成员的政治素养。中国共产党与各民主党派均以支持并实现好人民当家作主为指向，保障广大人民的政治权利与正当利益是各政党的重要职责。中国特色社会主义进入新时代，中国共产党与各民主党派必须以人民对美好生活的向往为共同的奋斗目标，重视人民在社会生活中的利益诉求与热切期待，将为人民谋福祉作为执政与参政的出发点与落脚点。一言以蔽之，以人民利益为宗旨的中国式社会主义政党政治符合中国国情，具有鲜明的中国特色与制度优势，这是中国特色社会主义政党政治的本质属性与价值依归。

二、以实现"中国梦"为共同目标的荣辱与共

实现中华民族伟大复兴的中国梦是中国人民近代以来最伟大的梦想，梦想的实现既需要全国人民的共同努力，更离不开中国共产党的统一全面领导，也离不开各民主党派的鼎力支持。中国共产党与各民主党派的政党合作以实现中华民族伟大复兴为共同目标。对于社会发展各阶段中的风险与挑战，中国共产党与各民主党派以"荣辱与共"的基本方针作为开展政治合作的价值共识，彰显出中国式政党政治"命运与共"的价值特性。实现中华民族伟大复兴是近代以来中国人民经历无数次殖民与侵略战争后的必然抉择。中国共产党自诞生以来便以实现共产主义为最高政治理想，致力于推翻"三座大山"以解放全体中国人民的伟大革命事业，团结带领广大工人、农民与城市小资产阶级，取得了全民族抗日战争与全国解放战争的伟大胜利。正是在多年的革命战争中，中国共产党与各民主党派、社会团体和无党派人士相互支持、精诚配合、并肩奋斗，共同致力于推翻帝国主义、封建主义、官僚资本主义这三座大山；以民族独立与人民解放、国家富强与人民幸福为奋斗目标，建立了彼此尊重、相互信任、密切合作的亲密友好的党际关系。历史和现实均已证明，中国共产党是革命与建设事业的坚强领导核心。各民主党派在革命、建设和改革的历史进程中也愈发清醒地认识到：只有坚持中国共产党的正确领导，不断加强同中国共产党的团结合作，中国的革命事业才能取得成功。各民主党派由自发转向自觉地接受中国共产党的领导，并将实现中华民族伟大复兴作为自己的奋斗目标。

中华民族的伟大复兴需要凝聚中国人民的精神力量。坚持中国共产党的领导是凝聚中国人民力量的政治前提，各民主党派接受中国共产党的领导并通力合作，为民族和国家的发展贡献智慧与力量，是中国共产党领导中国人民从胜

利走向胜利的得力助手。从根本上看，中国特色社会主义政党政治的本质特征在于坚持中国共产党的领导，以人的彻底解放和全面发展作为其价值追求。实现中华民族伟大复兴的中国梦是实现人的彻底解放与全面发展的题中应有之义。中华民族伟大复兴是国家富强、民族振兴和人民幸福的三位一体，中国梦是国家的梦、民族的梦与人民的梦的完全统一。实现中华民族伟大复兴的中国梦是党和国家面向未来的庄严政治宣言，它着眼于坚持和发展中国特色社会主义，体现出中国共产党的高度历史担当与价值追求。国家富强、民族振兴、人民幸福三者是辩证统一、不可分割的整体。一方面，国家富强、民族振兴是人民幸福的前提和保障。家是最小国，国是千万家；国家好，民族好，大家才会好。国家、民族和个人是一个命运共同体，国家利益、民族利益和每个人的具体利益密切相关。国家强大、民族强盛是每一个人生存与发展的基本保障。每一个人的前途和命运都与国家和民族的前途和命运紧密相连。只有每一个人都为美好梦想而奋斗，才能汇聚起实现中华民族伟大复兴中国梦的磅礴力量。毋庸置疑，国家富强与民族振兴的实现离不开中国共产党的坚强领导，而中国共产党领导的多党合作与政治协商是具有中国特色的社会主义政党政治，它为国家发展提供不可或缺的政治智慧；另一方面，人民幸福是国家富强、民族振兴的归宿和目的。中国梦是国家的梦、民族的梦，但归根到底是人民的梦，是每一个中国人的梦。实现中华民族伟大复兴，是全体中国人民共同的追求，而不是某个人或某一群体的梦想；中国梦的实现，不是成就哪一个人、哪一部分人，而是造福全体中国人民。实现国家富强和民族振兴的主体是人民，深厚力量源泉是人民，要坚持人民主体地位，尊重人民首创精神，从群众中汲取无穷的智慧和力量，紧紧依靠人民，广泛动员和组织人民为实现国家富强、民族振兴而奋斗。国家富强和民族振兴成果的享有者是人民，党和国家要始终坚持以人民为中心的发展思想，把实现人民幸福作为发展的出发点与落脚点，做到发展为了人民、发展依靠人民、发展成果由人民共享，不断为人民造福，让人民拥有更多的获得感。

中国共产党的执政宗旨是为了带领中国人民实现国家富强、民族振兴与人民幸福，中国共产党领导的多党合作和政治协商的政党政治同样以为民族谋复兴、为人民谋幸福为其合作的价值共识。从中国特色社会主义现代化事业发展进程整体来看，社会主义政党政治既是社会主义现代化建设事业的重要内容，又是社会主义现代化建设中的主导性关键因素。中国共产党的领导不仅是中国特色社会主义的最本质特征，也是中国特色社会主义政党政治的根本属性。中国共产党领导的多党合作与政治协商制度是具有中国特色的政党制度，构成中国特色社会主义政党政治的重要组成部分。作为社会主义现代化的政治实践形态与上层建筑的关键内容，中国特色社会主义政党政治源于最广大人民、为了最广大人民、依靠最广大人民的价值定位和道义制高点，集中标识了中国特色社会主义现代化的发展质量与发展方向。坚持党的领导是实现中华民族伟大复兴中国梦的根本保证。回顾历史，中国共产党之所以能够在各个历史时期战胜困难、应对挑战、取得胜利，靠的就是团结一切可以团结的力量，靠的就是全国各族人民团结一致的共同奋斗。历史和现实都告诉我们，党的领导是党和国家的根本所在、命脉所在，是全国各族人民的利益所系、命运所系。凝聚中国力量，实现中华民族伟大复兴，必须依靠中国共产党的坚强领导；同时，加强中国共产党领导的多党合作和政治协商制度建设，并在社会主义政党政治实践进程中落实好多党合作，在政治协商过程中发挥出这一政党政治的显著制度优势，充分彰显出中国共产党领导下的社会主义社会集中力量办大事的政治智慧。

三、以"寻求最大公约数"为旨归的共同富裕

中国共产党领导的多党合作制是中国共产党、中国人民和各民主党派的政治创造，是从中国土壤中生长出来的新型政党制度。中国式的多党合作制度属于人类社会政党制度发展史上的新的政治创造，是中国共产党立足我国国情所开创的中国特色社会主义政治新道路，是带领中国人民开创美好生活的必由之路，是实现中华民族伟大复兴的正确选择。它不仅打破了只有一条西方式政治现代化道路的独断宣言，还为那些既想保持独立又想发展的广大发展中国家提供了重要的政党政治借鉴与价值启迪意义。在中国式政治现代化道路中，中国共产党的执政与各民主党派的参政都统一和服务于实现中华民族伟大复兴的中国梦，维护并发展广大人民根本利益是政党合作的唯一宗旨。"寻求最大公约数，画出最大同心圆"是中国式多党合作的价值取向，其多党合作的政治诉求在于共同致力于中国特色社会主义事业，而这又以中国共产党作为执政党发挥总揽全局、协调各方的领导核心作用为政治前提。各民主党派作为中国式政治现代化进程中的参政党，接受中国共产党的领导，坚持共同的政治思想基础，遵循共同的政治伦理准则。在多党合作中坚持中国共产党的领导，这不仅是保证多党合作的正确政治方向的必然要求，也是促进政治上团结统一的内在要求。在中国共产党的领导下深入开展多党合作的政治实践活动，切实保障了政治参与主体的多元性和广泛性，体现了政治参与的真实性与民主性，有利于提高中国共产党的科学执政、民主执政与依法执政水平，扎实推进国家治理体系和治理能力的现代化。

中国共产党领导的多党合作制度以"寻求最大公约数、画出最大同心圆"为合作的价值取向，这既是社会主义政党政治与中国式现代化互动的重要历史经验与政治制度创造的伦理价值标识，也是把中国共产党建设成为世界上最为强大的政党，从而将中国建设成为现代化强国的价值引导。"思想上同心同德、目标上同心同向、行动上同心同行"①，这是新型政党关系最鲜明的特质，也是在中国共产党与各民主党派间寻求最大公约数的实践指南。中国式社会主义政党政治始终以马克思主义政党理论为根本指导。列宁就曾明确提出："没有革命理论，就不会有坚强的社会党，因为革命理论能使一切社会党人团结起来，他们从革命理论中能取得一切信念，他们能运用革命理论来确定斗争方法和活动方式。"② 中国特色社会主义政党政治以中国共产党的领导为根本政治前提，在中国共产党领导下的多党合作以肝胆相照和荣辱与共为政党合作的伦理生态。各民主党派充分参与到公共事务决策讨论与实施过程中，将政治协商与参政议政贯彻落实到具体的政治实践活动中，体现出富含民主性与人民性的伦理意蕴。作为伦理型政党，中国共产党历来十分注重加强自我革命，提升党员的党性修养，其中道德人格的培育是其重要内容，充分发挥党员先锋的模范带头作用是对中国共产党人高尚道德品格的践行与彰显。中国特色社会主义政党政治以领导和支持人民当家作主为合作指向，以回应人民对美好生活的向往为合作目的，这充分彰显出中国特色社会主义政党政治的本质属性和价值依归，也是"寻求最大公约数、画出最大同心圆"的合作价值取向。坚持中国共产党的领导是中国特色社会主义政党政治区别于其他政党政治的根本特征，也是中国式政治现代化发展的优势所在。中国特色社会主义政党政治强调民主的真实性和广泛性，也就是在中国共产党的领导下，民主是以高质量的中国共产党党内民主带动党际民主和国家民主的发展，人民民主是中国式政治现代化发展的出发点与落脚点，也是中国特色社会主义政党政治发展的生命和力量源泉，为中国式政治现代化发展提供不竭的精神动力和实践动力。

中国共产党领导的多党合作构成中国社会主义政党政治的重要内容，坚持马克思主义政党理论的指导、以国家富强、民族振兴、人民幸福为合作目标，以实质民主和过程民主为内核，这构成中国特色社会主义政党政治根本区别于西方国家政党政治的关键所在，同时表明了中国共产党与各民主党派间的合作

---

① 胡锦涛. 胡锦涛文选：第三卷［M］. 北京：人民出版社，2016：636.

② 中共中央马克思恩格斯列宁斯大林著作编译局. 列宁专题文集：论无产阶级政党［M］. 北京：人民出版社，2009：339.

以寻求最大公约数为价值取向。中国特色社会主义进入新时代，中国共产党以政党协商的制度化建设为重点，"寻求最大公约数"与"画出最大同心圆"作为中国社会主义政党关系发展的价值指向，既是以维护并发展最广大人民的利益为根本宗旨的肝胆相照，也是以实现中华民族伟大复兴的"中国梦"为奋斗目标的荣辱与共。在抗日战争时期中国共产党创建的"三三制"政权作为多党合作的雏形，各民主党派、无党派人士传承了求同存异的文化基因，不是以反对党或在野党等政党身份而存在，而是以团结合作代替政党对立，以平等协商代替政党之间的相互否决。1945年前后的"民主党派"称呼就充分体现为中国共产党基于和合文化理念而开创的以和平、民主为价值原则的爱国统一战线，建构有别于西方的政党政治格局。新民主主义革命胜利后，中国共产党成为执政党，在第一届中华人民共和国中央人民政府中，有近半数的领导成员来自各民主党派和无党派爱国人士，历史性地形成了执政党和参政党的政党关系以及团结、民主、合作与和谐的政治格局。将各民主党派的政治属性真正确定为参政党，既是我国政党政治发展的历史必然，当然也离不开中华民族自古以来爱好和平的精神理念、和而不同的宽容品格等文化基因的深刻影响。孙中山曾说，中国几千年以来所形成的风土民情与欧美国家大不相同，因而管理社会的政治制度和治国理政方式自然也和欧美不同，不能完全效仿欧美。与西方政党政治的对抗与竞争相比，中国特色社会主义政党关系因建立在和合文化土壤上，表现为中国共产党与各民主党派、无党派爱国人士能够在国家政治、经济、社会事务上进行友好协商、团结合作，尤其是在事关国家富强、民族振兴、人民幸福的大政方针、重大决策上进行政治协商，在求得共识的基础上通力合作，共同致力于中国特色社会主义事业，能够通过一种新的民主形式即协商民主来避免西方政党间的恶性互斗，实现了执政党与参政党的良性互动，最大限度地减少了政治内耗，最大程度地实现了更长久、更可持续的政党合作。中国式政治现代化的政党伦理生态的积极建构是以中华优秀传统文化为历史底蕴的，"寻求最大公约数"与"画出最大同心圆"的出发点与落脚点都是人民利益，也是中国共产党的执政地位与各民主党派的参政地位获得合法性的根本所在。"贵和尚中""以和为贵""执两用中"是对中国古代伦理政治智慧的凝练表达，是对中国传统伦理精神之"中庸""和谐""和合"等价值理念的传承与发展。中国共产党的领导保证了多党合作的正确的政治方向，而多党合作则为政党政治的健康发展注入了生机与活力，为构建健康的政党伦理生态提供了宏阔的政治智慧。

通过百年来的政治实践，中国共产党领导的多党合作与政治协商制度的科学性和真理性在中国得到了充分检验，它的人民性和实践性在现当代中国得到了充分贯彻，它的开放性和时代性也在中国得到了充分彰显。发展中国式政治现代化绝非空洞口号，必须以中国共产党的领导为根本政治前提，以多党合作的政治协商、民主监督为主要政治内容，有事多商量、有事好商量、有事会商量是中国式政治现代化的必然要求与独特优势所在，为多党合作达至"最大公约数"提供了最有效的制度安排。概言之，以中国共产党领导的多党合作与政治协商制度有力且成功地支撑着中国经济社会的发展，中国式政治现代化为当代中国的文明进步以及人类文明新形态的创造构设了科学的道路与逻辑。各民主党派的诞生和发展，有别于西方国家政党政治的历史发展过程，具有自身独特的文化要素与政治特征。和谐共生、和而不同的和合文化是中华优秀传统文化的核心要义，也是作为参政党的各民主党派诞生和发展的文化土壤，与西方发端于个体本位文化的政党政治关系有着本质上的不同。从发展历程来看，"贵和尚中""以和为贵""执两用中"等中华优秀传统文化基因，都深刻地影响着各民主党派的价值取向和行为选择。各民主党派从成立的那一刻起，就是以和平而非斗争的形式追求民主与平等、进步与和平的。

第四节　走出西方式政治现代化"非此即彼"的二元对立

"政治现代化模式实际上是各民族、国家在政治现代化过程中，通过体制转型来进一步适应特定历史和文化环境中的一部分（该国、该地区）现代人的生活的一种政治体制形式变迁的道路或途径。"[①] 政治现代化是一个国家和民族的现代化的重要内容，反映着这一国家和民族现代化发展的本质特征。政党政治是政治现代化的核心内容，政党的性质、纲领、组织、能力及党员队伍构成情况，反映着一个国家和民族的政治发展状况，甚至决定着一个国家和民族的政治前途和命运，密切关联着一个国家和民族的经济、文化、社会等方面的发展方向和前途命运。当代中国式现代化尤其是政治现代化，坚持和加强中国共产党的领导是起决定性作用的关键所在，中国共产党的领导是中国式政治现代化发展进程中的政治制度和政治架构的最本质特征。中国共产党领导的多党合作制度是中国特色社会主义政党政治发展的伟大创造，政治协商与民主监督的政党政治生活根本区别于西方式以资本论英雄的金元政治；"肝胆相照、荣辱与共"的中国式政党伦理生态根本不同于西方以市场为原则、以金钱为动力、以

---

① 陈振川. 中西方政治现代化模式比较 [J]. 中共山西省委党校学报，2006（2）：67-69.

选票为导向的政党政治生态；中国共产党与各民主党派之间的执政党与参政党关系，充分彰显出中国特色社会主义民主政治格局从根本上有别于西方式两党或多党间的竞争争夺式的非此即彼的资本主义民主政治格局。中国特色社会主义政党政治强调民主的社会真实性和广泛代表性，是形式民主与内容民主的高度统一，也是过程民主与结果民主的有机结合。相比较而言，西方式政治现代化及其道德谋划，历史地生成了以资本论英雄的金元政治基础、以市场为原则的逐利政治生态，以及"非此即彼"的民主政治格局，其结果是抽象的形式的民主造就了现实的质料的不民主，抽象的形式的自由造就了现实的质料的不自由，抽象的形式的平等造就了现实的质料的不平等，抽象的形式的人权造就了现实的质料的非人权，抽象的形式的博爱造就了现实的质料的爱有差，等等。与此相反，中国特色社会主义民主政治中所强调的民主是实质民主，平等是享有政治权利与履行政治义务的平等，自由是法律底线与道德高线所构成的空间场域内的自由，团结友爱是 56 个民族之间互帮互助的大爱。中国式政治现代化是中国共产党带领全国人民在实践中所开创的符合中国国情的新型政治现代化，中国共产党作为执政党与各民主党派作为参政党在根本利益与奋斗目标上保持一致，发展出以人民利益为前提的"肝胆相照"和以实现中华民族伟大复兴"中国梦"为目标的"荣辱与共"的新型政党关系，走出了西方式政治现代化及其道德谋划"非此即彼"的二元对立以及由此而产生的政治困境与道德围囿。

一、党的领导与人民当家作主、依法治国的有机统一

坚持党的领导与人民当家作主、依法治国有机统一，巩固和完善我国基本的民主政治架构，是中国式政治现代化道路发展的必然要求，也是在新时代不断拓展人民当家作主制度的根本要求。由于不同民族、国家的政治发展以及同一国家政治发展的不同历史阶段都会面对不同的环境、条件、形势和任务，因而不同国家的政治现代化模式也会有所不同。西方国家是以自由主义为价值原则的现代化模式，中国则是以集体主义为价值导向的现代化模式。政治现代化的基本任务之一就在于保护个人的合法权利，促进社会的公共利益。个人权利与公共利益既有相互重叠一致的地方，又有相互矛盾冲突的地方，因此协调个人权利和公共利益是政治实践活动的一项重要内容。在个人权利与公共利益发生冲突时，西方国家在自由主义思想的影响下强调个人权利的优先性。与此相反，中国作为社会主义国家，人民是国家的主人，公共利益实质上就是广大人民群众的共同利益；同时，我国传统文化中的"天下为公""家国同构"等反映集体主义价值的爱国思想不断地影响和塑造着中国人民和中国社会独特的公

民道德意识与思想观念。因此，在两者发生相互冲突的情况下，中国社会历来倡导公共利益优先于个人利益。从本质上来看，西方国家所信奉的正义原则是以个人主义和自由主义为出发点和落脚点，主张正义的原则必须是绝对的和普遍的，个人的权利也是绝对的和普遍的，一个公正的社会必须遵循"不能为了普遍利益而牺牲个人权利"这一基本原则。中国自古以来就推崇集体主义价值原则，以社会公共利益也就是最广大人民群众的共同利益为出发点和落脚点。集体主义原则主张自我利益不能优先于社会公共利益，强调社会公共目的和价值优先于个人目的和价值。自古以来，中国社会倡扬善优先于正义，而不是正义优先于善。因为正义原则一般是用以规范个人平等选择的权利，属于权利的范畴。在这个意义上讲，善优先于正义就是强调善优先于权利。

西方社会因为推崇自由主义价值观念，导致国家的消极无为，内在预制了极其严重且无法逃避的国家治理风险。因为国家的消极无为，不可避免地导致公共秩序的混乱、贫富差距的悬殊、社会安全的缺乏、伦理道德的缺失等社会问题。当代中国所倡导的集体主义价值观念，强调对人权的尊重与保护，保障人民根本利益，增进社会公共福祉。中国式政治现代化是由我国社会主义制度的本质属性决定的，是社会主义制度在现当代中国具体实践的历史必然。我国社会主义制度正式确立后，中国式政治现代化道路的探索与实践经历了从"四个现代化"到推进"国家治理体系和治理能力的现代化"层级迭进的发展历程，走出了一条具有中国特色的社会主义政治现代化发展道路。"政治现代化是国家现代化的核心，国家治理现代化是中国政治现代化同义表达，是在扬弃西方治理理论的基础上实现的马克思主义理论的又一创新。"① 中国式政治现代化是党委领导、政府负责、社会协调与公众参与相统一的政治现代化，彰显出中国共产党治国理政的政治智慧，具有鲜明的中国特色。中国共产党领导的中国国家治理既不是一味地强化政府治理，也不是去国家化的纯粹社会治理，而是依据社会基本矛盾的不变与社会主要矛盾的变化这一基本的唯物史观立场而创制的高效治理策略。"党建国家"的政治逻辑贯穿国家治理能力与治理体系现代化建设的全过程，有效地避免了西方式政治现代化过程中的混乱无序和高耗低效，彰显出我国能够集中力量办大事的显著政治制度优势。

综括地讲，坚持党的领导与人民当家作主、依法治国的有机统一，这是中国式政治现代化发展的鲜明特色，根本区别于西方竞争性政党政治，具有显著

---

① 刘冰，布成良. 政治现代化的中国道路与国家治理的理念选择［J］. 当代世界社会主义问题，2016（4）：42-48.

的政治优势：一方面，它不仅能够在政治方向、路线、方针与政策方面始终保持一致，最大程度地发挥集中力量办大事的制度优势，同时又能有效地规避集体主义原则过分强调善优先于权利的潜在治理风险；另一方面，它有助于提高中国共产党的依法执政、科学执政、民主执政的能力和水平，增强各民主党派自觉地站在人民的立场上开展政治协商、民主监督、参政议政的政治意识，充分调动全体社会公民有序参与政治的积极性和主动性，实现国家利益与个人利益的有机统一。中国式政治现代化强调中国共产党的统一集中领导，在这一根本政治前提下深入推进多党合作，不断丰富政治协商、民主监督、参政议政的形式与内容，致力于提高执政党的执政水平与参政党的参政能力，将维护并发展广大人民的根本利益作为多党合作的根本宗旨，以实现中华民族伟大复兴的中国梦为共同目标，以"寻求最大公约数、画出最大同心圆"为多党合作的价值取向，打破了西方式政治现代化进程中执政党与在野党之间的选举式竞争角逐所获致的投票式的形式民主，规避了西方民主国家在政策决策前与实施过程中的相互推诿责任、政策的制定与执行是为特定利益集团谋利服务以及由此获致的政府治理高耗低效等治理陷阱与伦理困境。

二、执政党与参政党的合作共赢拒斥党际斗争与推诿

中国式政治现代化不同于西方式政治现代化的地方在于政党间的角色定位与功能导向不同，即中国的政党分为执政党与参政党，合作共赢是多党合作间功能发挥的价值导向；西方的政党分为执政党与在野党，相互竞争机制下的轮流执政导致政策制定与执行间的"朝令夕改"和对于公共事务的相互推诿扯皮。中国式政治现代化的多党合作是以维护并发展广大人民根本利益为宗旨，西方式政治现代化的多党竞选是以争夺议会席位与执政地位为目的，它是代表少数人的利益集团为占据有利政治地位以谋取集团利益的政治代言工具。从实质上看，前者的国体是人民民主专政，代表的是广大人民的根本利益；后者的国体是资产阶级专政，代表的是资产阶级的根本利益，历史地生成了以资本论英雄的金元政治基础，资本逐利的市场原则在西方国家的政治领域里被广泛应用和推崇。中国共产党的执政与各民主党派的参政，都是紧扣"为国家谋富强，为民族谋复兴，为人民谋幸福"的中国梦这一主题来展开，在通力合作过程中坚持四项基本原则，坚持改革开放，使多党合作不断向纵深方向发展。运用系统思维来整合多党合作的内容、结构与方法，最大程度地发挥多党合作在国家建设与治理过程中的高效作用。具体而言，在中国式政治现代化进程中，中国共产党作为执政党要擘画未来、总揽大局、协调各方。也就是说，中国共产党在

推进经济建设、政治建设、文化建设、社会建设和生态文明建设等"五位一体"总布局的过程中要始终把好社会主义的发展方向，确保基本制度的社会主义性质，毫不动摇地作为工人阶级和中华民族的先锋队走在时代的最前列，时刻发挥好掌舵定方向的核心领导作用，用好由广大人民所赋予的执政权力，始终坚持权为民所用、情为民所系、利为民所谋的执政理念，始终坚持"以人民为中心"的发展理念，在中国式政治现代化发展过程中履好职、尽好责。

中国共产党与各民主党派的多党合作属于整合型的"一元主导、多元共存"的民主政治模式，有别于西方国家复合型的多元民主政治模式。"复合型多元民主政治主要是指通常意义上的资产阶级多元民主政治模式，但又不尽一样。"① 在西方政治理论中，多元民主政治中的"多元"强调主体的多元性，虽然反映出资产阶级民主政治模式中的多主体性特征，但却忽视了多元政治主体间的互动关系，具有明显的理论和现实局限性。复合型多元民主政治模式虽然也能体现出多元主体间的互动关系，但需注意的是，此种模式下的多元主体是未经有效整合的广泛代表性民主，更多强调的是民主的形式即形式民主，而实质的民主内容则被遗忘甚至遭到形式民主的否定。西方的复合型多元民主政治模式只注重投票、选举过程中的形式民主，这就给以资本为主导的贿选留下了操作空间，也为代表特定利益集团的政策制定、执行及其丧失公正、民主与平等的恶果埋下了伏笔。中国所实行的整合型一元民主、多元共存的政治模式不同于一元民主政治模式的关键就在于"一元"是经过多元整合的"一元"，这种政治模式体现出中国式政治现代化进程中的民主与集中"两个基本面"，它是民主基础上的集中和集中指导下的民主的有机统一。整合型一元民主以"整合"为前提，在此基础上的一元民主是社会民意的集中体现，反映出的民主是人民的民主，人民当家作主是中国式政治现代化及其道德譬画的实质内容，是对民主的真实性与有效性的充分彰显。相比较而言，中国整合型的一元民主政治模式是对西方复合型的多元民主政治模式的超越，是在借鉴西方多元民主政治的合理因素基础上发展出的人类新型民主政治模式，后者是对前者的扬弃，具有西方复合型多元民主政治模式所不可比拟的优越性和真实性，是一种更高层级且又符合我国基本国情的民主政治模式。

西方式政治现代化的基础是以资本论英雄的金元政治，其政治生态呈现为以市场为原则的逐利政治生态，以及由此所构成的"非此即彼"的民主政治格局，反映出复合型多元民主政治模式的资本操纵性特征。现代西方政治制度中

---

① 陈振川. 中西方政治现代化模式比较 [J]. 中共山西省委党校学报，2006（2）：67-69.

的"自由"实质上是一种不平等的少数人的自由，即属于特定利益集团中的资本家的自由，弱势阶级中的贫民并不享有自由。在以美国为典型代表的西方国家，社会强势阶级、阶层或利益集团往往采取扩大民主要求的形式来应付社会底层弱势阶级或阶层要求实质平等的呼声，强势阶级在扩大民主形式的基础上会通过各种手段来压缩是实质民主的内容。也就是说，在西方复合型多元民主政治模式下，较多的民主形式意味着较少的民主实质。复合型多元民主政治实质上是占有社会优势资源的特定利益集团所享有的少数人的非独裁政治，这种金元政治并非真正的民主政治，它是以扩大民主的形式来遮蔽甚至剥夺民主的实质内容，掌握优势资源的社会上层资产阶级通过其手中的资源向广大无产阶级或社会弱势群体灌输其特有的政治理论和意识形态思想内容，目的在于使多数的民众成为其盲目的跟随者以巩固既得利益、维持其在社会中的统治地位。民主的真实有效性与民主的形式多样性之间的矛盾已日益扩大为足以使西方民主政治模式灭亡的潜在的文化基因。西方复合型多元民主政治模式排斥社会结构的变革，强调具有明显保守性的改良倾向，这会继续固化政治上不平等的稳定性。同时，西方国家的利益集团在多元政治制度下的政治行为具有短视性特征，常常做出为了眼前既得的个人或利益集团的利益而损害或放弃长远而广泛的社会整体利益。这种政治行为所导致的资本逐利性政治生态又孕育出一种畸形的政治伦理文化，即对社会公共利益的普遍不关心，对于公共政策的制定因各利益集团所占有资源的不平等而造成公共政策的偏差与执行中的相互推诿。与此相反，中国所实行的整合型一元民主政治模式是以人民为中心，自觉站在广大人民的立场上，以为中国人民谋幸福、为中华民族谋复兴为价值导向。中国的民主是人民民主，人民当家作主是中国民主的实质和核心。中国共产党处于执政的一元主导地位，各民主党派处于参政议政、政治协商的多元共存地位，二者均写进宪法并且受到宪法和法律的承认与保护。在政治实践过程中，各民主党派自觉接受中国共产党的政治领导，坚持马克思主义政党理论，广泛且深入地参与国家政治生活，对于社会公共事务的制定与执行平等充分地表达意见和建议，致力于提高决策的科学性和民主性，广泛反映人民心声，切实代表人民参政议政，与中国共产党一同致力于中华民族伟大复兴的光荣事业。概而言之，中国共产党的执政地位是历史和人民的选择，各民主党派的参政地位是发展整合型一元民主政治的必然结果，是提高执政党科学执政、民主执政与依法执政的重要补充力量。中国共产党领导的多党合作制为整合型一元民主政治的发展营造健康的政党政治生态，正是在中国式的多党合作、政治协商制度下，中国共产党与各民主党派的通力合作促成了长期向好的共赢局面。

三、一元主导与多元共存规避"非此即彼"的道德囿围

中国式政治现代化坚持走社会主义民主政治道路，中国共产党是领导核心。中国的政党政治以中国共产党的领导为根本政治前提。中国共产党领导的多党合作制是一元主导与多元共存的具有中国特色的政党政治，有效地规避了西方式政治现代化"非此即彼"的政治囿围，发挥出多党合作的政治合力，共同推进社会主义现代化建设事业的健康发展，使拥有十四亿多人口的中国不断走向世界舞台的中央，进一步彰显中国的道路自信、理论自信、制度自信与文化自信。中国在政治现代化的发展进程中，立足基本国情，始终坚持走自己的路，发展出具有中国特色的民主政治制度，这是国家健康发展的必然要求。中国共产党领导的多党合作制度是我国的重要政治制度，是中国人民在革命、建设与改革发展过程中持续摸索并不断总结经验与教训的重要政党政治成果。在当代中国的政党政治生活中，"一元主导"就是坚持中国共产党的领导，主要是政治领导，这是确保中国特色社会主义坚持正确政治方向与把握政治大局的必然要求，符合我国民主政治发展的历史与实践逻辑。

从近现代政治发展史来看，政党政治已成为国家政治的主流形式。在世界政党发展潮流中，西方国家政党政治的主流形式和一般形态呈现为：政党以执掌政权为目的，各政党代表不同的社会群体利益而展开激烈的竞争，导致政治上的相互对抗。以美国为代表的两党制造成社会激烈的竞争与对抗，否认政党间的妥协与合作，进而产生相互否决对方的国家社会政策的政治僵局。美国的民主党和共和党之间的冲突矛盾造成其国内的族群严重对立，社会内部的分裂现象日益加剧。近年来，美国的枪支暴力、种族歧视、否决政治等事件频发，导致政府出台的系列政策低效、社会治理混乱、民众安全感不断降低的消极后果。客观来看，历史上美国的民主发展有其进步性，其实行的两党制、代议制、三权分立等是对欧洲封建专制的否定和革新；然而，现如今的美国民主制度逐渐异化，尤其是其政党制度愈发背离民主制度设计的初衷和内核，民主制度的功能开始衰退，政党对立、金元政治、身份政治、政治极化、种族冲突、贫富分化等问题日益严峻，成为国家经济发展的一大阻碍因素。以美国为代表的两党制，其所遵循的民主程序否定了民主实质内容。在多党制国家中，其政党数目日益增加，有的国家的政党数目已达 100 个以上。西方国家的两党制与多党制的显著特点在于政党之间的相互竞争与对抗冲突，这是世界政党政治文明发展的一般形态，为许多欠发达的发展中国家所效仿。然而，实践早已证明，欠发达国家和发展中国家直接照搬西方政党政治模式不可能取得成功，竞争对抗

的激化与妥协合作的弱化乃至抛弃是西方政党政治日益走向衰败的内因所在。

　　一个国家的良好政党政治生态有利于保持并把握好政党间竞争与合作的张力，相互包容是其政党间开展合作共赢的重要政治伦理品质。"有别于西方竞争型政党制度下利益代表的局限性，建立在以社会主义公有制为主体、多种所有制共同发展经济基础之上的新型政党制度，是与社会主义劳动者之间根本利益的一致性和具体利益的多元性特征相契合的政党制度。"① 中国的新型政党制度是以中国共产党的领导为政治前提，以此为前提，多党合作和政治协商制度就具备了良好的合作政治基础和政党伦理生态。作为我国的一项基本政治制度，中国共产党领导的多党合作和政治协商制度根本不同于西方国家的两党制与多党制，它不是金元政治，不以资本逐利为政治原则。我国的政党制度是从中国的文化和社会土壤中生长出来的，代表中国广大人民的根本利益，是中国共产党、中国人民和各民主党派、无党派爱国人士共同推进的伟大政治创造，创造出一种人类政治文明新形态。中国的新型政党制度具有很强的包容性，具体体现在以下六个方面：一是代表多样社会基础和不同群体的各政党长期共存，在国家发展方向上与中国共产党保持高度一致，具有共同的奋斗目标即为中国人民谋幸福、为中华民族谋复兴，构成凝聚共识的社会政治基础；二是通过中国共产党领导的多党合作和政治协商制度的顶层设计，为各民主党派的利益表达提供有序且畅通的制度保障；三是执政党与参政党可通过民主协商表达不同意见和建议，从而形成政治共识，为国家和社会的发展提供正确的政治方向，发挥好政治引领作用；四是中国共产党与各民主党派正视并承认彼此的差异，采用政治协商与通力合作的方式达成求同存异；五是中国共产党作为执政党居于政治主导和领导地位，各民主党派以参政党的身份来参政议政，享有法律赋予的合法地位；六是作为参政党，各民主党派自觉接受中国共产党的领导，并对其进行民主监督。概言之，"长期共存、互相监督、肝胆相照、荣辱与共"十六字方针深刻地诠释了中国共产党与各民主党派间历史生成的新型政党关系，中国共产党领导的多党合作和政治协商制度作为政治文明新形态，它具有显著的包容性特征，是中国新型政党政治求同存异的核心价值理念的充分彰显。

　　"包容性是政治文明的核心，也是政党政治的灵魂。"② 这种包容性表明中国共产党领导的多党合作与政治协商制度的精神内核，即一元主导与多元共存

---

　　①　方雷，崔哲．政治过程视角下中国新型政党制度的治理效能［J］．南京师大学报（社会科学版），2021（3）：83-91.

　　②　周淑真．中国共产党与政治文明新形态［J］．人民论坛·学术前沿，2022（6）：4-11，71.

的政党伦理生态。一个健康的政党伦理生态绝不是一党专政，不是专制独裁的一党制，也不是多党竞争与推诿对抗的多党制或两党制，而是在坚持一党主导与领导的基础上承认其他各民主党派的合法政治地位，并作为参政党依法定程序参政议政，执政党与参政党长期共存、互相监督、肝胆相照、荣辱与共。中国的政党政治以中国共产党的领导为核心。中国共产党自身的先进性决定了其强大的政治生命力，作为中国政党政治的领导力量发挥着总揽全局、协调各方的关键作用，把握着国家和民族的发展方向。回顾历史，不忘来时路。在中国新民主主义革命时期，国民党实行一党训政制度，不择手段地企图消灭其他政党，不仅无法统筹兼顾社会各阶级、各阶层人士的合法利益，而且给国家和民族带来了巨大的政治灾难。中国共产党认真吸取历史经验教训，在政治实践的不断摸索与斗争过程中，提出建立广泛的爱国统一战线的方针政策，团结带领全国各族人民夺取了抗日战争和解放战争的伟大胜利，使中国人民和中华民族从此屹立于世界民族之林。新中国成立后，中国共产党与各民主党派、无党派爱国人士继续保持亲密政治关系，并最终确立中国共产党领导的多党合作与政治协商制度这一新型政党制度，为中国人民实现从站起来、富起来到强起来的历史性飞跃提供基本的政治制度保障。新型政党制度的核心在于中国共产党的领导，基础在于多党合作和政治协商。当代中国国民经济和社会发展的伟大历史性成就充分凸显这一新型政党制度的优越性，并作为中国人民的伟大政治创造日益受到世界各国人民的广泛关注。中国式政治现代化的核心内容是中国特色社会主义政党政治，中国共产党作为社会主义政党政治发展的领导核心，以自强不息的奋斗精神和自我革命的勇气与决心深刻地改变了世界历史发展趋势和政治格局，创造了人类文明新形态。包容性是政治文明的核心和政党政治的灵魂。世界各国政党政治的运行质量综合影响着世界政治文明的发展方向与历史进程，中国新型政党制度的价值包容性，不仅充分体现在作为执政党的中国共产党与作为参政党的各民主党派之间的长期共存与求同存异的政党政治实践中，也为欠发达国家和广大发展中国家的民主政治建设提供成功且有效的经验借鉴。

中国式政治现代化是在充分借鉴国际民主政治建设成功经验的基础上，坚持走自己的路，发展出独具特色的新型民主政治制度。一元主导与多元共存的社会主义政党政治有力地打破了西方的两党制与多党制的政党政治格局。激烈的竞争与无休止的对抗是西方国家政党政治发展的常态，由此构成极化的"非此即彼"式的民主政治格局。二元对立的政治格局必然造成徒有虚"民"的政治后果，民主的实质内容几乎被掏空殆尽，其结果就是抽象的形式的民主造就了现实的质料的不民主。以美国为代表的资产阶级国家以一人一票的形式民主掩盖特权阶层，以政治操纵为手段来夺取广大民众利益的黑暗事实；抽象的形式的自由造就了现实的质料的不自由，抽象的形式的平等造就了现实的质料的不平等，抽象的形式的人权造就了现实的质料的非人权，抽象的形式的博爱造就了现实的质料的爱有差等。作为西方民主政治的典型代表，美国近年来种族歧视问题愈发严重，种族矛盾冲突日益尖锐化，充分暴露出美国在世界舞台上所宣称甚至竭力标榜的平等、自由、博爱和人权只不过是意识形态说辞，未能在政治实践中得到真正的贯彻落实。与此相反，中国式政治现代化发展旨在增进人民福祉，从政治制度上保障人民当家作主的政治权益，不断提高民众的参政水平与参政能力，积极发展面向共同富裕的社会主义民主政治。中国共产党领导的多党合作与政治协商制度为发展社会主义协商民主提供了有力的制度保障。究其实质，社会主义协商民主是在更广泛的社会层面开辟了人民持续参与国家治理并有效监督国家权力的生动政治实践，对进一步开辟中国民主政治发展的新境界具有深远的不可或缺的政治意义，它的政治地位与作用在中国政治生活中是显著且真实的。换言之，中国政治现代化以一元主导与多元共存的政党政治为核心，具有西方两党制或多党制所不可比拟的优越性和先进性，走出了"非此即彼"的西方民主政治格局的怪圈，作为一种政治文明新形态焕发出强劲的政治生命力，为广大后发展型国家的政治现代化发展提供了新的借鉴和参考。

现代民主政治不是杂乱无章的无政府主义，而是在一定制度支撑和规范下民众广泛参与的国家政治行为。一元主导与多元共存的政党政治是中国特色社会主义民主政治发展的核心内容，坚持中国共产党的领导是发展社会主义民主政治的根本政治前提。"党政军民学，东西南北中，党是领导一切的"是保证中国共产党的一元主导地位的必然要求。中国共产党的全面领导是保证正确政治方向、发挥总揽全局与协调各方作用的根本所在。中国共产党"一元主导"的政治核心地位是中国人民在长期的革命、建设与改革的伟大实践中所做出的历史选择。中国共产党的本质属性是马克思主义执政党，马克思主义政党理论作为中国式政治现代化的根本指导理论，为中国共产党的政治实践提供正确的政治方向引领与先进的政党建设智慧。马克思主义理论的科学性与真理性、中国共产党自身的先进性与自我革命性，使得中国共产党能够在长期执政过程中始终保持与时俱进的精神状态并充分发挥领导核心作用。国家治理体系与治理能力的现代化，其中最为关键的是政治现代化；国家治理现代化的核心内容是制度的有效安排即制度的制定、优化、定型和完善。制度的有效性安排即顶层设计或擘画是政治现代化的基础性和前提性工作，政治制度的定型和优化完善是国家治理现代化的关键环节。中国共产党领导的多党合作和政治协商制度的坚持、发展和完善则是中国式政治现代化建设的重中之重，究其原因就在于，当今世界政治现代化的核心是政党政治的现代化。我国的国家治理现代化离不开政治协商与民主监督的政党政治的强有力支持。中国共产党与各民主党派在长期的政治合作实践中形成了"长期共存、相互监督、肝胆相照、荣辱与共"的政党政治格局与政党伦理生态，具有显著的公共性与包容性特征。团结合作、共谋发展构成中国共产党与各民主党派的新型政党关系内涵，这种新型政党关系是一元性核心与多元性结构的统一。正如前文所说，中国共产党领导下的社会主义协商民主是形式民主与实质民主的统一，是过程民主与结果民主的统一。政治协商与民主监督并重的社会主义政党政治是对人民政治权益的充分保护。

中国特色社会主义政党政治不同于西方国家的资本主义政党政治。就其性质而言，不同于西方政党的不同利益代言关系，中国共产党与各民主党派是在民族国家整体利益基础上，以人民利益为前提的"肝胆相照"；就其关系而言，不同于西方政党的博弈关系，中国的政党关系是在中国共产党的领导下有着共同目标即以实现中华民族伟大复兴的中国梦为其奋斗目标的"荣辱与共"；就其价值取向而言，不同于西方政党的各自为营，中国共产党与各民主党派以"寻求最大公约数、画出最大同心圆"为通力合作的"肝胆相照"。可以说，中国特色社会主义政党政治是在长期的政治实践中历史地生成了肝胆相照、荣辱与共的政党伦理生态。当前，西方国家通过宣扬其所谓的民主、平等、自由、人权等意识形态霸权思想，试图消解我国民众对于马克思主义和社会主义的信仰、信念和信心，试图干扰和破坏我国社会主义民主政治的健康发展。面对西方发达资本主义国家的意识形态霸权，我们必须坚持中国共产党的领导，坚持党的领导与人民当家作主、依法治国的有机统一，是铸牢社会主义意识形态安全防线、巩固社会主义民主政治成果的必然要求。中国共产党作为执政党与各民主党派作为参政党以合作共赢为目的，根本拒斥西方竞争性政党间的相互扯皮，在政党合作中实现双赢，突破西方僵化的政治思维模式与固有的政治伦理囿围。一元主导与多元共存彰显出具有中国特色的政党政治话语，为提升中国特色社会主义政党政治在世界政党政治中的影响力提供价值支持，为世界上的其他后发展型国家走出西方"非此即彼"的民主政治格局提供了中国方案和中国智慧。

第三章

"人民至上、共建共享"的政治价值原则

中国式政治现代化及其道德擘画突出表征为"人民至上、共建共享"的政治伦理原则，走出西方式政治现代化及其道德谋划"金钱至上"的政治囿围。"江山就是人民，人民就是江山"既是中国共产党人百年奋斗的伦理精神的根本写照，也是中国共产党领导下的百年中国式政治现代化及其道德擘画的核心动力。"江山就是人民"，中国共产党从成立的那一天起就以"为中国人民谋幸福，为中华民族谋复兴"为初心使命，始终坚持"立党为公、执政为民"，打江山、守江山都是为了人民；"人民就是江山"，古往今来，得民心者得天下，顺民心者治天下；中国共产党打江山依靠的是人民，守江山更是依靠人民。人民至上是中国共产党领导的中国式政治现代化及其道德擘画的价值原点。中国式政治现代化及其道德擘画始终把最广大人民群众的根本利益放在首位；始终坚持全心全意为人民服务的最高宗旨；始终坚持"权为民所用，情为民所系，利为民所谋"；始终把人民群众对美好生活的向往作为党和国家各项事业的奋斗目标。"一切为了群众，一切依靠群众，从群众中来，到群众中去"的群众路线是中国共产党最根本的工作方法和领导方法。以人民为中心是中国式政治现代化及其道德擘画的根本出发点和落脚点。一方面，中国共产党团结和带领全国各族人民共同建设社会主义现代化；另一方面，社会主义现代化的建设成果又为全体人民共同享有，在共建共享中探索出一条中国式政治现代化及其道德擘画的"共同富裕"道路。共同富裕是中国式政治现代化的发展动力与本质特征，是中国式政治现代化及其道德擘画的价值旨归。在深刻总结社会主义建设经验和教训的基础上，中国共产党人对社会主义本质的认识不断深化，提出"共同富裕是社会主义的本质特征"。邓小平曾多次强调："社会主义最大的优越性就是共同富裕，这是体现社会主义本质的一个东西。"[①] 1992 年邓小平南方谈话时明确指出："社会主义的本质，是解放生产力，发展生产力，消灭剥削，消除两极分

---

① 邓小平. 邓小平文选：第三卷 [M]. 北京：人民出版社，1993：364.

化，最终达到共同富裕。"① 江泽民进一步强调："实现共同富裕是社会主义的根本原则和本质特征，绝不能动摇。"② 胡锦涛特别指出："使全体人民共享改革发展成果，使全体人民朝着共同富裕的方向稳步前进。"③ 中国特色社会主义进入新时代，开启了创造美好生活、逐步实现全体人民共同富裕的新征程。习近平总书记反复强调，"共同富裕是中国特色社会主义的根本原则""我们推动经济社会发展，归根结底是要实现全体人民共同富裕"。④ 共同富裕思想充分体现了社会主义生产力和生产关系的统一、根本任务和根本目的的统一、物质基础和社会关系的统一，从根本上破除了罗尔斯所悬设的西方式政治现代化及其道德谋划之"无知之幕"的制度虚设、"原初状态"的抽象假设、"自由、平等、博爱"的虚假面纱以及公平、正义、人权的价值虚掷。

第一节 人民至上：中国式政治现代化的伦理原点

人民至上是中国共产党始终坚守的价值原则，是中国共产党百年辉煌的制胜法宝，也是推进中国式政治现代化的伦理原点。所谓人民至上，就是把人民放在心中最高位置，把人民的利益放在首位，充分尊重人民主体地位，全心全意为人民服务，涵盖人民生命至上、人民地位至上、人民权力至上、人民利益至上和人民标准至上等方面的内容，高度评价人民的地位、作用以及对待人民的标准，强调的是在任何时候、任何情况下都要做到根植人民、尊重人民、依靠人民和造福人民。因而，人民至上可以说是中国共产党领导的中国式政治现代化及其道德擘画的价值原点，具有深厚的伦理思想渊源，蕴含丰富的时代伦理表达和深刻的伦理精神内核。

一、中国式政治现代化"人民至上"的伦理思想渊源

任何一个政治理念或价值原则的出场绝非凭空产生，往往都是实践与理论、历史与现实、传统与现代相互交织、相互碰撞的产物，通常具有严密的理论逻辑、深厚的文化底蕴、厚重的历史积淀以及鲜明的现实需求。从产生的理论渊

---

① 邓小平. 邓小平文选：第三卷 [M]. 北京：人民出版社，1993：373.
② 江泽民. 江泽民文选：第二卷 [M]. 北京：人民出版社，2006：17.
③ 胡锦涛. 胡锦涛文选：第二卷 [M]. 北京：人民出版社，2016：291.
④ 十八大报告文件起草组：中国共产党第十八次全国代表大会文件汇编 [M]. 北京：人民出版社，2012：14.

源来看，人民至上的价值原则既是对马克思主义"人民主体理论"的传承、发展与创新，也是对中华优秀传统文化"民本思想"的持守、革故与鼎新，更是对中国共产党不同时期人民群众观的守正、创造与更新。

1. 人民至上发端于马克思主义的人民主体思想

马克思主义是科学的理论、实践的理论、开放的理论，更是人民的理论。马克思主义人民主体思想涵盖人民群众是实践主体、动力主体和价值主体等思想观点和价值理念，这些观点和理念正是以人民至上为逻辑起点和价值归宿，旨在探求人类社会发展之规律和人类自由解放之道路，以此推动人类社会的全面进步和实现人的自由发展。简而言之，马克思主义的人民主体思想是人民至上理念的立论之基和思想之源，人民至上的价值理念则内生性地体现了历史唯物主义的人民性价值立场，彰显了马克思主义与生俱来的人民性精神特质。

人民至上发端于马克思主义的人民群众实践主体观。唯物史观是马克思最伟大的两大发现之一，在马克思主义唯物史观产生之前的一切历史观都是唯心史观，认为精神是世界的本源，否定人民群众在历史发展中的主体作用，把整个人类社会的历史视为一部精神发展史。19世纪40年代，马克思以新的世界观为哲学基础，以现实的人为逻辑起点，深刻地批判了黑格尔派、法国空想派的唯心史观和费尔巴哈的人本主义错误思想，明确指出："物质生活的生产方式制约着整个社会生活、政治生活和精神生活的过程。不是人们的意识决定人们的存在，相反，是人们的存在决定人们的意识。"① 在确立社会存在决定社会意识的基础上，马克思进一步指出："思想本身根本不能实现什么东西。思想要得到实现，就要有使用实践力量的人。"② 充分肯定了人民群众是社会实践的基础和历史发展的前提，思想和意识只不过是人类实践的产物。同时，马克思还明确指出："历史活动是群众的活动，随着历史活动的深入，必将是群众队伍的扩大。"③ 科学地揭示了整个人类历史的活动不过是广大人民群众的活动，明确了人民群众在历史变迁和社会进步中的主体作用。

人民至上发端于马克思主义的人民群众动力主体观。动力主体观是现实主体观的延伸和拓展。马克思主义的群众史观立足于现实的人及其本质，从整体

① 中共中央马克思恩格斯列宁斯大林著作编译局. 马克思恩格斯选集：第2卷［M］. 北京：人民出版社，2012：2.

② 中共中央马克思恩格斯列宁斯大林著作编译局. 马克思恩格斯文集：第1卷［M］. 北京：人民出版社，2009：285.

③ 中共中央马克思恩格斯列宁斯大林著作编译局. 马克思恩格斯文集：第1卷［M］. 北京：人民出版社，2009：287.

的社会历史进程、社会历史发展必然性以及人与历史关系的不同层面探究谁是历史的政治创造者，得出了"人民自己创造自己的历史"① 的科学论断，发现了人民群众才是历史的真正创造者。马克思还以市民社会为基础，全面考察了生产力与生产关系的矛盾运动及其规律、经济基础与上层建筑的矛盾运动及其规律，进而指出人民群众不仅创造了社会的物质财富，还创造了社会的精神财富，是社会变革和历史进步的决定力量。因为即便生产力得到显著提升，生产关系的变革、政治制度的变迁、社会形态的更替也不会自发实现，必须借助广大人民群众的磅礴力量。正如马克思所强调的那样："如果要去探究那些隐藏在——自觉地或不自觉地，而且往往是不自觉——历史人物的动机背后并且构成历史的真正的最后动力的动力，那么问题涉及的，与其说是个别人物，即使是非常杰出的人物的动机，不如说是广大群众、整个的民族，并且在每个民族中间又是整个阶级行动起来的动机。"② 由此可见，广大人民群众的主观需求与动机是社会发展的最后动力中的原始动力，人们的实践活动则构成社会发展的根本动力，具有主观能动性和自主选择性的人民群众正是历史发展和社会进步的动力主体。

人民至上发端于马克思主义的人民群众价值主体观。马克思之所以被全世界无产阶级和劳动人民尊称为革命导师，受到世界各国各民族人民的尊敬和爱戴，正是因为马克思在青年时期就选择了最能为全人类而奋斗的高尚职业，并终其一生初心不改、矢志不渝，始终为人类的解放和自由发展而不懈奋斗，最终创立了闪耀真理光芒、犹如壮丽日出的科学真理——马克思主义。马克思主义第一次站在人民群众的立场上，探求历史发展规律和人类自身解放运动，通过消灭剥削、消灭压迫，把人从异化劳动中拯救出来，最终建立没有剥削、没有压迫、人人自由、人人平等的共产主义，从而实现人的自由全面发展。在《共产党宣言》中，马克思和恩格斯指出："过去的一切运动都是少数人的或者为少数人谋利益的运动。无产阶级的运动是绝大多数人的、为绝大多数人谋利益的独立的运动。"③ 马克思和恩格斯还设想未来共产主义的社会前景："代替那存在着阶级和阶级对立的资产阶级旧社会，将是这样一个联合体，在那里，

---

① 中共中央马克思恩格斯列宁斯大林著作编译局. 马克思恩格斯选集：第1卷［M］. 北京：人民出版社，2012：669.

② 中共中央马克思恩格斯列宁斯大林著作编译局. 马克思恩格斯选集：第4卷［M］. 北京：人民出版社，2012：255.

③ 中共中央马克思恩格斯列宁斯大林著作编译局. 马克思恩格斯选集：第1卷［M］. 北京：人民出版社，2012：411.

每个人的自由发展是一切人的自由发展的条件。"① 在生产力高度发达、生活资料极其丰富的共产主义社会中，人们可以摆脱工作的固化，从事自己感兴趣的社会活动，"上午打猎，下午捕鱼，傍晚从事畜牧，晚饭后从事批判"②。这样一来，就能最大限度地实现自由全面发展。职之是故，马克思主义的整个学说自始至终都彰显着"人是目的"的深层价值意蕴，体现出人民群众才是人类历史发展和社会进步永恒不变的价值主体。

综括地讲，马克思主义的人民主体理论分别从人类社会发展的实践、动力和目的等三个方面确立了人民群众的主体地位，为人民至上理念的萌生提供了丰沛的理论之源。中国共产党在推进中国式政治现代化的历史进程中，把马克思主义人民主体理论的基本原理与中国革命、建设、改革和发展不同历史时期的具体实际相结合，创造性地提出了"坚持人民当家作主""坚持人民主体地位""坚持一切为了人民""坚持以人民为中心"等一系列具有时代内涵的崭新论点，进一步丰富和发展了马克思主义人民主体理论的实践主体观、动力主体观和价值主体观。从这个意义上讲，人民至上的价值理念正是发端于中国共产党对于马克思主义人民主体理论的传承、发展与创新。

2. 人民至上厚植于中华优秀传统文化的民本思想

中华文明为何能够成为人类历史上唯一连绵不绝、从未中断的文明形态？一方面离不开中华民族勤勉自强、生生不息的伟大的创造和实践，另一方面也离不开中华传统文化内蕴的贵仁尚义、与时偕行等优秀文化基因。民本思想作为中华优秀传统文化的重要组成部分，闪耀着古圣先贤的微言精义，凝聚着鸿儒硕学的思想精华，既为中华民族存续发展和日新月异提供着丰厚的精神滋养，也为实现中华民族伟大复兴和中国式政治现代化建设厚植了肥沃的文化土壤。中国传统民本思想最初萌生于商周，在历朝历代的更迭中始终保持着生生不息的赓续与发展，最终形成了较为完备的民本思想体系。一言蔽之，蕴含着丰富的尚民贵民、为民爱民、利民富民等价值观念的民本思想体系，为人民至上的价值理念的出场提供了厚实的文化土壤。

人民至上厚植于中华优秀传统文化的尚民贵民思想。早在西周初期，周王室统治者在反思和吸取殷商灭亡的历史教训时，略微窥察到黎民百姓在王朝更

① 中共中央马克思恩格斯列宁斯大林著作编译局. 马克思恩格斯选集：第 1 卷［M］. 北京：人民出版社，2012：422.

② 中共中央马克思恩格斯列宁斯大林著作编译局. 马克思恩格斯选集：第 1 卷［M］. 北京：人民出版社，2012：165.

替中的强大力量，初步提出了"敬天保民"的教化思想，标志着中国文化由"神本"向"民本"、由"尚鬼"向"尚民"的嬗变。春秋战国时期，孟子从民众、社稷、君王等三维渐次的视角构建了"尚民贵民"的思想，率先提倡和主张"民为贵、社稷次之、君为轻"①，强调"民众"在国家秩序和社会治理中的重要地位。汉唐时期以降，尚民贵民的民本思想得到进一步地赓续与发展，提出了像"民惟邦本，本固邦宁"②"夫民者，万世之本也"③"为国者以民为基"④"水能载舟，亦能覆舟"⑤等大量普通民众都耳熟能详的至理名言，诠释了中华优秀传统文化以民为本、重视民众的尚民贵民思想。

人民至上厚植于中华优秀传统文化的为民爱民思想。在确立民惟邦本、黎元为先的尚民贵民思想根基之上，民本思想体系在方式方法层面进而延展出为民立命、爱民如身的为民爱民思想。为民爱民首先体现在体察民意、顺应民心方面，只有与百姓一体同心、息息相通才能节用爱民、政通人和。早在春秋时期，老子在《道德经》中就倡言"圣人无常心，以百姓心为心"，管子在《管子·牧民》中也主张"政之所兴在顺民心，政之所废在逆民心"。以此为基，战国时期荀子在《荀子·大略》中明确提出了为民思想，指出"天之生民，非为君也；天之立君，以为民也"。北宋时期，张载进一步升华了为民思想，用更为精彩、更为深刻的"横渠四句"陈述求学为政的终极目标要为黎民百姓安身立命、开创太平，即"为天地立心，为生民立命，为往圣继绝学，为万世开太平"⑥。在整个中华民族的民本思想体系中，爱民思想最是蔚为壮观，如"亲亲而仁民、仁民而爱物"⑦"德莫高于爱民，行莫厚于乐民"⑧"善为国者，爱民如父母之爱子，兄之爱弟"⑨等。如此这般的金石之言都明确地表达出为官当政者需要发政施仁、勤政爱民。

人民至上厚植于中华优秀传统文化的利民富民思想。在明晰为民立命、爱民如身的为民爱民思想基础上，民本思想体系在目的归宿方面进而拓展出治国必先富民、为民兴利的利民富民思想。利民富民是国计民生之根本，也是济世

① ［战国］孟子. 孟子选注［M］. 桂林：漓江出版社，2014：175.
② 李民，王健. 尚书译注［M］. 上海：上海古籍出版社，2004：93.
③ ［汉］贾谊. 新书校注·大政上［M］. 北京：中华书局，2000：341.
④ 方北辰. 三国志全本译注：第1分册［M］. 西安：陕西人民出版社，2011：754.
⑤ 苏士梅. 贞观政要［M］. 开封：河南大学出版社，2016：54.
⑥ ［宋］张载. 张载集［M］. 章锡琛，点校. 北京：中华书局，1978：320.
⑦ ［战国］孟子. 孟子［M］. 哈尔滨：北方文艺出版社，2018：205.
⑧ 徐文翔. 晏子春秋［M］. 长沙：岳麓书社，2019：189.
⑨ ［汉］刘向. 说苑·政理［M］. 北京：中华书局，2019：326.

安民之旨归，只有关注民生、惠民富民，国家才能本固邦宁，经济才能繁荣昌盛，社会才能长治久安。管子明确指出"善为民除害兴利，故天下之民归之""凡治国之道，必先富民，民富则易治也"①，阐明治国安邦、承平盛世的首要任务就是为民兴利、使民富裕这一深刻道理。"有社稷者而不能爱民，不能利民，而求民之亲爱己，不可得也"②"民不足而可治者，自古及今，未之尝闻"③，则从反面论述和告诫统治者治国理政要从百姓利益、民生福祉出发，否则国家将陷入治理困境，社稷也面临动荡不安之中。除此之外，"治国有常，而利民为本"④"治国之道，富民为始"⑤"民为本，富民则安，贫则危"⑥ 等，无不阐明并强调传统民本思想体系中的利民富民的重要性。

中华优秀传统文化中的民本思想体系，尤其是尚民贵民、为民爱民、利民富民等思想为人民至上理念提供了丰厚的文化滋养，使得中国共产党在推进中国式政治现代化的历史进程中，创造并提出众多诸如"江山就是人民、人民就是江山""立党为公、执政为民""民心是最大的政治"等经典论断。对于传统民本思想体系深深根植于中国古代的农耕文化，目的在于缓和阶级矛盾、维护专制统治与君主权威的"治民之术"这一本质缺陷，中国共产党结合马克思主义及其最新理论成果，结合中国式政治现代化的实践开展与时代要求，给予了批判性继承、创造性转化与创新性发展，打破了口号上的"民为贵"与实质上的"王天下"的二律背反，从而赋予民本思想以崭新的时代意义和内容。正因为如此，人民至上的价值理念深深根植于中国共产党对于中华传统民本思想体系的持守、革故与鼎新。

3. 人民至上生成于中国共产党人百年的伟大实践

人民性是马克思主义的鲜明品格，也是中国共产党与生俱来的本质特征。作为以马克思主义为指导的无产阶级政党，中国共产党自成立之日起就确立了实现共产主义的最高纲领和为中国人民谋幸福、为中华民族谋复兴的初心使命。在百年伟大的历史征程中，中国共产党始终坚持人民立场，时刻不忘"为中国人民谋幸福，为中华民族谋复兴"的初心使命，并根据中国革命、建设和改革不同历史时期的时代背景和主要矛盾，确定不同的时代主题和阶段任务，先后

---

① 甘乃光．先秦经济思想史［M］．北京：商务印书馆，1933：83.
② 张国风．荀子箴言［M］．北京：中国社会出版社，2004：154.
③ ［汉］班固．汉书·卷二十四上［M］．北京：中华书局，1964.
④ 张格，高维国．诸子箴言［M］．石家庄：河北人民出版社，1998：134.
⑤ ［汉］司马迁．史记：4［M］．甘宏伟，江俊伟，译注．武汉：崇文书局，2017：2122.
⑥ ［唐］房玄龄．晋书·傅玄传［M］．北京：中华书局，1974：27-44.

致力于为人民求解放、求当家、求富裕和求幸福，不断提升人民的社会政治地位，不断满足人民的物质文化需求，不断增进人民的权利福祉。习近平总书记指出："党的百年历史，就是一部践行党的初心使命的历史，就是一部党与人民心连心、同呼吸、共命运的历史。"① 正是在党的百年伟大实践中，中国共产党的人民群众观得以生成、发展和丰富，从中淬炼并升华出人民至上的价值理念和伦理原则。

人民至上萌生于新民主主义革命时期。近代以降，由于西方列强的侵略扩张和封建统治的腐败无能，中国人民逐渐深陷"三座大山"的重重压迫之中。在生灵涂炭、民生凋敝以及各种救国救民的运动和方案都相继失败的危难之际，中国共产党应运而生并登上了历史舞台。中国共产党深深扎根人民、团结人民和依靠人民，历经二十八年的浴血奋战，推翻了压在广大劳动人民身上的"三座大山"，实现了民族独立和人民解放，形成了中国共产党科学的人民群众观。一是深刻认识人民主体性，指明新民主主义革命的依靠力量。大革命时期，毛泽东在《中国社会各阶级的分析》中就开宗明义地指出分清敌友是革命的首要问题，指明中国革命依靠的力量是广大人民。在中央苏区遭到国民党的疯狂围剿中，深刻认识到人民群众是任何力量都无法打破的"铜墙铁壁"。正因如此，毛泽东一语破的地指出："人民，只有人民，才是创造世界历史的动力。"② 二是正确认识党群关系，形成党的群众路线。在认识到人民群众是历史创造的真正主体和动力的基础之上，以毛泽东为代表的中国共产党人认为，党的工作需要密切联系群众，绝不能脱离群众，先后把党群关系、军民关系比作鱼水关系、种子和土地的关系，强调"在我党的一切实际工作中，凡属正确的领导，必须是从群众中来，到群众中去"③，逐渐形成了党的群众路线。三是从人民利益出发，全心全意为人民服务。在党的七大上，毛泽东同志作题为《论联合政府》的工作报告，强调："全心全意地为人民服务，一刻也不脱离群众；一切从人民的利益出发，而不是从个人或小集团的利益出发。"④ 随后，全心全意为人民服务被写进党章总纲，成为中国共产党始终不变的根本宗旨。

人民至上发展于社会主义革命和建设时期。在取得新民主主义革命胜利后，面对一穷二白、百废待兴的新中国，中国共产党面临着如何实现从新民主主义到社会主义的转变，如何进行社会主义革命，如何建立保障人民当家做主的政

---

① 习近平. 在党史学习教育动员大会上的讲话［M］. 北京：人民出版社，2021：15.
② 毛泽东. 毛泽东选集：第三卷［M］. 北京：人民出版社，1991：1031.
③ 毛泽东. 毛泽东选集：第三卷［M］. 北京：人民出版社，1991：899.
④ 毛泽东. 毛泽东选集：第三卷［M］. 北京：人民出版社，1991：1094-1095.

治制度等一系列根本性问题。在这一历史时期，中国共产党继续团结带领全国各族人民，经过比照借鉴、艰辛探索和经验总结，确立了适合中国国情的社会主义根本政治制度、基本政治制度和重要政治制度，实践并发展了党的人民理论。一是实行人民民主专政制度，切实保障人民当家做主。什么是人民民主专政？毛泽东明确指出："对人民内部的民主方面和对反动派的专政方面，相互结合起来，就是人民民主专政。"① 1949 年 9 月，第一届中国人民政治协商会议通过了具有临时宪法地位的《中国人民政治协商会议共同纲领》，庄严宣告我国实现人民民主专政的国家制度。同时，我国相继建立了人民代表大会的根本政治制度，中国共产党领导的多党合作与政治协商制度、民族区域自治以及基层群众自治制度等基本政治制度，以国家制度的形式保障人民当家做主。二是重视调动人民的积极性，充分发挥人民群众的主力军作用。毛泽东认为工人和农民是社会主义建设的基本力量，"要把国内外一切积极因素调动起来，为社会主义事业服务"②，才能推动社会主义建设快速发展。尤其是遭遇三年严重困难，在国家经济和人民生活都陷入极度困难的时候，毛泽东更是强调："我们现在不是有许多困难吗？不依靠群众，不发动群众和干部的积极性，就不可能克服困难。"③ 三是坚决贯彻党的根本宗旨，正确处理好人民内部矛盾，切实为人民的利益服务。毛泽东在新中国成立后反复强调："共产党就是要奋斗，就是要全心全意为人民服务，不要半心半意或者三分之二的心三分之二的意为人民服务。"④ 对于如何正确处理人民内部矛盾、如何坚持人民主体地位等问题，毛泽东的《论十大关系》作了系列重要论述，内在地构成了中国共产党在社会主义革命和建设时期人民群众观的重要内容。

人民至上丰富于改革开放和社会主义现代化建设新时期。1978 年 12 月，党的十一届三中全会的召开拉开了我国改革开放和社会主义现代化建设的时代大幕。中国共产党解放思想、实事求是，团结带领全国各族人民成功开创了中国特色社会主义道路，确立了中国特色社会主义制度体系，大大地解放和发展了社会生产力，使人民逐渐摆脱贫困，日益富裕起来。在这一历史时期，中国共产党的人民群众理论得到极大的拓展和丰富。一是深化对社会主义本质的认识。1992 年，邓小平在南方谈话中明确指出："社会主义的本质，是解放生产力，发

① 毛泽东. 毛泽东选集：第四卷［M］. 北京：人民出版社，1991：1475.
② 中共中央文献研究室. 毛泽东文集：第七卷［M］. 北京：人民出版社，1999：23.
③ 中共中央文献研究室. 毛泽东文集：第八卷［M］. 北京：人民出版社，1999：293.
④ 中共中央文献研究室. 毛泽东文集：第七卷［M］. 北京：人民出版社，1999：285.

展生产力，消灭剥削，消除两极分化，最终达到共同富裕。"① 在此基础上，他还强调共同富裕是社会主义必须坚持的根本原则。二是尊重人民群众的首创精神。中国共产党人一以贯之地坚持人民群众是创造历史的动力，也是中国革命、建设和改革的主体。邓小平就是一位尊重人民主体地位、尊重群众首创精神的改革开放和现代化建设的总设计师。他还积极回应和关切广大人民的利益和愿望，善于及时总结、概括群众的经验和创造。面对小岗村民创立的家庭联产承包责任制，邓小平给予了高度评价："农村搞家庭联产承包，这个发明权是农民的。农村改革中的好多东西，都是基层创造出来，我们把它拿来加工提高作为全国的指导。"② 三是提出判断工作是非得失的"三个有利于"标准。邓小平在视察南方时提出，要把是否有利于发展社会主义社会的生产力、是否有利于增强社会主义国家的综合国力、是否有利于提高生活水平作为判断改革和各项工作是非得失的重要标准。江泽民同志进一步强调，衡量党的工作想得对不对、做得好不好的根本尺度只有一个，那就是"人民拥护不拥护，人民赞成不赞成，人民高兴不高兴，人民满意不满意"③。只有把人民所需要的作为立足点，把人民所赞成的作为出发点，不断提高人民的生活水平，党的工作才能最大限度地达到人民评判标准。四是坚持以人为本的发展理念。党的十六大之后，以胡锦涛同志为代表的中国共产党人在全面总结党的执政经验的基础上，创立了以人为本、全面协调可持续的科学发展观，强调以人为本、执政为民既是中国共产党的生命根基、本质要求，也是党的性质和根本宗旨的集中体现，指出："坚持权为民所用、情为民所系、利为民所谋，坚持把实现好、维护好、发展好最广大人民的根本利益作为我们一切工作的根本出发点和落脚点，是我们做好各项工作的保证，任何时候都不能动摇。"④

人民至上成熟于中国特色社会主义进入新时代。党的十八大以来，中国特色社会主义进入新时代，中国共产党团结带领全国各族人民自信自强、守正创新，实现了全面建成小康社会的第一个百年奋斗目标，开启了把我国建成富强、民主、文明、和谐、美丽的社会主义现代化强国的第二个百年奋斗目标新征程。在新的时代背景和历史条件下，面对世界百年未有之大变局和中华民族伟大复兴的战略全局，以习近平同志为代表的中国共产党人坚守初心、践行使命，不

① 邓小平.邓小平文选：第三卷［M］.北京：人民出版社，1993：373.
② 邓小平.邓小平文选：第三卷［M］.北京：人民出版社，1993：382.
③ 江泽民.论党的建设［M］.北京：中央文献出版社，2001：193-194.
④ 中共中央文献研究室.十六大以来重要文献选编（中）［M］.北京：中央文献出版社，2006：317.

断为人民创造美好生活，不断满足人民对美好生活的向往，淬炼出人民至上的价值理念与政治原则，进一步扩展和丰富了党的人民群众理论。一是确立以人民为中心的价值立场。以人民为中心是习近平新时代中国特色社会主义思想的重要内容和核心理念，也是习近平新时代中国特色社会主义思想的价值原点和逻辑起点。强调坚持人民主体地位，坚持立党为公、执政为民。二是提出坚持人民至上的核心观点。强调要把人民的利益放在首位，在任何情况下都要坚持人民生命至上、权力至上、利益至上和标准至上。三是明确党的奋斗目标是人民对美好生活的向往。由于我国社会的主要矛盾发生根本性变化，进入新时代以后，"人民对美好生活的向往，就是我们的奋斗目标"①。中国共产党要坚守初心、践行使命，就要坚持以人民为中心的价值立场，把增进人民福祉、满足人民对美好生活的向往作为自己的奋斗目标，大力发展社会生产力，持续增进和改善民生，使改革发展成果更多、更公平地惠及全体人民，逐步实现全体人民共同富裕。四是强调依靠人民创造历史伟业。习近平总书记指出："中国梦归根到底是人民的梦，必须紧紧依靠人民来实现，必须不断为人民造福。"②他多次强调，人民是历史的创造者，是社会发展的根本力量，要依靠人民创造历史伟业和实现中华民族伟大复兴的中国梦。五是强调群众路线是党的生命线和根本工作路线。习近平总书记认为："人心向背关系党的生死存亡。党只有始终与人民心连心、同呼吸、共命运，始终依靠人民推动历史前进，才能做到坚如磐石。"③六是明确人民满意不满意是评价党的一切工作的根本标准和价值尺度。党的执政水平和治理成效都不能由自己说了算，必须由人民来评判。习近平总书记指出："时代是出卷人，我们是答卷人，人民是阅卷人。"④"人民是我们党的工作的最高裁决者和最终评判者。"⑤

二、中国式政治现代化"人民至上"的时代伦理表达

作为中国人民和中华民族的先锋队，中国共产党自成立之日就自觉坚定来自人民、依靠人民、服务人民的价值立场和价值取向。正如习近平总书记在2019年春季学期中央党校（国家行政学院）中青年干部培训班开班式上的讲话中所强调的那样："要牢记群众是真正的英雄，任何时候都不能忘记为了谁、依

① 习近平. 习近平谈治国理政［M］. 北京：外文出版社，2014：4.
② 习近平. 习近平谈治国理政［M］. 北京：外文出版社，2014：40.
③ 习近平. 习近平谈治国理政［M］. 北京：外文出版社，2014：368.
④ 习近平. 习近平谈治国理政（第三卷）［M］. 北京：外文出版社，2020：70.
⑤ 习近平. 习近平谈治国理政［M］. 北京：外文出版社，2014：28.

靠谁、我是谁，真正同人民结合起来。"① 这一科学论断切中并指明了中国共产党"人民群众观"的要义和精髓，在推进中国式政治现代化新的赶考路上，如何才能交出"为了谁、依靠谁、我是谁"政党之问的优异答卷？这就需要从中国共产党百年奋斗的伟大实践以及马克思主义中国化的最新理论成果中去寻找答案，无疑就是坚持人民至上的价值原则，始终确保党来自人民、依靠人民、服务人民，始终确保党不变质、不变色、不变味。唯有如此，党才能交出新时代"政党之问"的优异答卷。

1. "根植人民"回答了"我是谁"的道德本体论问题

"我是谁、我从哪里来、我要到哪里去"是人生哲学的三个终极问题，而在这三个终极问题中，"我是谁"无疑是其逻辑起点，具有最基础和最核心的功能。只有在自我意识觉醒的基础上认识到"我是谁"，才会进一步思考"我从哪里来""要到哪里去"的问题。作为具有独立思考能力的个人，实现成长与走向成熟的首要前提是认识自己，知道自己的本质特征、显著特点以及现实能力。那么，作为社会政治组织的政党，要想有所作为并取得光辉的未来，首先就必须清楚"我是谁"，明确自身所代表的阶级利益，制定自己的政治纲领，阐明自己的政治主张并描绘美好的未来愿景。作为社会政治组织的政党，也只有同时回答"我是谁、我从哪里来、我要到哪里去"这三个终极之问，才能完整地回答好政党伦理建设的道德本体论问题。唯有如此，才能从元伦理的意义上真正地回答好道德本体论的正义性问题和终极问题。

中国共产党人是如何回答"我是谁"的道德本体论之问呢？19世纪20年代，随着中国无产阶级力量的不断壮大和马克思列宁主义在中国的广泛传播，中国共产党历史性地应运而生。在党的一大会议讨论通过的政治纲领中，明确把党定名为"中国共产党"，并且制定了推翻资产阶级、由劳动阶级重建国家、采用无产阶级专政、废除资本主义私有制、一切生产资料归社会所有等政治纲领，这是中国共产党人对"我是谁"的首次明确且肯定的回答。随着中国共产党人对中国的社会性质、革命性质以及对国际形势的认识进一步深化，党的二大通过的党章进一步指出："中国共产党应该是无产阶级中最有革命精神的群众组织起来为无产阶级的利益而奋斗的政党，它是革命运动的急先锋。"② 这是中国共产党首次明晰了党的来源、立场和性质，即由无产阶级中最有革命精神的

---

① 习近平. 习近平谈治国理政（第三卷）[M]. 北京：外文出版社，2020：520.
② 中央档案馆. 中共中央文件选集：第一册 [M]. 北京：中共中央党校出版社，1989：90.

群众组织起来的，为无产阶级利益而奋斗的政党，是无产阶级的先锋队。同时，党的二大还制定了实现共产主义的最高纲领和打倒军阀、推翻帝国主义压迫、建立民主共和国的最低纲领。这是中国共产党人对"我是谁"自觉的革命性的回答。经历了大革命、土地革命和抗日战争的政治和军事斗争的洗礼后，在汲取惨痛教训、总结成功经验以及清算"左"倾和右倾错误路线的基础上，中国共产党人在党的七大制定了民主革命时期最好的党章，指明了中国共产党是工人阶级的先进代表，首次提出代表了中华民族和中国人民的根本利益，确立了全心全意为人民服务的最高宗旨等。这是中国共产党人对"我是谁"更加清晰且坚定的回答。随着党的建设不断加强和执政水平的不断提升，中国共产党人在党的十六大通过的党章总纲中明确规定："中国共产党是工人阶级的先锋队，同时是中国人民和中华民族的先锋队。"① 党的十八大以来，作为中国人民和中华民族的先锋队，中国共产党不仅突破了从价值立场上代表人民利益，而且实现了中国共产党的根基在于人民、力量在于人民、血脉在于人民的道德本体确认，可谓是中国共产党人对"我是谁"最科学、最完整、最准确的回答。

2. "依靠人民"回答了"依靠谁"的道德主体论问题

回答"依靠谁"这一道德主体论问题，首先要理解何为主体？王海明教授认为："主体是一种能够自主的东西，是能够自主的主动者、活动者。"② 对于现实中的人来讲，主体就是对客体有自主认识、选择和实践能力的人，具有鲜明的自主性和自为性特征。中国共产党作为中国革命、建设和改革的实践主体，同样具有内生性的自主认知、自主选择和自主实践的强大能力。"道德实体只有通过对道德义务的自觉承担，才逐渐转变为道德主体。"③ 中国共产党实现从一般主体到道德主体的跨越也是如此。百年以来，中国共产党始终团结人民、依靠人民，尊重人民的首创精神，自觉甘拜人民为师，充分调动人民群众的积极性、主动性和创造性，凝聚起磅礴伟力以推动为绝大多数人谋利益的道德实践，主动承担起共产党人应尽的道德义务，成为带领全国人民致力于社会主义现代化建设的道德主体。

中国共产党人又是如何回答"依靠谁"的道德主体论之问呢？中国共产党之所以能够由小变大、由弱变强，中国共产党人之所以能够勇立潮头、破浪前行，翻开百年党史我们不难发现其中的根本原因，那就是坚持人民至上，紧紧

---

① 　中国共产党章程［M］.北京：人民出版社，2017：1.
② 　王海明.新伦理学原理［M］.北京：商务印书馆，2017：21.
③ 　李建华.道德原理：道德学引论［M］.北京：社会科学文献出版社，2021：559.

依靠人民，既尊重人民的主体地位，又发挥人民的主体作用。在新民主主义革命时期，中国共产党先后依靠人民的"铜墙铁壁"取得前四次反"围剿"斗争的胜利，依靠人民的"汪洋大海"冲垮来势汹汹的日本侵略者，依靠人民的"小车小船"击败气焰嚣张的国民党军队。正如毛泽东同志所说："依靠民众则一切困难能够克服，任何强敌能够战胜，离开民众则将一事无成。"① 进入社会主义革命和建设时期，中国共产党正是依靠英勇的人民志愿军打败不可一世的强大美军，依靠天大困难也不怕的石油工人甩掉贫油国的帽子，依靠人民建立起独立的比较完整的工业体系和国民经济体系。迈入改革开放和社会主义现代化建设新时期，中国共产党传承和发扬依靠人民的优良传统，尊重人民的首创精神，调动人民的磅礴伟力，推动中国特色社会主义事业的蓬勃发展，书写了改革开放和社会主义现代化建设的伟大史诗。跨入中国特色社会主义新时代，以习近平同志为核心的党中央继承和发展了人民主体思想，明确指出"人民是党执政的最大底气，也是党执政最深厚的根基"②，创造性地提出和阐释"以人民为中心"的价值立场和坚持"人民至上"的价值原则。这既是中国共产党人对"依靠谁"这一道德主体论之间的一贯坚持和回答，也是中国共产党人过去为什么能够取得成功、将来如何继续取得成功的政治基础和精神密匙。

3. "造福人民"回答了"为了谁"的道德价值论问题

"为了谁"蕴含鲜明的价值立场和价值导向，体现着道德主体为达成某种既定的目的所作的道德价值选择。对于个人而言，"为了谁"的道德价值是区分个人主义、利己主义、利他主义和集体主义的根本标尺，具体参照指标是个人的行为动机、行为目的的合道德性。其中，个人主义是以个人为中心，坚持个人至上，只为己不利他的价值观，极端个人主义是其最坏的形态。利己主义顾名思义是以利己为主要原则的价值观，又可区分为合理利己主义、心理利己主义和伦理利己主义。利他主义毫无疑问是以利他为主要原则的价值观，是儒家文化圈和基督教世界的主流价值观。集体主义则是对利己主义和利他主义的超越，所强调的是当个人目标与集体目标发生冲突时，集体重于个人、个人服从集体，其最高层次的道德要求就是无私奉献、一心为公。作为一个伦理型政党，关于"为了谁"的道德选择及其鲜明立场，深刻表明和本质阐释了中国共产党的价值观念、意识形态以及所代表的阶级利益，这是辨别资本主义政党、民族主义政

① 毛泽东. 毛泽东军事文集：第三卷［M］. 北京：军事科学出版社，中央文献出版社，1993：381.

② 习近平. 习近平谈治国理政（第三卷）［M］. 北京：外文出版社，2020：137.

党、社会民主政党和共产主义政党的根本依据，也是判断资产阶级政党和无产阶级政党的终极标准。

中国共产党人又是如何回答"为了谁"这个道德价值论之问的呢？作为为绝大多数人谋利益的无产阶级政党和以马克思主义为指导的共产主义政党，中国共产党始终以实现共产主义为最高理想，践行全心全意为人民服务的根本宗旨，致力于促进人的自由全面发展，彰显了"人民至上""为民造福"的道德价值立场。在战火纷飞的革命年代，中国共产党始终奉行并坚持"革命为民"的价值理念，致力于推翻压在中国人民身上的"三座大山"，实现国家独立和民族解放。在激情燃烧的建设年代，中国共产党奉行并坚持"建设为民"的价值理念，致力于改变旧中国一穷二白的落后面貌，建立起门类齐全的工业体系和国民经济体系。在敢闯敢拼的改革年代，中国共产党奉行并坚持"改革为民"的价值理念，致力于解放和发展生产力，提高人民的物质和文化生活水平，团结带领全国人民为国家的兴旺发达和人民的生活小康而奋斗。在自信自强的新时代，中国共产党守正并创新"人民至上"的价值理念，致力于为中国人民谋幸福、为中华民族谋复兴，"始终要把人民放在心中最高的位置，始终全心全意为人民服务，始终为人民利益和幸福而努力工作"[1]。中国共产党人百年来一贯秉持一切为了人民、服务于人民、造福于人民的价值理念，用鲜亮的革命底色和崇高的理想追求给出了"为了谁"这一道德价值论的满分答卷。

三、中国式政治现代化"人民至上"的伦理精神辩解

人民至上不仅是新时代中国特色社会主义建设的政治新话语，也是中国共产党领导的中国式政治现代化及其道德擘画的价值原点，蕴含着情与理交融、义与利合一、德与法并举的多重逻辑。在推进中国式政治现代化建设的伟大实践中，从情理观、义利观和德法观等视角出发，对"人民至上"的价值原则进行深刻的逻辑辨析和深度的伦理探究，有助于中国共产党人多角度、全方位、立体化地理解和把握"人民至上"价值理念的深刻伦理精神意蕴。

1. 人民至上体现了中国式政治现代化"情"与"理"的交融

中国自古以来都有"以情为主、情理并重"的情理主义优秀文化传统，这一优秀文化传统不仅沉淀为整个中华民族独特而显著的精神标志，涵育了中国人民独有的心理特质、思维方式和行为模式，而且在新时代创造性地内嵌于人民至上的政治新话语之中，成为指导中国特色社会主义建设的价值理念。从情

---

① 习近平.习近平谈治国理政（第三卷）[M].北京：外文出版社，2020：139.

理观来看，一方面"人民至上"字字珠玑，体现了中国共产党人对人民群众的真挚感情和深情厚爱。动之以情通常是使人接受的前提和基础。欲"晓之以理"必先"动之以情"，只有发自内心的真性情，才能打动人、感染人并使人欣然接受。习近平总书记多次强调，中国人民是具有伟大创造精神、伟大奋斗精神、伟大团结精神和伟大梦想精神的人民。拥有这样伟大的人民是中国共产党和中华民族的骄傲，也是坚定中国特色社会主义发展道路的最大底气和坚强力量，要求全体党员干部和国家机关工作人员，始终把人民放在心中最高的位置，做到全心全意为人民服务。习近平总书记正是以这种富有感情的语言和平易近人的态度，将人民至上的价值理念融于每一篇重要讲话的字里行间，从而引起广大人民的心理和情感的共鸣，达到了以情感人的理想效果。另一方面，"人民至上"价值千金，充满着道德哲学的真知灼见和深刻智慧。"动之以情"是为了更好地"晓之以理"，晓之以理是使人信服的核心和关键。理论只有彻底才能说服人、鼓舞人并使人心悦诚服。一言蔽之，人民至上的价值理念源于中国共产党人对马克思主义"人民主体理论"的传承与发展，对中华优秀传统文化"民本思想"的革故与鼎新，更是对中国共产党"人民群众观"的守正与创新，具有严密的理论逻辑、深厚的文化底蕴、厚重的历史积淀和终极的伦理关怀。"人民至上"显然就是党的宗旨性质和价值立场在中国特色社会主义新时代场域下的最新伦理表达和最高价值判断，具有厚实且有力的学理支撑，因而能够说服人并为人民群众所掌握。

2. 人民至上彰显了中国式政治现代化"义"与"利"的兼顾

中华文化博大精深、源远流长，围绕着传统伦理道德的义利之辨，形成了以"见利思义、崇义轻利"为核心理念的儒家义利观。作为中华优秀传统文化的忠实继承者和坚定弘扬者，中国共产党在团结带领全国人民进行中国革命、建设和改革的伟大实践中，始终注重把马克思主义基本原理与中华优秀传统文化相结合，始终注重批判性地汲取优秀传统文化的丰厚养分，在对传统儒家义利观的破立与创新中，形成了中国共产党人以"义利相兼、寓利于义、以义让利、互利共赢"为核心理念的现代新型义利观。从义利观审视，"人民至上"一方面体现为中国共产党人的价值取向，即坚持人民地位至上、人民权利至上，把人民放在心中最高位置。另一方面，"人民至上"体现为中国共产党人的工作目标，即坚持人民利益至上、人民标准至上，把为人民谋利益作为党的一切工作的出发点和落脚点。坚持人民地位至上和人民权利至上，确保人民主体地位和人民当家做主是"义"的彰显；坚持人民利益至上和人民标准至上，始终为中国人民谋利益、谋幸福则是"利"的呈现。首先，坚持"人民至上"，在价值取向上要义利并举、义利兼顾。既要强调人民的地位与权利，又要重视人民的利益和标准，因为义是利的首要前提，利是义的物质承载，坚决做到义利兼顾、相辅相成，两手抓且两手都要硬。其次，坚持"人民至上"，在关系权衡上要寓义于利、义重于利。中国共产党的党性宗旨和初心使命要求共产党人的治国理政要从人民主体、地位至上的为民之义出发，并将为民造福、为民谋利置于为民之义中，做到寓利于义。也就是说，党在治国理政的过程中，需将自身之利融于为民之义之中。当二者发生冲突时，权衡利弊、分清主次，自觉做到自身之利让位于为民谋利的天下大义，做到义重于利、以义让利。最后，在躬身实践中秉持义利一致，互利共赢。中国共产党的根基在人民、血脉在人民、力量在人民，坚持人民至上与实现长期执政是同向同行、休戚与共的，坚持人民的地位至上、权利至上、利益至上与标准至上也是多元一体、难以分割的，只有坚持义利并重、合二为一，才能全方位地实现人民至上的义利一致，才能全过程地实现人民生活幸福和党的长期执政的互利共赢。

3. 人民至上凸显为中国式政治现代化"德"与"法"的并举

人类社会发展的历史表明，道德和法律都具有规范社会行为、调节社会关系的重要作用，更是国家维持社会秩序的主要工具。法律是成文的道德，由国家制定评判人们社会行为对错的准绳，主要依靠国家强制力保证实施的，具有刚性约束力的行为规范体系；道德是内心的法律，由社会约定成俗，以善恶为评价方式，通过公共舆论、传统习俗和内心信念起到柔性约束作用的行为规范总和。以习近平同志为代表的中国共产党人深刻认识道德与法律的一致性与互补性，在马克思主义理论的指导下，对中华优秀传统文化中"儒法并用、德刑相辅"的思想进行了批判性的继承和创造性的转化，形成了中国共产党人"德法并举、以德撑法、以法护德、德法合治"的现代新型德法观。从德法观审视，一方面，"人民至上"体现着中国共产党人的爱民重民的道德品格以及在中国式政治现代化历史进程中为人民谋幸福的伦理目标；另一方面，"人民至上"也体现着中国共产党人的治国理念以及在中国式政治现代化历史进程中保证人民权利、维护人民利益的法治原则。首先，坚持"人民至上"需要德法并举。虽然道德和法律分别以事先教化、事后惩治的方式引人向善、禁人为恶，但是两者具有作用的相通性和目的的一致性，都是规范社会行为、维护社会秩序的重要手段，唯有视同一律、同等对待才是推进中国式政治现代化的最佳方式。其次，坚持"人民至上"需要以德撑法。道德是法律的基础，没有德道伦理支撑的法律是不牢靠的，只有获得人们普遍认同和敬重的法律才能获得人民的普遍遵守。再次，坚持"人民至上"需要以法护德。"立善法于天下，则天下治；立善法于一国，则一国治。"① 法律是国家惩恶扬善、抑恶护德的重要武器，当道德遭遇强大的物质利益和贪婪欲望时，显然需要法律强有力的保障和守护。同时，通过良法善治、以法扬善还可以达到增强道德教化的功能。最后，坚持"人民至上"需要德法共治。社会的良序运行需要法律来维护，人心的宁静祥和则需要道德来滋润，两者在定位上虽有差别，但在功用上又互为补充，只有相辅相成、协同发力才能保障国家的长治久安，才能实现人们的身心一致，才能促进社会的和谐稳定。

由是观之，"人民至上"不是抽象的、冰冷的政治口号，而是情与理并重、义与利兼顾、德与法并举的现代新型的伦理价值理念。这一价值理念既有情感温度，也有理论高度；既能仗义行仁，也能为民谋利，彰显着中国共产党人的真性情和大境界，蕴含着"动之以情"和"晓之以理"的辩证统一，体现着"法安天下"和"德润人心"的完美融合。因是，"人民至上"的价值理念必然受到广大人民群众的普遍认同和欣然接受，已经并将继续迸发出强大的生命力、感染力和影响力。

第二节　群众路线：中国式政治现代化的实践原则

在百年辉煌的奋斗进程中，中国共产党矢志不渝地坚持以人民为中心的价值立场和人民至上的价值理念，并将其贯穿于中国革命、建设和改革的伟大实践与理论创新中，形成了"一切为了群众，一切依靠群众，从群众中来，到群众中去，把党的正确主张变成群众的自觉行动"② 的群众路线。梳理"群众路线"的百年演进，我们不难发现，群众路线作为中国共产党的伟大创举，既是中国共产党领导中国人民夺取革命胜利的强大武器，也是党领导人民开创中国特色社会主义事业的重要法宝，更是党永葆青春活力和战斗力的根本工作路线。毫无疑问，群众路线在中国革命、建设和改革的历史进程中始终发挥着不可替代的重要作用。站在新的历史方位上，要想全面推进中国式政治现代化建设，中国共产党就要毫不动摇地坚持好和贯彻好党的群众路线，继续发挥密切联系群众的政治优势，持续发扬紧紧依靠群众的优良传统，始终把最广大人民群众的根本利益放在首位，始终坚持全心全意为人民服务的根本宗旨，始终把人民

---

① 王水照. 王安石全集 ［M］. 上海：复旦大学出版社. 2016：1164.
② 中国共产党章程 ［M］. 北京：人民出版社，2017：20.

群众对美好生活的向往作为党和国家各项事业的奋斗目标。唯有如此，方能早日建成社会主义现代化强国、实现共同富裕的社会理想和中华民族伟大复兴的远大梦想。

一、群众路线在中国式政治现代化中的历史演进

梳理群众路线的历史演进，可以清晰地发现在百年进程中，群众路线随着党的诞生而萌发，随着党的成长而成熟，随着党的强大而不断地丰富和发展。在战略地位的维度上，党的群众路线实现了"一般工作方法"到"根本工作路线"的演进；在价值功能的维度上，党的群众路线实现了从"克敌制胜武器"到"治国理政法宝"的升华；在实践形态的维度上，党的群众路线实现了从"独特理论创新"到"重要政治制度"的飞跃。

1. 在战略定位上实现了从"一般工作方法"到"根本工作路线"的演进

中国共产党来自人民，根基在人民、血脉在人民，自从诞生之日就初步意识到群众工作的必要性与重要性，开始尝试探寻群众工作的有效方法。1921 年 7 月，党的一大从宣传共产主义和壮大革命队伍的需求出发，提出要"把工农劳动者和士兵组织起来"①。1922 年 7 月，党的二大又从无产阶级政党的性质和使命出发，明确提出"'到群众中去'要组成一个大的'群众党'"②，为广大无产阶级群众而奋斗。1925 年 2 月，党的四大根据大革命发动群众运动的实际需要制定了《对于职工运动之决议案》，指出要"尽力发展我们自己的党的组织，力求深入群众"③。在轰轰烈烈的大革命时期，中国共产党人对于如何深入群众以及壮大"群众党"做了诸多尝试和有益探索。由于受到经典理论的影响和历史条件的局限，当时的中国共产党人并未完全领悟到群众工作的真谛。大革命的惨痛失败给初生的中国共产党上了深刻一课，毛泽东通过深入农村基层的实际调研，对当时脱离群众的工作做法进行了尖锐的批判。1928 年 7 月，党的六大提出了"争取群众"的总路线；同年，在宣传贯彻党的六大精神时，李立三首次提出了"群众路线"这一概念。1929 年 9 月，在陈毅起草、周恩来审定的《中共中央给红四军前委的指示信》中；首次在党的文件中正式使用"群

---

① 中共中央文献研究室，中央档案馆．建党以来重要文献选编：第一册［M］．北京：中央文献出版社，2011：1．

② 中央档案馆．中共中央文件选集：第一册［M］．北京：中共中央党校出版社，1989：90．

③ 中央档案馆．中共中央文件选集：第一册［M］．北京：中共中央党校出版社，1989：346-347．

众路线"的概念，这也标志着群众路线概念的正式出场；在同年底召开的古田会议上，根据会议讨论和决议，形成了党的工作经群众路线去执行的工作方法。

在此基础上，土地革命后期和抗日战争时期，党对如何深入开展群众工作更加重视，群众路线的内容不断充实，方法不断创新，效果更加显著。尤其是在抗日战争时期，以毛泽东为首的共产党人从战略和全局的高度，对于如何依靠广大的人民群众和广泛的抗日民族统一战线赢得抗日战争的胜利进行了深刻的思考，先后在《为争取千百万群众进入抗日民族统一战线而斗争》《论持久战》等经典著作中提出一系列重要论述，明确只有坚持深入群众、发动群众、组织群众、依靠群众才能取得抗日战争的最后胜利。1945 年 5 月，在党的七大上刘少奇作《关于修改党章的报告》，在报告中明确指出："党的群众路线，是我们党的根本的政治路线，也是我们党的根本的组织路线。"① 这是群众路线在党的历史上首次从"一般的工作方法""基本的领导方法"跃升到"根本政治路线""根本组织路线"的战略高度。1956 年 9 月，党的八大强调贯彻执行党的群众路线优良传统，首次将其写入党章。1981 年 12 月，党的十一届三中全会形成的《关于建国以来党的若干历史问题的决议》，首次把群众路线确立为毛泽东思想的三大"活的灵魂"之一，将其基本内容概括为人们所熟知的"一切为了群众，一切依靠群众，从群众中来，到群众中去"。1992 年 10 月，党的十四大对《中国共产党章程》进行了修订，首次将"把党的正确主张变为群众的自觉行动"纳入党的群众路线的内容体系，这一表述在此后历届的党章修正中沿用至今。中国特色社会主义进入新时代，习近平总书记从党的生死存亡和长期执政的战略高度提出了"群众路线是我们党的生命线和根本工作路线"②，要求全党同志都要把群众路线贯彻到全部工作中去，为新时代党和国家的建设提供了根本依循。

2. 在价值功能上实现了从"克敌制胜武器"到"治国理政法宝"的升华

中国共产党诞生于内忧外患、苦难深重的旧中国，一经成立就直接面对帝国主义、封建主义、官僚资本主义"三座大山"的重重压迫，年轻的共产党人要想在这样的夹缝中求生存、图发展，除了科学的理论指导、英勇的革命队伍、顽强的革命斗志、正确的方向道路，还必须找到可以依靠的坚定革命力量。中国共产党正是在进行中国革命，实现民族独立、人民解放的艰辛道路上，把握了革命关键之所在，寻找到了最可信赖的朋友，也打磨出了克敌制胜的有力武

---

① 中共中央文献研究室 . 刘少奇选集：上卷 ［M］. 北京：人民出版社，1981：342.

② 习近平 . 习近平谈治国理政 ［M］. 北京：外文出版社，2014：365.

器，这把有力武器就是党的群众路线。在大革命初期，毛泽东就已经敏锐地觉察到，中国革命最主要的同盟军是广大的农民群众。1925 年 12 月，毛泽东发表《中国社会各阶级分析》，反对当时党内存在的只注重国共合作而忘记农民的右倾机会主义，以及只注重工人运动而忽视农民的"左"倾机会主义，明确指出分清敌我问题才是中国革命的首要问题。在井冈山革命根据地创建之后，毛泽东更加重视动员和组织群众，反对单纯依靠红军的军事观点，他在 1929 年 12 月召开的古田会议决议中强调，需要"宣传群众、组织群众、武装群众，并帮助群众建设革命政权去打仗"①。正是有效借助动员群众、组织群众、依靠群众这把群众工作的有力武器，中央苏区才能不断取得反"围剿"斗争的胜利。毛泽东在此过程中清楚地感受并看到了群众的强大力量，在《关心群众生活，注意工作方法》一文中把群众形象地比作真正的"铜墙铁壁"，认为"革命战争是群众的战争，只有动员群众才能进行战争，只有依靠群众才能进行战争"②，只有"在革命政府的周围团结起千百万群众来，发展我们的革命战争，我们就能消灭一切反革命，我们就能夺取全中国"③。

　　在此后更加残酷的抗日战争和国内革命战争时期，党始终相信群众、关心群众、依靠群众，借助广大群众的磅礴力量和群众工作的强大武器，攻城拔寨、无坚不摧，最终取得了新民主主义革命的胜利，建立了人民当家做主的新中国。在社会主义革命和建设时期，中国共产党仍然一如既往地重视群众路线，毛泽东将群众路线视为正确处理人民内部矛盾的重要原则。改革开放之后，邓小平深刻把握社会主义的本质，把党的群众路线提升到更高的战略地位，指出："群众是我们的力量源泉，群众路线和群众观点是我们的传家宝。"④ 在此基础上，江泽民同志从加强党的自身建设出发，强调坚持群众路线，从人民群众的根本利益出发是做好党的一切工作的重要法宝。胡锦涛同志指出，坚持以人为本，保持与人民群众的血肉联系是始终保持党的先进性的重要法宝。中国特色社会主义进入新时代，习近平总书记从党要管党、全面从严治党的新高度明确提出："群众路线是党永葆青春活力和战斗力的重要传家宝……把群众路线贯彻到治国理政全部活动之中。"⑤ 为当下全党坚定不移地坚持和贯彻群众路线指明了正确方向。可以说，"群众路线"这把克敌制胜的武器正是伴随着中国共产党的不断

①　毛泽东 . 毛泽东选集：第一卷［M］. 北京：人民出版社，1991：86.
②　毛泽东 . 毛泽东选集：第一卷［M］. 北京：人民出版社，1991：136.
③　毛泽东 . 毛泽东选集：第一卷［M］. 北京：人民出版社，1991：139.
④　邓小平 . 邓小平文选：第二卷［M］. 北京：人民出版社，1993：368.
⑤　习近平 . 习近平谈治国理政［M］. 北京：外文出版社，2014：27.

成长、壮大和发展而变得愈发璀璨夺目、锋利无比的，成为新时代中国共产党治国理政和长期执政的重要法宝。

3. 在实践形态上实现了从"独特理论创新"到"重要政治制度"的飞跃

作为以马克思主义为指导的无产阶级政党，中国共产党继承和坚持了马克思主义的唯物史观。唯物史观认为，历史是群众的活动，群众是历史的创造主体、动力主体和价值主体，是历史真正的主人。作为全世界无产阶级和劳动人民的革命导师，马克思、恩格斯、列宁都十分重视群众的力量，肯定人民群众在历史发展和社会革命中的重要地位。列宁在总结苏联前期建设的历史经验时，根据布尔什维克党执政的需要，强调要处理好党与群众路线，把人民群众比作汪洋大海，共产党员只是沧海一粟，反复强调对于共产党来说"最严重最可怕的危险之一，就是脱离群众"①。中国共产党继承和发扬了马克思列宁主义的群众观，并将马克思列宁主义群众观的基本原理与中国革命的具体实际和中华优秀传统文化中的民本思想相结合，创造性地提出了"群众路线"这一根本工作方法和领导方法。在土地革命时期，以毛泽东为首的中国共产党人初步形成了独具中国特色的群众观点。1934 年 1 月，毛泽东在第二次全国工农兵代表大会上发表了《关心群众生活，注意工作方法》的重要讲话，指出真正的铜墙铁壁是千百万真心实意地拥护革命的群众，深刻认识到群众的强大力量。随着革命的深入和群众工作方法的开展，中国共产党人群众观的内容更加丰富，体系更加完整。1943 年 6 月，为了反对和克服干部队伍中的主观主义和官僚主义，毛泽东撰写了《关于领导方法的若干问题》，将群众工作方法提升到哲学认识论的理论高度，明确指出："在我党的一切实际工作中，凡属正确的领导，必须是从群众中来，到群众中去。这就是说，将群众的意见（分散的无系统的意见）集中起来（经过研究，化为集中的系统的意见），又到群众中去做宣传解释，化为群众的意见，使群众坚持下去，见之于行动，并在群众行动中考验这些意见是否正确。然后再从群众中集中起来，再到群众中坚持下去。如此无限循环，一次比一次更正确、更生动、更丰富。这就是马克思主义的认识论。"② 这段精辟的论述表明，"群众路线"已经形成一个较为完整的思想理论体系，已经成为中国共产党的独特理论创新。

新中国成立初期，中国共产党继续发扬"群众路线"的优良传统并将其转

---

① 中共中央马克思恩格斯列宁斯大林著作编译局. 列宁选集：第 4 卷 ［M］. 北京：人民出版社，2012：641.

② 毛泽东. 毛泽东选集：第三卷 ［M］. 北京：人民出版社，1991：899.

化为执政党的政治优势。遗憾的是，在 1957 年发动的"反右扩大化"以及 1966 年发动的"文化大革命"中，党对群众路线的理解、宣传和贯彻出现了明显偏差，甚至背离了群众路线的原则与初衷。"拨乱反正"之后，党的十一届三中全会从世界观、认识论和方法论相统一的角度深刻论述了群众路线的基本内容，进而形成相对科学规范的思想理论体系。随后，党的群众路线被纳入加强党风廉政、反腐倡廉、执政能力等政治建设的核心内容，并逐渐融入经济建设、社会建设、文化建设等党治国理政的各领域。党的十八大以来，特别是习近平总书记在党的群众路线教育实践活动工作会议上强调提出，要建立和完善党员干部联系和服务群众制度，用制度的硬约束来提升党员干部贯彻群众路线的行动自觉。2019 年 10 月，党的十九届四中全会通过了《中共中央关于坚持和完善中国特色社会主义制度　推进国家治理体系和治理能力现代化若干重大问题的决定》，明确提出"健全为人民执政、靠人民执政的各项制度"①，这标志着党的"独特理论创新"将以"重要政治制度"的形态融入政党治理、国家治理和社会治理的体系之中，实现从制度正义的高度来巩固党执政合法性的社会基础。

二、群众路线在中国式政治现代化中的价值逻辑

回望百年奋斗路，中国共产党通过坚持和贯彻群众路线，在"一切为了群众、一切依靠群众"中创造了光辉历史；展望未来奋进路，中国共产党仍需坚持和贯彻群众路线，与人民群众保持血肉联系和紧紧依靠人民群众才能继续开创新的辉煌。站在新的历史起点，群众路线不仅仅是中国共产党保持战斗力的重要传家宝，也是党永葆青春活力的生命线和实现长期执政的根本工作路线。在推进中国式政治现代化的历史进程中，群众路线也必将继续发挥出政治道德原则、政治力量源泉和领导艺术方法的重要作用。

1. 群众路线是中国式政治现代化的政治道德原则

人民群众是人类历史的创造者，是国家的真正主人，也是中国共产党长期执政的最大底气。"一切为了群众"是群众路线的立场所在和核心内容，也是中国共产党始终坚守的价值原则和优良传统。在中国革命、建设和改革的百年伟大实践中，中国共产党始终坚持以人民为中心，一切为了人民，为人民而生、为人民而战，也为人民而建。正如毛泽东在《论联合政府》中所论述的那样："全心全意地为人民服务，一刻也不脱离群众；一切从人民的利益出发，而不是

---

① 中共中央党史和文献研究院．十九大以来重要文献选编（中）[M]．北京：中央文献出版社，2021：273．

从个人或小集团的利益出发；向人民负责和向党的领导机关负责的一致性；这些就是我们的出发点。"① 历史和现实一再证明，坚持党的群众路线、一切为了人民是党战胜无数风险挑战，赢得一个又一个新的胜利的宝贵经验；背离党的群众路线，脱离人民群众就会使党陷入巨大的危险之中。在推进中国式政治现代化建设的背景下，中国共产党如何应对长期执政、改革开放、市场经济、外部环境"四大考验"，如何防范精神懈怠、能力不足、脱离群众、消极腐败"四大风险"？这就要求全党同志不忘为民初心，牢记复兴使命，走好走实群众路线，把"一切为了群众"的政治道德原则贯彻落实到新时代的各项实际工作中去。

这是因为：首先，群众路线蕴含人民本体论，要求促进人的自由全面发展。中国共产党是无产阶级的革命政党，自建立伊始就把实现共产主义作为最高纲领和最终目标，而共产主义社会的落脚点与显著标志就是促进社会的全面进步和人的自由全面发展。群众路线作为党的根本工作路线，是党实现阶段任务和最终目标的政治原则和根本遵循，自然蕴含"人是目的""以人为本"的价值取向和道德原则，必然要求发展为了人民、一切为了群众，最终促进人的自由全面发展。其次，群众路线蕴含人民利益论，要求始终为人民群众谋幸福。中国共产党来自人民、服务人民，为中国人民谋幸福是党一贯坚守的初心，为广大人民谋利益是党始终不变的追求。中国共产党为什么要为中国人民谋幸福？这是由中国共产党的理想信念和信仰决定的，即共产主义的终极信仰决定了党的初心使命。中国共产党为什么要为人民谋利益，这是由党的性质所决定的，因为中国共产党"除了工人阶级和最广大人民群众的利益，没有自己特殊的利益"②。为绝大多数人谋利益的党性要求同时也决定了党"全心全意为人民服务"的根本宗旨。再次，群众路线蕴含人民标准论，要求以群众拥护为最高标准。毛泽东早在党的七大报告中就强调："共产党人的一切言论行动，必须以合乎最广大人民群众的最大利益，为最广大人民群众所拥护为最高标准。"③ 此后，党的历届领导人在此基础上进一步丰富和发展了人民标准论。人民利益衡量标准也更加具体和现实，既要求体现物质利益，更要求体现精神利益，二者统一于人民群众对日益增长的美好生活需要之中，这是衡量党的一切工作是非得失的根本标准和评判标尺。

---

① 毛泽东. 毛泽东选集：第三卷 [M]. 北京：人民出版社，1991：1094-1095.
② 中国共产党章程 [M]. 北京：人民出版社，2017：19-20.
③ 毛泽东. 毛泽东选集：第三卷 [M]. 北京：人民出版社，1991：1096.

2. 群众路线是中国式政治现代化的政治力量源泉

人民群众是社会历史的活动主体，是国家建设的主力，也是中国共产党真正的执政之基和力量之源。"一切依靠人民"是中国共产党一贯坚持的群众观点，是群众路线的核心内容，彰显着群众路线的价值取向。在中国革命、建设和改革的百年伟大实践中，中国共产党始终坚持以人民为主体，一切依靠群众，从小到大、从弱变强，因人民而兴、靠人民而盛。诚如邓小平在《党和国家领导制度的改革》中所指出的那样："党只有紧紧地依靠群众，密切地联系群众，随时听取群众的呼声，了解群众的情绪，代表群众的利益，才能形成强大的力量，顺利地完成自己的各项任务。"① 为加快推进中国式现代化建设和早日实现中华民族伟大复兴的中国梦，迫切需要汇聚最广大人民群众的力量，迫切要求把"一切依靠群众"的观点贯彻落实到党的各项工作之中，在万众一心、同向同行中凝聚起无坚不摧的磅礴力量。

首先，群众路线能够正确处理党群关系，保持同人民群众的血肉联系。群众路线的重要主题就是如何处理党群关系，在确立"一切为了群众"的价值立场和价值导向的基础上，其核心要义是加强和保持同人民群众的血肉联系，不断依靠人民群众的磅礴伟力创造新的历史伟业。人民，也只有人民才是社会历史的主体和发展的根本动力，才是党所要依靠的根本力量。其次，群众路线能够激发人民群众的积极性，汇聚现代化建设的巨大力量。无论是革命、建设还是改革，无论是过去、现在还是将来，如果没有广大人民的积极参与，党的各项事业都难以取得成功和胜利。尤其是处在"船到中流浪更急、人到半山路更陡"的新时代，更要相信群众、组织群众，调动广大群众的积极性和主动性，汇聚全面建设社会主义现代化国家新征程的巨大力量。最后，群众路线能够激发人民群众的创造性，依靠人民群众创造历史伟业。党的百年奋斗史也是一部中国人民奋斗创业史。新民主主义革命时期，广大人民群众用血肉筑起新的长城，用小车推出战争奇迹；社会主义革命和建设时期，广大工农群众拼命打出了大庆油田，冒死开凿了人工天河；改革开放和社会主义建设新时期，广大人民群众发明了家庭联产承包和土地流转合作社，创造了深圳速度和浦东高度；中国特色社会主义新时代，人民群众依然是真正的英雄，让世界见证了脱贫攻坚和同心抗疫的人间奇迹。只要坚持相信人民、依靠人民，积极汇聚 14 亿多名中国人民的磅礴力量，就没有什么困难能够削弱中国共产党建设社会主义现代化强国的坚强决心，也就没有什么外部势力能够阻挡住中国人民实现中华民族

---

① 邓小平. 邓小平文选：第二卷 [M]. 北京：人民出版社，1993：342.

伟大复兴的前进步伐。

3. 群众路线是中国式政治现代化的领导艺术方法

"从群众中来、到群众中去"是群众路线的工作方法和领导方式，其实践目的是"把党的正确主张变为群众的自觉行动"，进而提升群众的政治思想觉悟和理论水平，将掌握群众的正确主张转化为推动社会进步的物质力量。在中国革命、建设和改革的百年伟大实践中，中国共产党始终坚持群众路线的工作方法和领导方式，虚心向人民群众学习，广泛集中群众的意见，充分汲取群众的智慧，把党的主张和人民的要求相结合，从而制定出正确的路线、方针和政策，再进一步宣传、教育和引导群众使之转化为改造现实世界的强大精神力量。在推进中国式政治现代化建设的背景下，即便面临新的世情、党情、国情，群众路线内嵌的优秀工作方法和领导方法仍具有强大的内生动力和政治生命力，也必将成为党治国理政的根本工作遵循和领导艺术方法。

首先，群众路线要求深入群众，以务实的作风问需于民。群众路线既是科学的方法论，也是哲学的认识论。群众的实践与需求是做好群众工作的来源和动力，也是检验群众工作成效的唯一标准。党和国家的历代领导人都非常重视深入群众开展调查研究，毛泽东提出了"没有调查就没有发言权"的重要论断；习近平总书记多次强调，进入新时代，站在新的历史方位，党的领导干部更要身子往下沉、眼睛往下看，深入基层、深入群众，开展线上线下多领域、全方位的调查研究，及时掌握人民群众的新情况，新问题，新需求，仍然是做好群众工作的前提条件和首要环节。其次，群众路线要求尊重群众，以虚心的态度问计于民。尊重群众要求党的领导干部要对人民群众有真感情，把自己与人民群众放在同一等高线上，真心实意地做人民群众的朋友，赢得人民群众的信任和拥护。在此基础上，放下架子、放低姿态，自觉自愿地拜人民为师，把群众当先生，虚心地向能者求教，真诚地向智者问策，从鲜活生动的实践和富有经验的群众中汲取智慧，总结形成党的正确主张。最后，群众路线要求教育群众，以科学的理论武装人民。只有使用正确的方法教育群众、引导群众和启发群众，才能把党的科学理论和正确主张变为群众的行动自觉，这是群众路线落地生根、深入人心并发挥作用的关键环节。进入新时代，群众工作的方式方法也要与时偕行、与日俱新，用好用活一般号召和个别指导相结合、领导骨干和广大群众相结合、说服教育与积极引导相结合以及抓两头、带中间等传统群众工作方法，积极创新民主协商法、网上互动法、群众自治法和法律约束法等新型群众工作方法，多管齐下、多措并举，在推进中国式政治现代化的进程中，切实将党的群众路线和群众工作做成一门领导艺术。

三、群众路线在中国式政治现代化中的道德实践

中国共产党是中国式政治现代化建设的领导核心，是群众路线的创立者、领导者和坚守者，在群众实践和现代化建设中起着重要的主导作用。群众路线是由中国共产党创立、坚持和贯彻的根本工作方法，是党保持同人民群众血肉联系，为人民执政、靠人民执政的基本政治原则，也是中国式政治现代化建设的道德实践路线。换言之，群众路线是党实现正确领导的关键条件，而实现党的正确领导才是贯彻群众路线的实质所在。历史与现实一再证明，坚持党的群众路线与实现党的正确领导具有高度一致性。中国人民和中华民族百年来所取得的伟大成就，根本原因就在于有中国共产党的坚强领导。贯彻党的群众路线与加强党的建设高度统一于中国式政治现代化建设的实践中，只要坚持价值原则与制度建设相结合、依靠群众与队伍建设相结合、人民监督与自我革命相结合，中国共产党就一定能够进一步稳固人民立场，不断提高自身的执政能力和执政水平，净化党内政治生态。

1. 坚持价值原则与制度建设相结合，稳固党的人民立场

历史已充分证明，党的群众路线是党的生命线和根本工作路线。在新时代的背景下，推进中国式政治现代化需要坚持并发展党的群众路线，而发展党的群众路线的首要条件就是在坚持价值原则的基础上加强制度建设，将群众路线中的以民为本、因民而兴、为民谋利等价值原则和优良传统上升为国家意志，成为具有强大约束力的政治制度。一方面，可以借助群众路线的价值原则来完善当前党和国家的制度体系；另一方面，可以借助党和国家的制度建设来保障群众路线的有效落实。关于制度建设的重要性，邓小平在《党和国家领导制度的改革》的讲话中曾深刻指出："制度问题更带有根本性、全局性、稳定性和长期性……制度好可以使坏人无法任意横行，制度不好可以使好人无法充分做好事，甚至会走向反面。"[①] 一语道破制度建设的极端重要性。党的十八大以来，以习近平同志为核心的党中央更加重视制度建设，强调："关键是要抓住制度建设这个重点……努力建立健全立体式、全方位的制度体系。"[②] 党的十九届四中全会通过的《中共中央关于坚持和完善中国特色社会主义制度、推进国家治理体系和治理能力现代化若干重大问题的决定》指出："通过完善制度保证人民在

---

① 邓小平. 邓小平文选：第二卷 [M]. 北京：人民出版社，1993：333.
② 中共中央文献研究室. 论群众路线：重要论述摘编 [M]. 北京：中央文献出版社，党建读物出版社，2013：137.

国家治理中的主体地位，着力防范脱离群众的危险。"① 站在新的历史起点上，面对新形势、新情况、新问题，要贯彻党的群众路线、稳固人民立场，需要从以下几个方面着力加强制度建设：一是完善干群联系制度。实施调研制度和回访制度，以制度的方式推动领导干部深入基层、深入一线，了解社情、征集民意，在与民互动的基础上切实做到问需于民、问计于民和问策于民。二是健全服务群众制度。优化干部结对帮扶、联动帮扶、志愿帮扶等制度，搭建便民服务平台，创新菜单式、下沉式、一体化的服务机制，为人民群众提供细心、贴心、暖心的立体服务。三是创新群众工作机制。党的群众工作需要因时而进、因势而新、因事而化，主动完善借助网络服务民生、收集民意和汇集民智的机制，从而不断革新党的群众工作机制以适应政治现代化的发展要求。从土地革命时期提出"打土豪、分田地"的革命任务到抗日战争时期确立"全心全意为人民服务"的根本宗旨，从新中国成立后的"三大改造"到改革开放后的"总体小康"，再到党的十八大后的"全面小康"和"疫情防控"，中国共产党始终从人民的利益出发，坚持为人民服务的价值追求。

2. 坚持依靠群众与队伍建设相结合，提高党的执政水平

历史和现实证明，中国共产党来自人民，因人民而生，更是靠人民而兴。在中国革命、建设和改革的百年奋斗历程中，中国共产党紧紧团结人民、依靠人民，最终取得了新民主主义的伟大胜利，顺利完成了社会主义的深刻革命，加快推进了社会主义现代化的建设，成功开创了中国特色社会主义的新时代，推动了中华民族伟大复兴进入不可逆转的历史进程。可以说，中国共产党在历史和人民的选择中应运而生，也因根植和依靠人民而不断强大。正如毛泽东在《论联合政府》中所指出的那样："只要我们依靠人民，坚决地相信人民群众的创造力是无穷无尽的，因而信任人民，和人民打成一片，那就任何困难也能克服，任何敌人也不能压倒我们，而只会被我们所压倒。"② 并且强调："政治路线确定之后，干部就是决定的因素。"③ 党的十八大以来，习近平总书记高度重视干部队伍建设，多次强调要抓好领导干部这一"关键少数"。站在新的历史起点上，中国共产党要想坚定不移地传承群众路线的优良传统，牢不可破地保持密切联系群众的最大政治优势，关键还需要打造一支高素质的党员干部队伍。

① 中共中央党史和文献研究院．十九大以来重要文献选编（中）[M]．北京：中央文献出版社，2021：274.

② 毛泽东．毛泽东选集：第三卷 [M]．北京：人民出版社，1991：1096.

③ 毛泽东．毛泽东选集：第二卷 [M]．北京：人民出版社，1991：526.

一方面，坚持贯彻党的群众路线，紧紧依靠人民加快推进中国式政治现代化建设。中国共产党可以通过厚植爱民情怀，践行为民宗旨，激发人民首创精神，坚定不移地依靠人民创造新的历史伟业。另一方面，按照坚持群众路线的根本标准，建设一支高素质的干部队伍。中国共产党历来重视选贤任能和干部队伍建设，始终把选人用人和干部队伍建设作为关键性的问题来抓。在中国共产党人"三严三实"的政治品格基础上，结合坚持群众路线的根本标准，在选人用人和干部培养方面，坚持人民至上的价值导向、全心全意为人民服务的价值标准、群众普遍认可的评价原则，努力打造一支为民谋事、为民尽责且又忠诚、干净、担当的干部队伍。只要坚持依靠人民群众和加强队伍建设相结合，中国共产党就能在提高自身的执政能力和执政水平的同时最大限度地发挥人民群众的主体力量。

3. 坚持人民监督与自我革命相结合，净化党内政治生态

历史反复告诫人们，没有监督的权力必然成为腐败的权力，这是一条铁律。接受人民群众监督，向人民群众负责，既是党的群众路线的内在要求，也是党的群众路线的应有之义。早在 1945 年，面对黄炎培先生提出的如何跳出历史周期率的问题，毛泽东在延安的窑洞以共产党人的价值标尺，给出了人民监督的选项和答案。此后，党的历届领导人都非常重视人民监督的作用，要求各级领导干部谨慎对待人民赋予的权力，行使权力需为人民考虑、对人民负责，自觉接受人民群众的监督。党的十八大以来，面对多年积存的突出问题和顽瘴痼疾，以习近平同志为核心的党中央聚焦自身、从严治党，以"欲胜强敌先自胜"的决心和"打铁还需自身硬"的心态清扫顽疾、革弊立新，从内因角度给出跳出历史周期率、确保红色江山永不变色的正确答案和根本出路，那就是坚持自我革新。毛泽东同志和习近平同志分别从外部监督和内部革新的角度回答了党如何跳出历史周期率的怪圈，从而为中国共产党获得人民支持、永葆青春活力和实现长期执政提供可靠的政治保障。如果我们从党中央对于"自我革命"与"群众路线"的关系的论述与定位来看，群众路线是"党永葆青春活力和战斗力的重要传家宝"①，自我革命则是"党永葆青春活力的强大支撑"②，两者对于党永葆青春活力都至关重要，难分轩轾。一方面，人民监督是政治现代化"社会政治"的重要表征，是人民行使当家做主权力和权利的重要形式，也是中国

① 习近平. 习近平谈治国理政［M］. 北京：外文出版社，2014：27.
② 中共中央关于党的百年奋斗重大成就和历史经验的决议［M］. 北京：人民出版社，2021：70.

共产党在政治建设和治国理政中贯彻群众路线的基本经验，对于党的建设与自我革新来讲不可或缺。在新形势下，党可以通过畅通人民监督的渠道、创新人民监督的方式、完善人民监督的机制来加强人民监督。另一方面，勇于自我革命是中国共产党最鲜明的政治品格，是区别于其他政党的显著标志，也是党始终保持先进性、纯洁性的根本依据。坚持自我革命就要刀刃向内、从严治党，通过严肃政治生活，严明党的纪律，强化党内监督，加大腐败惩治力度，纠正各种不正之风，全面净化党内政治生态，进而增强自我净化、自我革新和自我提高的能力，最终目的是保持与人民群众的血肉联系。只要把人民监督与自我革命相统一，才有可能逐步建立以权利制约权力的长效机制，才有可能形成以公民权利制衡政府权力、以社会权利制衡国家权力的理想局面。唯有如此，才能确保中国共产党不变质、不变色、不变味，始终成为永葆青春活力和强大战斗力并同广大人民群众保持血肉联系的坚强领导核心。

第三节　共同富裕：中国式政治现代化的价值旨归

共同富裕是社会主义的本质要求，是人民群众的美好期盼，也是中国式政治现代化的重要特征和价值旨归。中国共产党深刻认识到共同富裕的重要价值和深远意义，把实现共同富裕作为社会主义的本质要求和现代化建设的奋斗目标，贯穿到治国理政的全部活动之中。2020 年 10 月，中国共产党召开党的十九届五中全会，科学擘画社会主义现代化建设的远景目标，提出了要在 2035 年使得全体人民共同富裕取得更加明显的实质性进展，这是为走好中国式政治现代化新道路、推进全体人民共同富裕进行的顶层擘画。2021 年 8 月 17 日，习近平总书记主持召开了中央财经委员会第十次会议并指出："要坚持以人民为中心的发展思想，在高质量发展中促进共同富裕。"① 这为扎实促进全体人民共同富裕指明了实践方向、提出了总体要求。2021 年 11 月，党的十九届六中全会通过的《中共中央关于党的百年奋斗重大成就和历史经验的决议》，以纲领性文献的形式强调指出："坚持发展为了人民、发展依靠人民、发展成果由人民共享，坚定不移地走全体人民共同富裕道路。"② 明确了中国式政治现代化及其道德擘画的

---

① 习近平.扎实推动共同富裕［J］.求是，2021（20）：4-8.
② 中共中央关于党的百年奋斗重大成就和历史经验的决议［M］.北京：人民出版社，2021：66.

道德实践原则和伦理价值旨归。一方面，中国共产党团结、带领和依靠全国各族人民共同建设社会主义现代化；另一方面社会主义现代化的建设成果又由全体人民共同享有，在"共建共享"中探索出一条中国式政治现代化及其道德擘画的"共同富裕"道路。

一、中国式政治现代化之"共同富裕"的道德理据

中国共产党始终为绝大多数人谋利益的阶级属性，社会主义不断解放和发展生产力的本质要求以及建设社会主义现代化强国的伟大梦想，这些重要因素构成了推动全体人民共同富裕、促进社会公平正义的道德理据，使得共同富裕成为中国式政治现代化的奋斗目标和重要特征。

1. 共同富裕是由中国共产党的阶级属性决定的

中国共产党的阶级属性是什么？为什么说共同富裕是由中国共产党的阶级属性决定的？在回答这个问题之前，首先需要认识什么是政党？政党是近代政治的产物，也是现代国家的政治主体。根据《政治学辞典》的定义，政党是"代表某一定阶级、阶层或集团并为维护其利益、实现其政治主张而以执掌或参与政权为主要目标开展共同行动的政治组织"①。马克思主义的政党学说告诉我们，阶级性是政党的本质属性，任何政党需要一定的阶级基础，具有一定的政治目标和意识形态，也必然代表一定阶级的意志和利益。其次需要分析中国共产党的阶级属性和利益代表。中国共产党作为以马克思主义为指导的无产阶级政党，是中国工人阶级的先锋队，同时是中国人民和中华民族的先锋队。"两个先锋队"回答了中国共产党同中国工人阶级和中国人民、中华民族的关系，体现了党的阶级性、群众性和先进性的统一，说明了党既以中国工人阶级为基础，又是工人阶级中觉悟最高的那部分，代表着中国工人阶级和广大人民群众的利益。正如马克思、恩格斯在《共产党宣言》中所指出的那样："共产党人不是同其他工人政党相对立的特殊政党。他们没有任何同整个无产阶级的利益不同的利益。"② 中国共产党的阶级属性决定着党始终"代表中国最广大人民的根本利益，没有任何自己特殊的利益，从来不代表任何利益集团、任何权势集团、任何特权阶层的利益"③。再次需要分析中国共产党的政治目标和行动纲领。马克

① 王邦佐. 政治学辞典 ［M］. 上海：上海辞书出版社，2009：43.
② 中共中央马克思恩格斯列宁斯大林著作编译局. 马克思恩格斯选集：第 1 卷 ［M］. 北京：人民出版社，2012：413.
③ 中共中央关于党的百年奋斗重大成就和历史经验的决议 ［M］. 北京：人民出版社，2021：66.

思、恩格斯在其创立的科学社会主义学说中一再强调，共产党人致力于为绝大多数人谋利益，根本目的是推翻资产阶级的统治，消灭私有制，建立自由人的联合体。中国共产党作为"两个先锋队"和中国特色社会主义事业的领导核心，自诞生以来就致力于为中国人民谋幸福、为中华民族谋复兴，其最高理想和最终目标是实现共产主义。从本质上讲，"共同富裕"作为中国共产党带领中国人民建设社会主义现代化强国的一项基本目标，是由中国共产党的阶级属性决定的。

2. 共同富裕是由社会主义的本质要求决定的

社会主义的本质是什么？为什么说共同富裕是由社会主义的本质要求决定的？改革开放以后，以邓小平为代表的中国共产党人在认真分析国内外政治形势和吸取社会主义建设遭受曲折的经验与教训的基础上，深入思索和回答"什么是社会主义，怎样建设社会主义"这个首要的基本问题。经过一段时期的努力探索与实践，邓小平高度凝练和概括了社会主义的本质："社会主义的本质，是解放生产力，发展生产力，消灭剥削，消除两极分化，最终达到共同富裕。"① 这一论断精彩而且深刻，一语破的，它从根本任务、根本途径和根本目的等方面准确阐述了社会主义的科学内涵，指明了社会主义与资本主义的本质区别。进入新时代，习近平总书记赓续和拓新了社会主义本质理论，他指出："消除贫困、改善民生、逐步实现共同富裕，是社会主义的本质要求。"② 习近平总书记关于社会主义本质以及共同富裕的重要论述，从奋斗目标、评价标准、实现路径等维度上进一步扩充和拓展了社会主义本质理论，使得社会主义本质理论更加丰富和完整。

首先，共同富裕既是社会主义的根本目的，也是社会主义的奋斗目标。从马克思、恩格斯到列宁、斯大林再到毛泽东，共同富裕的思想一脉相承，共同富裕的理念始终未变，只不过目标相对较为笼统。直至邓小平创立社会主义本质理论，才把共同富裕明确地标注为社会主义的根本目的。其次，共同富裕既是社会主义的价值标准，也是社会主义的评价尺度。贫穷不是社会主义，社会主义的目的是富裕；两极分化也不是社会主义，社会主义的评判标准是共同富裕。正如习近平总书记所说："共同富裕是社会主义的本质要求，我国现代化坚持以人民为中心的发展思想，自觉主动解决地区差距、城乡差距、收入分配差

---

① 邓小平. 邓小平文选：第三卷［M］. 北京：人民出版社，1993：373.

② 习近平. 习近平谈治国理政（第二卷）［M］. 北京：外文出版社，2017：83.

距，促进社会公平正义，逐步实现全体人民共同富裕，坚决防止两极分化。"① 最后，共同富裕既是社会主义的前进方向，也是社会主义的实现路径。20 世纪 80 年代，邓小平提出了我国处在社会主义初级阶段的科学判断。党的十八大以来，中国特色社会主义进入新时代，我国社会主要矛盾虽然发生了根本性改变，但是我国仍旧处于并将长期处于社会主义初级阶段的基本国情并没有发生改变，"共同富裕"是我国从社会主义初级阶段迈向社会主义现代化强国的奋斗目标和前进方向，也是实现这个宏伟目标的实践路径。从这个维度来讲，"共同富裕"是由我国社会主义的本质要求决定的。

3. 共同富裕是中国特色社会主义目标决定的

中国特色社会主义的总目标是什么？为什么说共同富裕是由中国特色社会主义总目标决定的？目标决定方向，方向决定前途，这是因为目标能为行动指明方向、激发意志和凝聚力量。对于党和国家来讲，社会主义事业的总目标既是对未来发展前景的预设，也是对当下时代主题的把握。总目标的设定与确立，对于引领和推动中国特色社会主义发展至关重要。2017 年 10 月，党的十九大报告明确指出，中国特色社会主义的总任务是："实现社会主义现代化和中华民族伟大复兴，在全面建设小康社会的基础上，分两步走在 21 世纪中叶建成富强民主文明和谐美丽的社会主义现代化强国。"② 从总任务的动态凝聚和实践集成我们不难发现，中国特色社会主义的总目标就是建设社会主义现代化强国和实现中华民族伟大复兴。建设社会主义现代化强国与实现中华民族伟大复兴是相辅相成、休戚相关的一体两面，分别从国家和民族的层面对总目标进行了表述，社会主义现代化强国的建成标志着中华民族伟大复兴的实现，中华民族伟大复兴的实现印证着社会主义现代化强国的建成。建设社会主义现代化强国的层级目标是实现经济、政治、社会、文化和生态"五位一体"的高度文明，富强、民主、文明、和谐、美丽是其显著标志和基本特征。"共同富裕"内嵌于建设社会主义现代化强国的总目标，是中国式政治现代化及其道德擘画的重要特征和价值原则。从这个角度来讲，"共同富裕"是由中国特色社会主义的总目标决定的。

---

① 中共中央党史和文献研究院. 十九大以来重要文献选编（中）[M]. 北京：中央文献出版社，2021：825.
② 习近平. 习近平谈治国理政（第三卷）[M]. 北京：外文出版社，2020：15.

二、中国式政治现代化之"共同富裕"的道德擘画

实现全体人民共同富裕具有令人深信不疑的道德理据和使人心向往之的道德谋划。从信仰层面来看，实现共同富裕彰显着共产主义的终极关怀和社会主义的本质要求，是共产主义远大理想在当下中国的具体道德实践；从信念层面来看，实现共同富裕凸显着建设社会主义现代化强国的伟大梦想和宏伟目标，是中国特色社会主义共同理想的时代伦理诉求；从信心层面来看，实现共同富裕展现着中国共产党人的党性宗旨与价值自信，是巩固中国共产党长期执政地位的伦理道德基始。

1. 共同富裕是共产主义远大理想在中国的具体道德实践

共产主义是中国共产党人的坚定信仰，实现共产主义是共产党人的最终目标和远大理想。共产主义之所以能够成为共产党人始终不渝的坚定信仰，之所以为能够成为全国人民奋勇前行的精神力量，是因为共产主义既是一个现实的运动，也是人类社会发展的历史必然。马克思和恩格斯基于对现存客观事实的科学批判和对社会发展规律的科学把握，深刻揭示出资产阶级剥削工人阶级的秘密以及资本主义生产方式失灵的真相。随着资本主义根本矛盾的不断加深和无产阶级力量的不断壮大，两大敌对阵营的冲突不可避免，最终资本主义的外壳将被其自身孕育出生的无产阶级所炸裂，使得共产主义逐步从历史必然成为现实实践。在《德意志意识形态》中，马克思和恩格斯就深刻指出："共产主义对我们来说不是应当确立的状况，不是现实应当与之相适应的理想。我们所称为共产主义的是那种消灭现存状况的现实的运动。"① 这种现实的运动致力于为绝大多数人谋利益，通过消灭现存的不合理私有制度、分配制度和阶级剥削。在《政治经济学批判（1857—1858年手稿）》中，马克思阐明："社会生产力的发展将如此迅速……生产将以所有人的富裕为目的。"② 在马克思和恩格斯看来，随着社会生产力的快速发展，资本主义社会形态及其生产关系所导致的阶级剥削和两极分化最终走向消亡，取而代之的，将是共产主义社会形态以及所有人的共同富裕与自由全面发展。在社会主义新中国，共产主义的远大理想一直都是中国共产党团结带领中国人民砥砺奋进、勇毅前行的坚定信仰。在消除绝对

---

① 中共中央马克思恩格斯列宁斯大林著作编译局.马克思恩格斯选集：第1卷［M］.北京：人民出版社，2012：166.

② 中共中央马克思恩格斯列宁斯大林著作编译局.马克思恩格斯选集：第4卷［M］.北京：人民出版社，2012：1710.

贫困和全面建成小康的政治前提下，共同富裕已然成为共产主义远大理想在当下中国的具体道德实践，也是我国迈向社会主义现代化强国的基本奋斗目标。

2. 共同富裕是中国特色社会主义共同理想的时代伦理诉求

马克思依据生产力发展程度，在《哥达纲领批判》中把共产主义社会划分为两个不同的发展阶段：第一个阶段是共产主义的初级阶段，是不成熟的共产主义，后被列宁称为社会主义社会；第二个阶段是共产主义的高级阶段，是成熟的共产主义，也是通常所讲的共产主义社会。共产主义作为人类社会的高级形态，其发展具有前进性、艰巨性、曲折性和复杂性等特征。实现共产主义的远大理想绝非轻轻松松、敲锣打鼓就能够实现的，既需要坚守信仰、持之以恒，也需要划分阶段、设定目标，通过层级目标和阶段理想的实现，积小胜为大胜，最终实现共产主义。党的十一届三中全会之后，邓小平立足我国基本国情，给出了我国处于社会主义初级阶段的科学判断。同时，为了解放和发展生产力，使人民尽快摆脱贫困和富裕起来，以邓小平为核心的中国共产党人开创了中国特色社会主义道路，把"共同富裕"作为鲜明的价值取向和内在的本质要求，镶嵌于中国特色社会主义的共同理想和社会主义现代化建设的总任务和总目标之中。围绕实现社会主义现代化的奋斗目标和建设中国特色社会主义的共同理想，中国共产党制定了"三步走"发展战略和阶段性奋斗目标，先后实现了人民生活从温饱不足到总体小康、再从总体小康到全面小康的两次历史性跨越。每个发展阶段有每个阶段的奋斗目标，每个发展阶段有每个阶段的主要任务。1990年12月，邓小平在与江泽民等同志谈话时就曾强调："共同致富，我们从改革一开始就讲，将来总有一天要成为中心课题。"① 现阶段，共同富裕俨然成为社会主义现代化建设的中心课题，也成为中国特色社会主义共同理想的时代价值诉求。

3. 共同富裕是巩固中国共产党长期执政地位的伦理道德基始

中国共产党是中国特色社会主义事业的领导核心，近代以来，中国人民前途命运的扭转和中华民族伟大成就的取得，归根到底离不开中国共产党的坚强领导。习近平总书记在庆祝中国共产党成立100周年大会上明确指出："历史和人民选择了中国共产党。中国共产党领导是中国特色社会主义最本质的特征，是中国特色社会主义制度的最大优势，是党和国家的根本所在、命脉所在，是

---

① 邓小平. 邓小平文选：第三卷［M］. 北京：人民出版社，1993：364.

全国各族人民的利益所系、命运所系。"① 历史和人民选择了中国共产党，中国共产党也没有辜负历史和人民。在过去的一百年，中国共产党团结带领全国各族人民实现了从卑躬屈膝到站起来和从站起来到富起来的两次伟大飞跃，正迎来从富起来到强起来的新的伟大飞跃，向历史和人民交出了一份满意的优异答卷。在新的赶考之路上，中国共产党靠什么长期执政？如何才能继续考出好的成绩？追根溯源、归根到底还是要坚持以人民为中心的发展思想，坚持人民至上的价值原则，始终站稳人民的立场。正如党的十九届六中全会《中共中央关于党的百年奋斗重大成就和历史经验的决议》中所总结的第二条历史经验那样："只要我们始终坚持全心全意为人民服务的根本宗旨，坚持党的群众路线，始终牢记江山就是人民、人民就是江山，坚持一切为了人民、一切依靠人民，坚持为人民执政、靠人民执政，坚持发展为了人民、发展依靠人民、发展成果由人民共享，坚定不移地走全体人民共同富裕道路，就一定能够领导人民夺取新时代中国特色社会主义新的更大胜利。"② 由是可见，坚持人民立场和人民至上，坚持为人民执政和为人民发展是中国共产党长期执政的力量之源，落实到民生之根本就是要实现全体人民的共同富裕。中国共产党能否长期执政同能否带领人民实现共同富裕具有高度的内在一致性，坚持实现全体人民共同富裕就是新时代为民执政、为民发展的最大课题，也是中国共产党人长期执政的伦理道德基始。

三、中国式政治现代化之"共同富裕"的道德实践

百年以来，中国共产党人始终将实现共同富裕的价值追求贯穿于党的理论创新与实践探索之中。中华人民共和国的成立，为实践共同富裕的价值追求创造了根本社会条件，真正实现了共同富裕从道德谋划到道德实践的质的跨越，从此开启了中国共产党团结带领全国各族人民全面迈向共同富裕的伟大实践与历史探索。

1. 新中国成立初期对"共同富裕"的探索与实践

早在新民主主义革命时期，毛泽东以及中国共产党的早期领导人虽未明确提出"共同富裕"的概念，但已有相关思想观点散见于笔端。1949 年 10 月，新

---

① 习近平．在庆祝中国共产党成立 100 周年大会上的讲话［M］．北京：人民出版社，2021：12.

② 中共中央关于党的百年奋斗重大成就和历史经验的决议［M］．北京：人民出版社，2021：66.

中国的成立为"共同富裕"从设想到实践创造了根本社会条件。1950年6月颁布实施的《中华人民共和国土地改革法》明确废除地主阶级土地所有制，实行农民土地所有制，起到了解放农村生产力的重大作用，为共同富裕的初步探索与实践提供了必要的政治前提和条件。在国民经济得到全面恢复的基础上，我们党正式提出了"一化三改造"的过渡时期总路线。1953年12月，毛泽东在他亲自起草和修改的《关于发展农业生产合作社的决议》中，首次提出并使用了"共同富裕"的概念，指出："为进一步地提高农业生产力……逐步克服工业和农业这两个经济部门发展不相适应的矛盾，并使农民能够逐步完全摆脱贫困的状况而取得共同富裕和普遍繁荣的生活。"① "共同富裕"词义的通俗易懂，意蕴的美妙绝伦，激发了广大农民群众的强烈向往，也得到了社会各界的欣然接受与广泛认可。自此以后，以解放农村农业生产力、推进农民共同富裕为起点，中国共产党拉开了实现"共同富裕"这一伟大实践的历史帷幕。

1956年底，我国基本完成了社会主义革命，基本实现了对生产资料私有制的社会主义改造，确立了生产资料公有制和按劳分配制度，建立起社会主义的基本制度，"实现了中华民族有史以来最为广泛而深刻的社会变革，实现了一穷二白、人口众多的东方大国迈进社会主义社会的伟大飞跃"②，也为实现共同富裕奠定了根本政治前提和制度基础。在社会主义建设时期，党的八大根据国内社会主要矛盾的发展变化，提出了国民经济和社会发展的主要任务，即通过集中力量发展社会生产力，逐步满足人民日益增长的物质和文化需要。很显然，在社会主义革命和建设的早期探索与实践过程中，中国共产党关于共同富裕的早期实践的方针是正确且卓有成效的。在这一历史时期，中国共产党人对于共同富裕的理解也愈加深刻，共同富裕涵盖的主体也更加广泛。正如1955年10月毛泽东在资本主义工商业社会主义改造问题座谈会中所认为的那样："现在我们实行这么一种制度，这么一种计划，是可以一年一年地走向更富更强的，一年一年可以看到更富更强些。而这个富，是共同的富，这个强，是共同的强，大家都有份。"③

遗憾的是，在20世纪50年代后期，党未能完全坚持在党的八大上形成的正确路线，先后出现了"大跃进"、人民公社化运动、反右倾扩大化等路线错

①　中共中央文献研究室. 建国以来重要文献选编：第四册［M］. 北京：中央文献出版社，1993：662.

②　中共中央关于党的百年奋斗重大成就和历史经验的决议［M］. 北京：人民出版社，2021：14.

③　中共中央文献研究室. 毛泽东文集：第六卷［M］. 北京：人民出版社，1999：495.

误，使得实现共同富裕的实践与探索遭受了严重的挫伤和曲折。究其原因，一方面是认识上脱离了实际，过分地提高公有化程度，追求绝对化公平，反而陷入了平均主义、吃大锅饭的政治泥潭，挫伤了人民把"蛋糕做大"的积极性和主动性；另一方面是方法上急于求成，在生产力没有高度发展、物质财富没有极大丰富的情况下就要跑步进入共产主义，显然是不可能实现共同富裕的。由于这些错误未能从根本上及时纠正，以至于发生了"文化大革命"，酿成十年内乱，给共同富裕的实践带来最严重的损伤。回顾新中国成立初期的那段历史，虽然损失令人痛心、发人深省，但是党在社会主义革命和建设时期的初步探索与实践成效，为我们今天实现全体人民的共同富裕奠定了根本的政治前提和制度基础。

2. 改革开放新时期对"共同富裕"的总体设计与实践

改革开放和社会主义现代化建设时期，以邓小平同志、江泽民同志和胡锦涛同志为代表的中国共产党人为尽快改变人民群众的贫困面貌，促使全体人民共同富裕起来，先后开创了中国特色社会主义道路，确立了社会主义市场经济体制，在科学发展中坚持保障和改善民生，为实现全体人民共同富裕提供了充满活力的体制保障和整体推进的物质条件。

党的十一届三中全会后，邓小平对"共同富裕"进行了总体设计和接续探索。在总结共同富裕前期实践经验和惨痛教训的基础上，邓小平明确指出贫穷不是社会主义，社会主义的根本目标应该是消灭贫穷、实现共同富裕。共同富裕既是社会主义的根本目的、显著特点，也是社会主义社会必须坚持的重要原则和主要标准。在对共同富裕与社会主义之间的关系作长期深入思考之后，邓小平从社会主义本质的高度创造性地揭示，共同富裕是社会主义本质所要求达到的根本目的。对于如何实现共同富裕？邓小平也作出了切实可行的渐进式共同富裕的路径安排，那就是："允许一部分人、一部分地区先富起来，通过先富带后富，最终达到共同富裕。"① 邓小平站在崭新的认知高度对实现共同富裕作了顶层设计，并指出发展才是实现共同富裕的硬道理和第一要务。国家首先要集中力量解决发展的问题，再通过发展解决效率、分配、公平等前进中的问题，在农村推行了家庭联产承包责任制，在乡镇发展了乡镇企业，在城市进行了企业改革，在国家层面创办了经济特区，确立了社会主义初级阶段的基本经济制度，明确了建设小康社会的奋斗目标和"三步走"的发展战略，使得共同富裕的实践在现代化进程中不断得到开拓创新。

---

① 邓小平. 邓小平文选：第二卷［M］. 北京：人民出版社，1994：152.

党的十三届四中全会后，江泽民对"共同富裕"进行了体制改革和持续探索。20世纪80年代末90年代初正值国际社会主义运动陷入低潮、资本主义相对稳定和快速发展的时期，我国也在所难免地受到国际大环境的影响。面对国内外十分复杂严峻的形势，如何捍卫中国特色社会主义，如何发挥社会主义与资本主义的比较优势，成为横亘在实现共同富裕之路的基础问题。以江泽民同志为核心的第三代中央领导集体进一步加深了对什么是共同富裕和如何实现共同富裕的认识，在党的十四大上明确了建立社会主义市场经济体制的改革目标，党的十四届三中全会建立了以按劳分配为主体、多种分配方式并存的基本分配制度和效率优先、兼顾公平的社会分配原则，党的十五大确立了以公有制为主体、多种所有制经济共同发展的社会主义初级阶段基本经济制度，这为实现共同富裕提供了充满新鲜活力的体制保障。"三个代表"重要思想的提出，更是从领导核心的角度深刻认识发展生产与共同富裕的辩证统一关系。在此期间，党和国家出台了一系列推进共同富裕的具体举措，1994年实施了扶贫攻坚计划；1998年实施了国有企业下岗职工基本生活保障制度；1999年实施了失业保险制度、城市居民最低生活保障制度和西部大开发战略；20世纪末在实现总体小康的前提下，在党的十六大上正式提出全面建成小康社会的奋斗目标；等等。中国共产党人对实现全体人民共同富裕的探索与实践从未停歇。

党的十六大以后，胡锦涛对"共同富裕"进行了深入科学的探索。为了在新形势下坚持和发展中国特色社会主义，推动全体人民朝着共同富裕的方向稳步前进，以胡锦涛同志为核心的中国共产党人提出了科学发展观的重大战略思想。科学发展观的第一要义是发展，发展既是时代主题，也是国家建设的中心任务和实现共同富裕的根本途径。科学发展观的核心是以人为本，就是要求以人民为中心，以实现好、维护好、发展好最广大人民的根本利益为出发点和落脚点，最终目的是"促进人的全面发展，做到发展为了人民、发展依靠人民、发展成果由人民共享"[1]。科学发展观的基本要求是全面、协调与可持续："全面"强调经济、政治、社会和文化一体同心、共同发展；"协调"强调统筹城乡发展、区域发展、社会经济发展、人和自然协调发展以及对外开放和国内发展；"可持续"强调人与自然的和谐，坚决走生产发展、生活富裕、生态良好的文明发展道路。科学发展观的根本方法是统筹兼顾，是指在科学谋划、纵览全局的基础上做好五个方面的统筹，兼顾各方。在此期间，党和国家对于共同富裕进行了深入探索，在大力加强基础设施建设的基础上，实施了诸多惠民利民政策，

---

① 胡锦涛. 胡锦涛文选：第二卷［M］. 北京：人民出版社，2016：624.

2003 年建立了新型农村合作医疗制度，2006 年取消了农业税，2007 年推行了农村最低生活保障制度；在区域发展总体战略上，进一步贯彻了"两个大局"的思想，在 2004 年实施东北振兴战略和中部崛起战略等，探索新世纪"共同富裕"的新路径、新举措，多措并举，以满足全体人民对共同富裕的现实向往。

3. 中国特色社会主义新时代对"共同富裕"的全方位整体推进

党的十八大以来，中国特色社会主义迈入新时代。这个新时代是中国共产党团结带领全国人民自信自强持续创新的新时代，是中国人民不断创造美好生活的新时代，也是逐步实现全体人民共同富裕的新时代。随着我国社会主要矛盾发生的新变化，以习近平同志为核心的党中央提出以人民为中心的发展理念，更加聚焦人民对美好生活的需求，重点解决发展不平衡、不充分的突出问题，先后打赢了脱贫攻坚战，解决了绝对贫困的世界性难题，全面建成了小康社会，通过高质量发展整体推动全体人民共同富裕向着更加明显的实质性方向发展。显而易见，如何实现全体人民的共同富裕已经成为新时代中国共产党人治国理政和推进中国式政治现代化的首要任务和中心课题。正如习近平总书记所强调的那样："中国执政者的首要使命就是集中力量提高人民生活水平，逐步实现共同富裕。"① 在中国共产党的坚强和正确带领下，中华民族和中国人民正意气风发、信心百倍地向着实现全体人民共同富裕和建设社会主义现代化强国的宏伟目标阔步前进。新时代中国共产党人对实现全体人民共同富裕进行了全方位的擘画和整体性的推进。

首先，在价值目标上，体现为"共建共享"的全员式共同富裕。"共建共享"是共同富裕的价值追求和本质要求，其中"共建"是前提，强调尊重并依靠人民群众的首创劳动以发展社会生产，创造更加丰富的社会物质财富和精神，为共同富裕奠定坚实的经济基础；"共享"是目的，强调发展成果由全体人民共同享有，更加注重社会的公平正义，是社会主义社会共同富裕的本质体现。"共建"必须依靠人民，因为社会财富本身不能创造财富，也不会主动满足人，需要作为实践主体的人以自己的行动来创造新的财富；"共享"必须面向人民，因为人民才是社会的价值主体，由全体人民通过劳动创造的社会财富本应由全体人民共同享有，而且这个共享是"人人享有、各得其所，不是少数人共享、一部分人共享"②。不仅如此，由于"共享"注重的是如何实现社会公平和正义的问题，因而受到党中央的高度关注和人民群众的广泛关切。习近平总书记强调：

① 习近平．习近平谈治国理政（第二卷）［M］．北京：外文出版社，2017：30.
② 习近平．习近平谈治国理政（第二卷）［M］．北京：外文出版社，2017：215.

"改革开放搞得成功不成功，最终的评价标准是人民是不是共同享受到了改革开放的成果。"① 在建设社会主义文化强国、实现中华民族伟大复兴的历史新征程中，推进全体人民共同富裕务必坚持共建与共享相统一的价值原则以及一个也不落下的全员式价值目标，一方面依靠人民之力把"蛋糕做大"，另一方面借助制度优势把"蛋糕分好"，进而实现全体人民的共同富裕，走好新时代的赶考之路。

其次，在内涵形式上，体现为"五位一体"的全方位共同富裕。从社会主体论上讲，"现代化的本质是人的现代化，共同富裕的本质是人的共同发展"②。马克思、恩格斯早就在《德意志意识形态》和《共产党宣言》等经典文献中指出，未来社会的进步是全方位、立体化的进步，既包括物质富裕，也包括精神富足，才能促进人的自由全面发展。习近平总书记在 2021 年中央财经委员会第十次会议上强调："我们说的共同富裕是全体人民共同富裕，是人民群众物质生活和精神生活都富裕。"③ 实现共同富裕不仅仅意味着要满足人民对物质生活的需要，还要满足人民对政治民主、社会和谐、文化繁荣以及生态美丽等各方面的向往。因而，实现全体人民的共同富裕需要宏观的视野和系统的思维，在推动高质量发展的基础上，坚持"五位一体"总体布局，统筹推进经济、政治、社会、文化和生态等各方面相互协调、相互统一的全方位共同富裕。只有在内涵上推进"五位一体"的全方位共同富裕才能真正达到与全体人民的共同发展相衔接，才能真正实现每个人的自由全面发展之目的。

最后，在实现路径上，体现为"动态演进"的渐进式共同富裕。事物的发展通常是从量的增加开始，在量变的基础上实现质变，共同富裕也概莫能外，它是一个远景目标，具有长期性、艰巨性和复杂性等特点。一方面，共同富裕的实现是一个长期的奋斗过程，不可能一蹴而就，只能事情一件接着一件办、目标一年接着一年干，既等不得，也急不得；另一方面，共同富裕的本质不是同步富裕，也不是同等富裕，更不是平均财富，而是在生产力高度发达和社会财富极大丰富的基础上的相对平等和相对富裕。因为单纯的绝对同等富裕和单纯的绝对平等一样，仅仅存在于抽象的观念之中，相对的共同富裕则是更加真实、更加可行的共同富裕。诚如习近平总书记所强调的那样："我们要实现 14

---

① 中共中央文献研究室. 习近平关于社会主义社会建设论述摘要 ［M］. 北京：中央文献出版社，2017：35.

② 郭晗，任保平. 中国式现代化进程中的共同富裕：实践历程与路径选择 ［J］. 改革，2022（7）：16-25.

③ 习近平. 扎实推动共同富裕 ［J］. 求是，2021（20）：4-8.

亿人共同富裕……不是所有人都同时富裕，也不是所有地区同时达到一个富裕水准，不同人群不仅实现富裕的程度有高有低，时间上也会有先有后，不同地区富裕程度还会存在一定差异，不可能齐头并进。"① 以建设共同富裕示范区为突破口，通过部分地区的先试先行和总结经验，渐进式地逐步推动全体人民的共同富裕。

第四节 走出西方政治现代化金钱至上的政治囿围

政治现代化是人类社会在治国理政方面的革命性转型，是人类社会政治文明发展的总趋势。政治现代化运动是共性与个性的辩证统一，中国式政治现代化是政治现代化运动的一种具体的实践样态和道路选择。中国式政治现代化道路经历了一个漫长而曲折的过程，从腥风血雨的革命战争年代到砥砺奋进的中国特色社会主义新时代，百年奋斗征程中走出了西方政治现代化金钱至上的政治囿围。在价值取向上，聚焦人民至上而非金钱至上；在实践逻辑上，凸显真实民主而非抽象民主；在路径选择上，彰显中国特色而非简单移植。中国式政治现代化始终把马克思主义基本原理同中国具体实际相结合、同中华优秀传统文化相结合，内蕴了中国特色治国理政的思想和战略，诠释了中国式政治现代化道路成功开辟的重要原因，阐述了中国共产党领导的中国式政治现代化道路探索的历史经验，彻底打破了弗朗西斯·福山"历史终结论"和章家敦"中国崩溃论"的所谓历史断言，为全球治理体系建设和改革贡献了中国智慧和中国方案。正如党的十九届六中全会审议通过的《中共中央关于党的百年奋斗重大成就和历史经验的决议》所强调的那样："党领导人民成功走出中国式现代化道路，创造了人类文明新形态，拓展了发展中国家走向现代化的路径，给世界上那些既希望加快发展又希望保持自身独立性的国家和民族提供了全新选择。"②

一、在价值取向上，聚焦人民至上而非金钱至上

"人民至上"既是一个价值命题，也是一个事实命题，既表达了应然状态，也表达了实然状态，包含丰富的价值意蕴和明确的实践要求。"坚持人民至上"

① 习近平. 扎实推动共同富裕 [J]. 求是，2021（20）：4-8.
② 中共中央关于党的百年奋斗重大成就和历史经验的决议 [M]. 北京：人民出版社，2021：66.

展现了中国特色社会主义现代化鲜明的政治底色，在价值取向上表征为聚焦人民主体地位，把人民放在心中最高位置，置人民利益于首位，而非着眼于少数人、小团体或特权阶层的利益。中国式政治现代化的领导核心——中国共产党"为人民而生、因人民而兴"，科学地回答了"为谁立命、为谁谋利"这个根本性、方向性问题。人民既是实践主体、动力主体，又是价值主体。实现人民的实践主体、动力主体与价值主体的有机统一，是中国共产党人作出一切正确抉择的根本前提，也是中国共产党百年奋斗的宝贵历史经验和事业成功密码。

1. 以"全心全意为人民服务"为最高宗旨

"一个政党的使命追求是其对价值目标的设定，构成了理想目标中最深层的伦理因素，体现一个党的性质。"[1] 人民性是马克思主义最鲜明的理论品格，人民立场是马克思主义政党最根本的政治立场。中国共产党作为马克思主义执政党，自 1921 年成立以来，在中国革命、建设和改革的各个历史时期一以贯之地坚持全心全意为人民服务的根本宗旨，始终如一地秉持以百姓之心为心，矢志不渝地追求乐民之乐、忧民之忧，执政为民、惠民利民的目的善。正如习近平总书记在庆祝中国共产党成立 100 周年大会上的讲话所言："中国共产党始终代表最广大人民根本利益，与人民休戚与共、生死相依，没有任何自己特殊的利益，从来不代表任何利益集团、任何权势团体、任何特权阶层的利益。"[2]

历史唯物主义认为，人民是历史的创造者和社会变革的决定力量。回望百年奋斗路，走好新的"赶考路"，中国共产党始终不渝地保持党同人民群众的血肉联系，相信人民、尊重人民，用心用情用力解决好人民群众最关心、最直接、最现实的利益诉求，努力让人民过上幸福美好的生活。"用心用情用力"这一论述深刻回答了"我是谁"的问题，诠释了中国共产党全心全意为人民服务的宗旨意识，明确了中国共产党"人民公仆"的角色定位。所谓"用心"，是指中国共产党自成立的那一天起就植根人民、服务人民，思群众之所思、急群众之所急、想群众之所想。党的十八大以来，中国共产党坚持全面从严治党，敢于"向群众身边不正之风和腐败问题"亮剑，着力营造风清气正的政治生态。"人民有所呼、改革有所应"的全面深化改革及"不让一个人掉队"的精准扶贫等一系列务实有效的举措，充分彰显了我们党坚定的人民立场和真挚的为民情怀，真正做到了心中有数、政策对头和行动有力。俗话说："感人心者莫过于情。"

---

① 江先锋，孙玉良. 习近平关于人民健康重要论述的伦理意蕴［J］. 广西社会科学，2020（5）：7-13.

② 习近平. 在庆祝中国共产党成立 100 周年大会上的讲话［M］. 北京：人民出版社，2021：11-12.

"用情"就是中国共产党在推进国家治理体系和治理能力现代化的伟大进程中真情实意地主动关心人民群众的冷暖疾苦，尽心尽力帮助人民群众排忧解难，同人民群众建立密切交往关系，为人民群众办实事、办好事。面对突袭而至的病毒和来势汹汹的疫情，我们党坚持人民至上、生命至上的原则，一开始就鲜明地提出了把人民生命安全和身体健康放在第一位，在全国范围调集最优秀的医生、最先进的设备和最急需的资源，全力以赴地投入疫病救治，国家承担全部救治费用，最大限度地保护了人民生命安全和身体健康。"用力"意味着尽己所能为百姓服务，夙夜在公，实现好、维护好、发展好最广大人民的根本利益。我们党着眼于在发展中补齐民生短板、兜牢民生底线，聚焦基层的困难事、群众的烦心事，将一大批惠民举措落地落实落细，着力破解就业、教育、社保、医疗、住房、养老等人民群众最关心、最直接、最现实的问题，增强人民群众的获得感、幸福感、安全感。

一言蔽之，"用心用情用力"集中体现了我们党"以百姓之心为心"的本性良知，高度概括了党在百年奋斗征程中积极向上向善的道德践履，充分彰显了中国共产党服务人民、造福人民、为了人民的伦理旨归，为开启全面建设社会主义现代化强国、向第二个百年奋斗目标进军的新征程提供了道德规约和价值指引。

2. 以"人民群众满意不满意"为判断标准

马克思主义唯物史观认为，人类改造客观世界的效果既要通过其活动对象的改变来体现，也要通过活动对象改变的状况来检验。评判治国理政思想是否蕴含人民性，关键是看评判权是否掌握在人民群众手中，是否以人民满意度为评判标准。因此，始终坚持"以人民为中心"的道德理念和价值取向，牢固树立人民群众主体地位意识，由人民群众来检验一切工作的成败得失，这是中国特色社会主义民主政治、中国式政治现代化和国家治理独一无二的理论和实践创新，是现代民主政治正当性的伦理基石，可谓是"人民同意"原则的"中国情怀"和"中国表达"。

"时代是出卷人，我们是答卷人，人民是阅卷人。"① 以人民群众满意不满意为判断标准是坚持立党为公、执政为民的本质要求。也就是说，赢得人民信任，得到人民支持，党就能够克服任何困难，就能够无往而不胜。首先，尊重人民群众的评价主体地位。人民既是中国特色社会主义实践的参与者和推动者，也是对中国特色社会主义认识的提供者和真理的检验者。正如习近平总书记所

---

① 习近平. 习近平谈治国理政（第三卷）［M］. 北京：外文出版社，2020：70.

指出的那样："我们党的执政水平和执政成效都不是由自己说了算，必须而且只能由人民来评判。人民是我们党的工作的最高裁决者和最终评判者。如果自诩高明、脱离了人民，或者凌驾于人民之上，就必将被人民所抛弃。"① 我们党在经济、政治、文化、社会、生态文明建设等各方面主动问需于民、问计于民、问效于民，增加人民群众的话语权、评判权，自觉接受人民群众的评价和检验，把人民群众的满意度作为衡量各项工作成效的重要尺度。其次，坚持权为民所用，树立正确的权力观。扎根中国特色社会主义实践这一伦理实体，我们认识到正确的权力观实质上是"权为民所赋，权为民所用"。具体而言，我国人民民主专政的国家性质决定了人民是国家的主人。我国宪法规定："中华人民共和国的一切权力属于人民。"② 人民赋予各级领导干部管理国家、管理社会经济文化事务的各项权力，因而要求各级领导干部始终以党和人民的事业为重，认真倾听人民的声音，为人民掌好权、用好权，用人民赋予的权力服务于人民、造福于人民。最后，坚持利为民所谋，树立正确的政绩观。坚持由人民群众作为"阅卷人"，不能形式化和过场化，必须外化于行。我们党自诞生之日起就具有强烈的问题意识，立足在解决"有没有"的问题的基础上解决"好不好"的问题，坚持把人民拥护不拥护、赞成不赞成、高兴不高兴、答应不答应、满意不满意作为各项社会政策制定的事实依据和价值准绳。顺应民心、尊重民意、关注民情、致力民生，努力让人民群众看到变化、得到实惠，赢得人民群众对党的信任和拥护。

总之，以人民群众满意不满意为判断标准，深刻回答了赶考之路由"谁来阅卷"这一治国理政的伦理问题，充分展现了中国共产党人在赶考路上清醒的道德意志和自觉的道德行动，生动诠释了积极回应人民群众全面发展需求的人民情怀和伦理担当。

3. 以"人民群众对美好生活向往"为奋斗目标

人民群众对美好生活的向往并非一朝一夕的空想，而是从古到今世世代代所追求的美好理想，激励着中国共产党人"栉风沐雨秉初心，砥砺奋进续华章"。从某种意义上讲，人民的幸福生活是最大的人权。习近平总书记更是多次明确指出，中国共产党人治国理政的价值主旨和责任担当就是"永远与人民同呼吸、共命运、心连心，永远把人民对美好生活的向往作为奋斗目标"③。中国

---

① 习近平. 习近平谈治国理政 [M]. 北京：外文出版社，2014：28.
② 中华人民共和国宪法 [EB/OL]. 中国人大网，2018-03-22.
③ 习近平. 习近平谈治国理政（第三卷）[M]. 北京：外文出版社，2020：1-2.

共产党在满足人民美好生活期待的过程中始终聚焦人民至上而非金钱至上，尊重人民群众在实现美好生活中的创造主体地位和利益主体地位。以人民群众对美好生活的向往为奋斗目标，是中国式政治现代化及其道德擘画的核心理念与价值理想的自然流露，充分体现了中国式政治现代化的正义性与道德性。

"美好生活"从本质上来讲是一种客观状态和主观感受协调统一的生活状态，即"物质需要"和"精神需要"都得到充分满足的发展过程，体现了历史唯物主义的人民主体思想。把人民群众对美好生活的向往作为奋斗目标，就是在治国理政的过程中一以贯之地坚持"人民至上"的伦理原则，矢志践行为"人民谋幸福、为民族谋复兴"的初心使命，着力破解发展不平衡、不充分的问题，努力增进人民福祉，不断增强人民的获得感、幸福感、安全感。具体地讲，一方面，民生是人民幸福美满和社会存在发展的根基，直接展现出中国共产党人一事终一生的民本情怀。党的十九大报告明确提出，中国特色社会主义新时代"是全国各族人民团结奋斗、不断创造美好生活、逐步实现全体人民共同富裕的时代"①。在向着第二个百年奋斗目标前进的历史征程中，以习近平同志为核心的党中央面对发展不平衡、不充分的难题，统筹考虑人民群众的美好生活需要和满足需要的现实可能，把促进全体人民共同富裕逐步上升为谋民生之利、解民生之忧的着力点和支撑点，不断采取有力措施保障和改善民生水平，旨在满足人民在物质层面和精神层面多样化、多层次、多方面的现实需求，以实现人的自由全面发展。另一方面，人民群众是实现国家治理体系和治理能力现代化的道德主体，每个人都享有共建共享发展成果的道德责任和道德关怀。美好生活的主观感受实质上是人民对生活状态的积极评价与满足体验。但是人民对美好生活的感受和体验并非一蹴而就，而是波浪式改进、螺旋式上升的。中国共产党深深扎根中国特色社会主义实践这一生动的伦理实体背景和坚实的社会历史土壤，立足人民对美好生活的主观性评价，尊重人民群众的首创精神，充分发挥最广大人民的积极性、主动性、创造性，让改革发展的成果更多更公平地惠及全体人民，使人民在更加良好的社会生活环境中体验到越来越多的获得感、幸福感、安全感，使人民群众共创共享劳动成果由理想变成现实。

综上所述，中国共产党矢志不渝地追求为人民谋幸福、为民族谋复兴的初心使命，是一种建立在公共伦理基础上的理性自觉，形象生动地再现了"民之所盼，政之所向"的伦理关怀，蕴含着对人的尊严和权益的确认与尊重，体现了人民至上而非金钱至上的价值追求，构筑起实现中华民族伟大复兴"中国梦"

---

① 习近平．习近平谈治国理政（第三卷）［M］．北京：外文出版社，2020：9.

的合德性价值根基。

二、在实践逻辑上，凸显真实民主而非抽象民主

"民主不是哪个国家的专利，而是各国人民的权利"①，是全人类的共同价值。美籍奥地利政治经济学家约瑟夫·熊彼特在其代表作《资本主义、社会主义与民主》中，对西方实践形态上的、以资本逻辑为核心的抽象民主做了全面的、翔实的厘定和辨析，"西方的现代民主制并不是某种超然于历史事实的东西，而是权力博弈下的结果。它是资本主义发展过程的产物，资产阶级通过这套制度将政治决策领域的事务限定在选举执政者的领域，通过约束国家权力保障资产阶级的自由，从而保障了资产阶级的合法性，为各领域的个人主义提供坚实的精神架构和法律支撑"②。西方的"民主"自古以来就是少数人的游戏，资产阶级精英统治下的西方民三，从根本上背离了民主是多数人统治的基本原则，遮蔽了民主的伦理真实性。与之相反的是，中国式政治现代化道路坚持党的领导、人民当家做主和依法治国有机统一，将实现和发展人民民主贯穿党的百年奋斗全过程。正如习近平总书记所指出的那样："民主不是装饰品，不是用来做摆设的，而是要用来解决人民要解决的问题的。"③ 中国的民主是人民的当家做主，人民当家做主是社会主义民主政治的本质和核心。中国共产党在推进社会主义民主政治建设的过程中，始终坚持以人民为中心，坚持德法并举，使全过程人民民主真正体现人民意志、符合人民利益。

1. 人民民主表征了中国式政治现代化的伦理真实性

人民民主专政是我国的国体。我国宪法明确规定："中华人民共和国是工人阶级领导的、以工农联盟为基础的人民民主专政的社会主义国家。"④ 人民民主专政的本质是人民当家做主。人民当家做主是中国式政治现代化的本质特征、核心内容和基本要求，是马克思主义"人民主权论"在当代中国实践场域中的现实表达。人民当家做主实质上就是国家的一切权力都来自人民，人民群众在国家政治、经济、文化、社会等各项事务中都拥有广泛且真实的权利，表征了

---

① 习近平. 坚定信心 共克时艰 共建更加美好的世界 [M]. 北京：人民出版社，2021：5.

② ［奥地利］熊彼特. 资本主义、社会主义与民主 [M]. 吴良健，译. 北京：商务印书馆，1999：433.

③ 中共中央文献研究室. 十八大以来重要文献选编（中）[M]. 北京：中央文献出版社，2016：76.

④ 中华人民共和国宪法 [M]. 北京：人民出版社，2018：7.

中国式政治现代化的伦理真实性。

中国特色社会主义民主是维护人民根本利益的最广泛、最真实、最管用的民主，"人民当家做主"本质体现在中国共产党治国理政的方方面面。中国式政治现代化最显著的优势就是人民赋予中国共产党治国理政的合法权利，中国共产党在治国理政中始终坚持人民当家做主，尊重人民群众的主体地位和首创精神，依靠人民创造历史伟业。人民代表大会制度是我国根本政治制度，是党在国家政权中充分发扬民主、贯彻群众路线的最好实现形式，是保障人民当家做主和体现社会公平正义的伦理道德基始与政治制度安排。中国特色社会主义进入新时代，习近平总书记高度重视民主政治建设，他多次强调："在新的奋斗征程上，必须充分发挥人民代表大会制度的根本政治制度作用，继续通过人民代表大会制度牢牢把国家和民族前途命运掌握在人民手中。"① 在实践逻辑上，中国特色社会主义民主真正凸显出真实性、广泛性。作为世界上拥有 14 亿多人口的发展中大国，选举权和被选举权是我国公民最基本的政治权利。2021 年 11 月 5 日，北京市举行区和乡镇两级人大代表换届选举投票，习近平总书记在西城区中南海选区怀仁堂投票站投下庄严的一票。习近平总书记的中南海选区怀仁堂投票站之行反映出了他对基层民主选举工作的高度重视，对人民代表大会制度的支持和维护，是对人民知情权、参与权、表达权、监督权的保障和落实。更重要的是，在全国很多偏远山区，基层选举委员会带着流动票箱翻山越岭"上门服务"。从国家主席到基层群众，全国年满 18 周岁的选民一人一票、同票同权，直接选举产生县乡两级人大代表，选举的广泛性、真实性使得人民当家做主的民主政治熠熠生辉。回顾党的百年奋斗历程，一直致力于探索发展社会主义民主政治，扩大人民有序政治参与，用逐步健全完善的制度体系保证人民当家做主，保障人民合法权益，激发人民群众参与民主选举、民主协商、民主决策、民主管理、民主监督的创新活力，厘清以人民为中心的权责关系，充分展示了社会主义民主政治的真实性和优越性。

历史和实践证明，中国共产党在深深扎根于中国特色社会主义伟大实践的伦理实体的基础上所建构的人民当家做主的政治制度，是真实地全心全意为人民谋幸福、为民族谋复兴的制度安排，打破了西方政治在实践形态上以资本逻辑为核心的抽象民主，克服了西方式政治现代化及其道德谋划着眼于少数人参与的历史局限性。

---

① 中共中央文献研究室. 十八大以来重要文献选编（中）[M]. 北京：中央文献出版社，2016：54.

2. 全过程民主体现了中国式政治现代化的道德实践性

民主是贯穿中国式政治现代化的一条主线，中国共产党自诞生之日起就扎根于中国新民主主义革命、社会主义革命和建设、中国特色社会主义伟大实践的伦理实体背景，以人民为中心，探索符合中国国情的民主新路——人民民主。党的十八大以来，以习近平同志为核心的党中央不断深化对民主政治发展规律的认识，提出全过程人民民主的重大理念。2019 年 11 月，习近平总书记在上海市长宁区虹桥街道，首次提出"人民民主是一种全过程的民主"①。之后，习近平总书记在多个场合发表的重要讲话中，都特别强调要加快发展全过程民主。全过程民主之所以体现了中国式政治现代化的道德实践性，是因为全过程民主是社会主义民主政治的精准表达。

一方面，全过程民主"实现了过程民主和成果民主、程序民主和实质民主、直接民主和间接民主、人民民主和国家意志相统一"②。民主的实现形式丰富多样，不是某个国家定制的固有产品，各国的民主形式带有深刻的民族烙印，具有鲜明的民族性。西方国家长期掌控着民主的话语权，一向自诩西方民主实践"一选了之"的一次性快餐式民主是十分完美的，真正实现了民主和自由。但西方民主长期处于"静默状态"，是私有制基础上资产阶级的民主，真实的写照是1%人的民主。以美国为代表的西方国家，遭遇民主治理困境，甚至出现政府信任危机，普通民众强烈呼吁"还权于民"。而中国的全过程民主与西方抽象的民主实践形成鲜明且强烈的对比。全过程民主的中国实践秉持"以百姓之心为心"和"为中国人民谋幸福"的伦理关怀，弥补了西方选举民主——更确切地说是"选票民主"——的固有缺陷和内在悖论。建立在中国特色社会主义制度之上的全过程民主以人民代表大会制度为中心环节，保障人民通过选举自己的代表参与国家事务和社会事业的管理，又充分发挥社会主义协商民主的重要作用，坚持民主和集中的统一，完善基层群众自治制度，发展基层民主，畅通民主渠道，保证人民有广泛、持续、深入地参与政治生活的权利。

另一方面，全过程民主是"全链条、全方位、全覆盖的民主，是最广泛、最真实、最管用的社会主义民主"③。人民民主以全过程的形式和程序，展现中国式政治现代化的道德实践性，体现人民利益的全局性、长远性和根本性。在

① 习近平. 论坚持人民当家作主 [M]. 北京：中央文献出版社，2021：303.
② 徐隽，王晔. 坚持和完善人民代表大会制度　不断发展全过程人民民主 [N]. 人民日报，2021-10-15（1）.
③ 徐隽，王晔. 坚持和完善人民代表大会制度　不断发展全过程人民民主 [N]. 人民日报，2021-10-15（1）.

马克思看来："在民主制中，任何一个环节都不具有与它本身的意义不同的意义。每一个环节实际上都只是整体人民的环节。"① 换言之，全过程民主贯通于治国理政的各领域和人民民主的各环节，通过一系列法律和制度安排，将民主选举、民主协商、民主决策、民主管理、民主监督的各个环节彼此贯通起来，使民主成为工作作风、工作方式和生活方式，并全面覆盖政治、经济、文化、社会和生态等诸多领域，满足人民对美好幸福生活的期待。把人民的幸福感、获得感、安全感作为衡量民主质量高低的标尺，真正体现人民意志，实现人民当家做主。概而言之，全过程民主是民主价值理念和民主实践形态的统一体，明确了中国式政治现代化如何以人民为中心的治国理政这一重大时代课题，实现了国家治理现代化和人的现代化之间的良性互动，使人民民主制度在实践中得到有效落实，蕴含着丰富的政治伦理意蕴。

3. 全面依法治国内蕴中国式政治现代化的伦理文化基因

法律是治国之重器，良法是善治之前提。党的十八届四中全会通过的《中共中央关于全面推进依法治国若干重大问题的决定》明确指出："依法治国，是坚持中国特色社会主义的本质要求和重要保障，是实现国家治理体系和治理能力现代化的必然要求。"② 全面推进依法治国有利于解放和增强社会活力、促进社会公平正义、维护社会和谐稳定，进而保障人民的幸福安康，确保国家的长治久安。由此可见，全面依法治国是党领导人民治理国家的基本方略，是"四个全面"战略布局的重要组成部分，继承和超越了中国传统政治伦理的民本理念和德法并举思想，内蕴中国式政治现代化对伦理道德的现实观照。

传承和发展中国传统政治伦理的民本情怀，就是要尊重和坚持人民在全面依法治国中的主体地位。坚持以人民为中心，充分展现了中国特色社会主义法治的人民立场、人民属性，是中国特色社会主义法治区别于资本主义法治的根本所在。因此，建立在马克思主义哲学基础上的法治理论，也必然展示出人民性的理论品格。在马克思看来："只有当法律是人民意志的自觉表现，因而是同人民的意志一起产生并由人民的意志所创立的时候，才会有确实的把握。"③ 马克思关于法律体现人民意志的论述，深刻阐述了全面依法治国最广泛、最深厚

---

① 中共中央马克思恩格斯列宁斯大林著作编译局. 马克思恩格斯全集：第 3 卷［M］. 北京：人民出版社，2002：39.

② 中共中央文献研究室. 十八大以来重要文献选编（中）［M］. 北京：中央文献出版社，2016：155.

③ 中共中央马克思恩格斯列宁斯大林著作编译局. 马克思恩格斯全集：第 1 卷［M］. 北京：人民出版社，2002：342.

的基础是人民，必须坚持法治为了人民、依靠人民、造福人民、保护人民。法律的权威源自人民的内心拥护和真诚信仰，人民的权益依靠法律的强有力保障。中国坚持党领导立法、保证执法、支持司法、带头守法，把依法治国同依法执政相统一。在治国理政中善于倾听群众心声，回应群众期待，紧紧围绕人民最关心、最直接、最现实的切身利益问题开展立法工作，回应人民对美好法治社会和法治国家的向往，在立法、执法、司法各个环节倾听人民呼声、汲取人民力量，坚持人民群众法治实践的主体地位，以人民满意不满意作为法治建设成效的最终评判标准，深入推进全过程人民民主，积极拓展公民有序参与法治建设，树立和增强全体人民高度的法治实践自觉与文化自信。

中国传统政治伦理的德法并举理念就是坚持依法治国和以德治国相结合。"法律有效实施有赖于道德支持，道德践行也离不开法律约束。"① 法律和道德作为治国理政的两种重要手段，地位相同、不分主次，二者都具有规范社会行为、调节社会关系和维护社会秩序的重要功能。德治重在自律，法治重在他律。依法治国和以德治国作为治国理政的一体两面，彼此相互促进、相互补充，缺一不可，是辩证统一的关系。中国共产党在全面依法治国的过程中，高度重视法律和道德的内在一致性。一方面，重视发挥法律的规范作用，通过"法治"的现代性和规范性来克服"德治"的保守性和非规范性，进而在法治建设过程中运用道德为法律注入活力，以法治体现道德理念为着力点来强化法律对道德建设的促进作用。另一方面，充分发挥好道德的教化功能，用"德治"的实用性和灵活性克服"法治"的局限性和机械性，大力弘扬社会主义先进思想道德，把社会主义核心价值观贯彻到法治建设全过程，用道德滋养法治精神，为建设社会主义法治文化提供有力支撑。总的说来，德法并举，扬弃了中国传统"礼法合治"中的不合理因素，超越了西方的"唯法治论"的理想主义，真正实现了法与德的内在一致性，在常理、常法、常情之间实现贯通。

三、在路径选择上，彰显中国特色而非简单移植

中国共产党和中国人民自己选择的政治发展道路是社会主义民主政治在当代中国的具体化，是一条发展社会主义民主政治的新道路，充分彰显了中国特色和中国风格，而非简单抄袭与机械移植西方国家的民主道路。这条道路既有科学的思想理论作指导，又有严谨的制度架构作支撑；既有明确的价值取向和目标要求，又有符合国情的实现形式和可靠的推动力量。内容丰富，体系完备。

---

① 习近平. 习近平谈治国理政（第二卷）[M]. 北京：外文出版社，2017：133.

具体来讲，就是中国共产党在顺应时代发展潮流、适应实践发展需要、破解现实发展难题的基础上，胸怀"两个大局"、心系"国之大者"，实现了对"两个结合"理论与实践的创新，对"三大规律"认识的新飞跃以及对"人类命运共同体"的科学擘画，致力于创造具有中国风格、中国气派、中国风采的政治现代化发展道路以及由此生成的人类文明新形态。

1. 导源于对"两个结合"理论与实践的创新

习近平总书记在庆祝中国共产党成立 100 周年大会上，首次聚焦马克思主义中国化的历史必然和发展逻辑，明确提出"把马克思主义基本原理同中国具体实际相结合、同中华优秀传统文化相结合"① 的全新命题，为新时代继续推进马克思主义中国化以及发展中国特色社会主义事业提供了重要理论遵循。党的百年奋斗之路就是扎根于新民主主义革命、社会主义革命和建设、改革开放和社会主义现代化建设、中国特色社会主义伟大实践这一生动的伦理实体背景，是对马克思主义基本原理的真理性继承与创造性发展之路，是对中华优秀传统文化进行创造性转化和创新性发展之路，不断推进马克思主义中国化和时代化，实现一次又一次理论飞跃，将马克思主义在世界范围内的发展推向一个又一个历史新台阶、新高度和新境界。

一方面，从腥风血雨的革命战争年代到砥砺奋进的中国特色社会主义新时代，百年来，中国共产党人团结和带领中国人民深深扎根中国大地，将马克思主义基本原理同中国革命、建设、改革的具体实践相结合，中华民族迎来了从"站起来""富起来"到"强起来"的伟大飞跃。实践充分证明，把马克思主义基本原理同中国具体实际相结合是新时代推进马克思主义中国化的必然要求。正如习近平总书记所指出的那样："坚持把马克思主义基本原理同当代中国实际和时代特点紧密结合起来，推进理论创新、实践创新，不断把马克思主义中国化推向前进。"② 当今世界正处于百年未有之大变局，在向第二个百年奋斗目标迈进的新征程上，我国面临前所未有的机遇和挑战，贸易保护主义、新冠肺炎疫情、"零和博弈"思维等不断冲击我国经济社会的高质量发展。在历史与未来接续交汇、中国与世界密切交织的时空背景下，如何协调推进"四个全面"战略布局，如何贯彻新发展理念，满足人民对美好生活的新期待，始终不渝地坚守"初心使命"等时代课题，期待我们中国共产党积极主动地因势而谋、应势

---

① 习近平. 在庆祝中国共产党成立 100 周年大会上的讲话［M］. 北京：人民出版社，2021：13.

② 习近平. 习近平谈治国理政（第二卷）［M］. 北京：外文出版社，2017：33.

而动、顺势而为，运用马克思主义的基本立场、观点和方法来分析和应对中国式政治现代化进程中遇到的各种难题，不断地解放思想、实事求是、与时俱进，创造新的科学理论以指导新的伟大实践，于危机中育先机、于危机中育新机、于变局中开新局。

另一方面，党的百年奋斗之路上坚定不移地把马克思主义基本原理同中华优秀传统文化相结合，新时代让"在中国的马克思主义"真正转化为"中国的马克思主义"。马克思曾言："人们自己创造自己的历史，但是他们并不是随心所欲地创造，并不是在他们自己选定的条件下创造，而是在直接碰到的、既定的、从过去承继下来的条件下创造。"① 中国五千多年的悠久历史积淀了深厚的道德文化底蕴，蕴含着中华民族的精神品格。比如，中华文化强调的"天人合一"的自然观念、"民为邦本"的人文精神、"以和为贵"的处世之道等人民日用而不觉的价值观念和伦理文化，与马克思主义所倡导的人民至上立场、追求社会主义和共产主义的远大理想是高度一致的。正如习近平总书记指出的那样："马克思主义传入中国后，科学社会主义的主张受到中国人民热烈欢迎，并最终扎根中国大地、开花结果，绝非是偶然的，而是同我国传承了几千年的优秀历史文化和广大人民日用而不觉的价值观念融通的。"② 在新时代，新征程上，中国共产党积极汲取中华优秀传统文化中"讲仁爱、重民本、守诚信、崇正义、尚和合、求大同"的丰富伦理思想，始终坚持辩证和历史的传统文化观，既反对文化虚无主义，又拒斥文化保守主义，对中华优秀传统文化进行创造性转化和创新性发展，借助民族话语、民族精神等载体为当代中国马克思主义发展注入中国特色的历史文化基因。同时，中华优秀传统文化兼收并蓄马克思主义的科学性和真理性力量，激发中国人民的民族自豪感和奋斗意识，让中华优秀传统文化的历史智慧在新时代发挥出以文化人、以文育人的作用。马克思主义基本原理与中华优秀传统文化相结合，拓宽了中国式政治现代化的历史使命和时代责任。深刻理解和准确把握习近平总书记"两个结合"论断，在中国特色社会主义伟大实践中不断开辟马克思主义中国化的新境界。

2. 导源于对"三大规律"理解和认识的深化

规律是事物运动过程中固有的、本质的、必然的、稳定的联系。中国共产党在顺应时代发展潮流、适应实践发展需要、破解现实发展难题的基础上，实

---

① 中共中央马克思恩格斯列宁斯大林著作编译局. 马克思恩格斯选集：第1卷 [M]. 北京：人民出版社，2012：669.

② 习近平. 习近平谈治国理政（第三卷）[M]. 北京：外文出版社，2020：120.

现了对"三大规律"认识的新飞跃。所谓"三大规律",就是指共产党执政规律、社会主义建设规律、人类社会发展规律,反映了共产党如何执政、社会主义如何建设、人类社会如何发展的固有的、本质的、必然的、稳定的联系和法则。因此,"三大规律"是中国共产党百年奋斗征程中必须遵循的最高伦理范畴,是中国共产党人团结和带领全国各族人民奋进新征程,创造历史伟业的科学依据和行动指南。

深化对共产党执政规律的理解和认识。从腥风血雨的革命战争年代到砥砺奋进的中国特色社会主义新时代,中国共产党在正反两方面经验的对比中对执政规律的认识更加清晰明确。习近平总书记指出:"党和人民事业发展到什么阶段,党的建设就要推进到什么阶段。这是加强党的建设必须把握的基本规律。"① 党的十八大以来,习近平总书记着眼于中华民族伟大复兴的历史使命,以全新视野深化了对共产党执政规律的理解和认识,强调坚持党的全面领导,推进党的建设新的伟大工程,深化了对党的领导核心地位的认识;强调坚定理想信念,把人民对美好生活的向往作为自己的奋斗目标,深化了对共产党执政使命和奋斗目标的认识;重视全面从严治党、勇于自我革命,深化了对共产党自身建设的规律性认识;等等。党的十八大以来,习近平总书记关于全面从严治党的一系列重要论述,深刻揭示了马克思主义政党实现长期执政的基本规律以及中国共产党的执政地位和执政优势,科学地回答了中国共产党"为谁执政、为谁服务、如何建设"这一根本问题,丰富和发展了马克思主义的人民观、执政观和建党学说。

深化对社会主义建设规律的理解和认识。社会主义建设规律,诠释了"什么是社会主义,怎样建设社会主义"这个建设中国特色社会主义首要的基本理论问题。社会主义建设历经了从一国实践到多国实践的曲折发展历程,社会主义建设规律也在社会主义实践中不断被认识和创新。中国特色社会主义进入新时代,以习近平同志为核心的党中央把马克思主义基本原理同中国具体实际相结合,同中华优秀传统文化相结合,不断推进实践创新、理论创新、制度创新,深化了对社会主义建设规律的认识。首先,中国共产党扎根中国特色社会主义实践这一伦理实体,明确提出统筹推进"五位一体"总体布局,协调推进"四个全面"战略布局,完善了社会主义全面发展理论。"五位一体"总体布局和"四个全面"战略布局相互促进、统筹联动,从全局上确立了新时代坚持和发展中国特色社会主义的战略规划和总体部署。其次,积极践行"创新、协调、绿

---

① 习近平．习近平谈治国理政（第二卷）［M］．北京：外文出版社,2017：43.

色、开放、共享"的新发展理念，深化了对社会主义高质量发展的认识。习近平总书记针对我国经济社会发展存在的突出矛盾和问题，坚持以新发展理念引领经济发展新常态，加快转变经济发展方式，着力推进供给侧结构性改革，加快构建以创新为第一动力、以协调为内生特点、以绿色为普遍形态、以开放为必由之路、以共享为根本目的的新发展格局，有效地破解了社会主义发展路径的难题，是对社会主义发展路径和发展目标认识的重大飞跃。最后，强调新时代全面深化改革，要把制度建设和治理能力建设摆在更加突出的位置，深化了对社会主义发展动力的理解和认识。习近平总书记指出："我们要把完善和发展中国特色社会主义制度、推进国家治理体系和治理能力现代化作为全面深化改革的总目标，勇于推进理论创新、实践创新、制度创新以及其他各方面创新，让制度更加成熟定型，让发展更有质量，让治理更有水平，让人民更有获得感。"① 习近平总书记关于治国理政的新理念、新思想、新战略极大地丰富和发展了社会主义改革理论和发展动力理论。

　　深化对人类社会发展规律的理解和认识。人类社会发展规律，是马克思主义政党在社会主义实践中从唯物史观所获取的关于人类社会历史运动的普遍规律。迈向新征程，奋进新时代，习近平总书记从历史长河、时代大潮、全球风云的战略高度分析演变机理、探究历史规律，坚持把马克思主义的世界观和方法论与新时代治国理政的思想与实践相融合，为全球治理体系改革和建设贡献中国智慧和中国方案。习近平总书记以深邃的历史眼光观察、思考文化和文明的生成发展，提出"文明因交流而多彩，文明因互鉴而丰富"② 的精辟论断，并概括了人类文明的三大特点，即多彩、平等、包容。积极倡导不同文明交流互鉴，共同发展，共同创造丰富多彩的人类文明。此外，习近平总书记深刻体悟实现共产主义是一个艰辛而漫长的历史过程，积极构建"你中有我，我中有你"的人类命运共同体，是超越民族国家意识形态的"全球观"，实施"一带一路"倡议，积极参与全球治理，在实现中国自身发展的同时，也为世界贡献了"和平发展、合作发展、包容发展"的新理念。

　　3. 导源于对"人类命运共同体"的科学擘画

　　面对波诡云谲的国际形势和世界百年未有之大变局，习近平总书记站在时代制高点和道义制高点，运用大历史思维，以深邃的历史眼光和博大的天下情怀，科学擘画了"人类命运共同体"的理论蓝图，创造性地回答了"建设一个

---

① 习近平. 习近平谈治国理政（第二卷）[M]. 北京：外文出版社，2017：39.
② 习近平. 习近平谈治国理政 [M]. 北京：外文出版社，2014：258.

什么样的世界、如何建设这个世界"的时代之问，充分彰显了中国式政治现代化在推动世界文明发展中的使命与责任担当，为全人类"建设持久和平、普遍安全、共同繁荣、开放包容、清洁美丽的世界"贡献了中国智慧和中国方案。正如习近平总书记所说："这个世界，各国相互联系、相互依存的程度空前加深，人类生活在同一个地球村里，生活在历史和现实交汇的同一个时空里，越来越成为'你中有我，我中有你'的命运共同体。"①

中国式政治现代化道路遵循"共商共建共享"的伦理观念，推动构建人类命运共同体，超越了西方价值理念中"零和博弈"和"异质冲突"的思维门槛。习近平总书记在庆祝中国共产党成立100周年大会上指出："和平、和睦、和谐是中华民族5000多年来一直追求和传承的理念，中华民族的血液中没有侵略他人、称王称霸的基因。"② 中华民族是一个崇尚和平、和而不同、兼收并蓄、开放包容的民族，自觉践行"为世界谋大同，为人类谋解放"的伦理价值关怀。面对国际形势的风云变幻，中国式政治现代化攻坚克难、砥砺前行，矢志不渝地践行人类公共价值，推动全球治理体系朝着更加公正合理的方向不断前行，对人类文明形态作出前瞻性思考和创造性实践。中国共产党和中国人民始终"同一切爱好和平的国家和人民一道，弘扬和平、发展、公平、正义、民主、自由的全人类共同价值"③。当前，百年未有之大变局加速演进，全球挑战层出不穷，世纪疫情蔓延反复，世界历史迈入新的十字路口。合作还是孤立，团结还是分裂，人类社会正面临着重大政治和伦理抉择，各国都在探索应对之道。巴基斯坦总统阿尔维说："习近平主席提出的人类命运共同体理念和'一带一路'倡议深刻诠释了合作、和平与发展的真谛，反映了世界人民的普遍诉求。"习近平总书记也多次强调和呼吁各国在开放中创造机遇，在合作中破解难题。"我们应该坚持以开放求发展，深化交流合作，坚持'拉手'而不是'松手'，坚持'拆墙'而不是'筑墙'，坚决反对保护主义、单边主义。"④ "共商共建共享"的人类命运共同体为世界经济破浪前行指明方向，为推动世界各国共同发展注入强大的信心和力量。

中国式政治现代化道路是坚持全人类和平发展、合作共赢的现代化，坚持

① 习近平. 习近平谈治国理政 [M]. 北京：外文出版社，2014：272.

② 习近平. 在庆祝中国共产党成立100周年大会上的讲话 [M]. 北京：人民出版社，2021：16.

③ 习近平. 在庆祝中国共产党成立100周年大会上的讲话 [M]. 北京：人民出版社，2021：16.

④ 习近平. 习近平谈治国理政（第三卷）[M]. 北京：外文出版社，2020：210.

全人类和平发展、合作共赢的生命共同体理念，超越了西方资本主义国强必霸的陈旧逻辑，占据了真理和道义的制高点。西方式政治现代化奉行"丛林法则"和"零和博弈"的"普世价值"，霸道地伤害和牺牲迈向现代化征程的社会主义国家，创造了一个又一个"修昔底德陷阱"；同时，在实现了自己国家的发展之后，缺乏国际人道主义精神，拒绝履行人类社会共同富裕的义务和责任，拥有一个又一个"金德尔伯格陷阱"。西方政治现代化"文明冲突论""种族优越论""强国必霸论"的陈旧逻辑只是着眼于少数资本主义国家现代化的治理理念，与全人类和平发展、合作共赢的生命共同体理念相悖。中国式政治现代化是实现每个人自由全面发展、走和平共赢发展道路的现代化。中国式政治现代化信奉"道并行而不相悖""万物并育而不相害"的伦理理念，坚信不同特色和风格的文明不仅不是"冲突"的，而且可以互相激荡和推动，为其他文明提供"他山之石"。天下大同是中国人的理想追寻，和而不同是中国人的智慧胸襟，充分体现了多元共生的哲学智慧，是人类的共同价值，而非二元对立的单向思维。中国式政治现代化不仅仅为中国人民谋幸福、为中华民族谋复兴，而且还自觉地承担起为人类谋和平发展、为世界谋大同的历史使命。马克思在170多年前就指出，未来社会"生产将以所有人的富裕为目的"①。扎实推进共同富裕是中国式政治现代化的中心环节，中国致力于在推动中国人民实现共同富裕的基础上，也推动世界人民的解放和发展。推进"民族复兴与人类发展的辩证统一"的中国式政治现代化，构建"你中有我，我中有你"的人类命运共同体，为动荡变革的世界廓清迷雾，为全球发展指明前行方向。

---

① 中共中央马克思恩格斯列宁斯大林著作编译局. 马克思恩格斯选集：第 4 卷［M］. 北京：人民出版社，2012：1710.

第四章

"全过程人民民主"的政治道德实践

中国式政治现代化及其道德擘画突出表征为"人民民主、过程民主"的政治道德实践，走出西方式政治现代化及其道德谋划"无知之幕"的抽象假设。资本主义生产方式、生活方式、思维习惯、文化传统及其精神性宰制下的西方式政治现代化及其道德谋划，因其社会基本结构范式所内在预制的或者外在强化的道德悖论——解构真实性、颠覆传统性、极具宰制性以及人格的裂变、见物不见人，致使近代以来资本主义生产方式宰制下的人类社会出现了一系列难以解决的复杂性问题。因为受到人类文明冲突论和意识形态魔咒的蛊惑，西方式政治现代化及其道德谋划致使西方借助经济霸权、军事霸权、政治霸权、文化霸权和意识形态霸权，始终以一副高高在上、人类社会救世主的嘴脸示人，且不厌其烦地到处兜售自认为普世的但却蹩脚得很的所谓政治民主价值观。与西方式政治现代化及其道德谋划形成鲜明对照的是，中国式政治现代化及其道德擘画是实现人民民主的政治现代化。人民当家做主是中国式政治现代化和民主政治建设的起点也是落点。人民是人民民主的参与者也是推动者；党的领导与人民当家做主在民主集中制的原则基础上实现高度的一致和统一。因为民主集中制不仅确保了党的主张与人民的诉求和意志的高度统一，更是党性和人民性的高度一致。中国式政治民主不是抽象的，而是具体的、历史的、真实的。全过程民主是将党的领导与人民当家做主的人民民主纳入"依法治国"的全部领域和整个过程。"金豆豆，银豆豆，豆豆不能随便投。选好人，办好事，投在好人碗里头。"① 延安时期这首反映"豆选"的民谣，生动地体现了中国共产党人为了动员不识字的农民参与民主选举所进行的智慧创造。习近平总书记深有感触地说道："我们走的是一条中国特色社会主义政治发展道路，人民民主是一

---

① 沈传亮．百年大党的 17 个关键词 [M]．北京：人民出版社，2021：50.

种全过程的民主。"① 从延安窑洞到北京人民大会堂，从《共同纲领》、"五四宪法"的制定到现行宪法与时俱进的修改完善，中国共产党领导中国人民不断探索和发展适合中国国情的民主政治道路，通过全过程民主使人民民主在东方大国落地生根、繁荣发展。新时代发展人民民主和全过程民主，以建设完备的中国特色社会主义法律体系和法治体系为抓手，坚持走中国特色社会主义法治道路，在全面依法治国的政治实践中真正实现党的领导、人民当家做主和依法治国的有机统一。习近平总书记强调："坚持人民主体地位，必须坚持法治为了人民、依靠人民、造福人民、保护人民。要保证人民在党的领导下，依照法律规定，通过各种途径和形式管理国家事务，管理经济和文化事业，管理社会事务。要把体现人民利益、反映人民愿望、维护人民权益、增进人民福祉落实到依法治国全过程，使法律及其实施充分体现人民意志。"②

第一节　人民民主：中国式政治现代化及其道德擘画的伦理基始

民主是人类共同的价值追求和理想目标。何为"民主"？对于民主的理解可以追溯到古希腊时期，那时的民主被理解为"人民的统治""人民的领主地位"等意涵。古希腊城邦时期的民主是直接民主的典型代表，但随着社会历史的向前发展，社会管理的事务复杂多样，人口规模与日俱增，传统的直接民主难以保证决策的效率与质量，为此又出现了间接民主。但无论是直接民主抑或是间接民主都只是民主的外延，并没有真正地触及民主的灵魂。既然民主被赋予了"人民统治"的含义，那么有必要对人民的含义及其构成、人民统治的范围、方式以及目的等展开深入研究。民主是一个具体的、历史的范畴，随着社会历史的发展而发展，在不同历史时期，基于不同社会实践或背景，体现出不同模式或形态。当前就世界历史发展的整体概观而言，民主的范式与发展样态呈现出二分的趋势，主要表现为以个人为本位、以维护个人自由为目标的西式自由民主和以人民为本位、以维护人民利益为最高宗旨的中国式人民民主。人民民主是中国共产党百年来始终追求的价值指向，是中国特色社会主义民主政治发展

---

① 中共中央宣传部. 习近平新时代中国特色社会主义思想学习问答［M］. 北京：学习出版社，人民出版社，2021：280.
② 习近平. 加快建设社会主义法治国家［J］. 求是，2015（1）：3-8.

道路的鲜明旗帜。

一、人民民主是党内民主、国家民主与社会民主的统一体

百年来，中国共产党以实现人民民主为己任、为目标，始终不渝地追求民主、发展民主。人民民主是中国特色社会主义政治发展道路的最高价值追求，是纵贯现当代中国政治发展道路的政治底色与精神内核。人民民主是一个总括性的、大而全的、一般化的复合型概念，践行人民民主，推进人民民主的贯彻落实与深化发展，需要从多维度、多领域、多层次具体化人民民主，始终以人民民主作为核心理念或原则指导国家政治生活、经济生活乃至全部社会生活，促进人民民主的全方位发展。从民主政治的探索和实践看，当下我国人民民主的发展突出表现为党内民主、国家民主和社会民主的有机统一，形成党内民主、国家民主和社会民主的合力以推动人民民主的进步与健康发展。

1. 以党内民主推动人民民主发展

党内民主是中国共产党的命脉所在。中国共产党作为执政党在国家的政治生活中处于主导的位置或领导的地位，肩负着重大深远的历史使命、任务，其成员在国家的职能部门担任重要的行政职务，掌握并行使人民赋予的政治权力，对于国家的政治、经济、文化以及社会生活的方方面面都有着重要影响。因此，党内民主的发展程度，党内民主的实践效果，事关党内的团结与稳定，事关党的执政地位，事关人民民主的发展与实践，事关党与国家的兴衰成败，事关社会主义的前途命运。没有党内民主或者对民主的重视不够，就难以调动广大党员的积极性、主动性与创造性，就会使党失去生机与活力，就不能保障全体党员畅所欲言的权力，就不能汇聚全党的智慧、凝聚全党的力量，就不能巩固全党的团结统一。在新民主主义革命时期、社会主义革命和建设时期、改革开放和社会主义现代化建设新时期以及中国特色社会主义新时代，中国共产党从未停止过对党内民主的探索与实践、坚持与发展。在百年光辉的奋斗历程中，中国共产党关于党内民主的一系列理论表述和成功实践，不断推动党内民主迈向更高水平、更高台阶。与此同时，由于早些时候党对民主的认识不够深入，党内民主的实践经验不足，导致在推进党内民主的过程中也犯过一些错误。中国共产党对党内民主的探索与实践过程可谓是"山重水复疑无路，柳暗花明又一村"。

首先，新民主主义革命时期党内民主的初步发展。集中表现为民主集中制的基本定型、党内民主作风的形成、党内生活民主化的确立等方面。在中共二大通过的《中国共产党章程》中首次对民主集中制的组织原则和制度安排进行了明确的阐释，只不过没有明确使用"民主集中制"这个词罢了。1927 年 6 月通过的《中国共产党第三次修正章程决案》明确规定："党部的指导原则为民主集中制。"① 党的六大通过的《政治决议案》指出："实行真正的民主集中制；秘密条件之下尽可能地保证党内的民主主义；实行集体的讨论和集体的决定。"② 此次会议还突出强调党内生活民主化问题。1945 年召开的中共七大对民主集中制进行了系统的阐述，毛泽东将其定义为："在民主基础上的集中，在集中指导下的民主。"③ 党的七大通过的党章也明确指出："必须遵照党内民主的原则进行工作。"④ 在延安整风运动时期，中国共产党将马克思主义民主观的基本原理与中国新民主主义革命的具体实际相结合，提出"惩前毖后、治病救人"的路线与方针，提出理论联系实际、密切联系群众以及批评与自我批评相结合的党内民主生活方法。其次，社会主义革命建设时期党内民主的曲折发展。新中国成立后，中国共产党党内民主探索与实践的步伐继续向前。中共八大提出"扩大党内民主"⑤，毛泽东对党内民主和国家民主的发展提出新的构想："造成一个又有集中又有民主，又有纪律又有自由，又有统一意志又有个人心情舒畅、生动活泼，那样一种政治局面。"⑥ 新中国成立初期邓小平也曾提出："要把党的民主生活提高到更高的水平。"⑦ 这一历史时期形成的浓厚的党内民主政治和民主生活氛围，却因为"左"的错误思想的影响而出现严重倒退甚至被严重践踏，直到党的十一届三中全会的胜利召开，这种混乱的政治局面才得以彻底扭转。再次，改革开放以及社会主义现代化建设新时期党内民主的恢复发展。党的十一届三中全会的召开标志着我国进入改革开放和社会主义现代化建设新时期，党内民主也重新焕发生机。以邓小平同志为核心的党中央，深刻总结和反思"文化大革命"这一极"左"思想的严重错误和政治危害，进一步明确发扬党内民主的极端重要性，带领全党同志走上党内民主健全化、制度化的正确轨道上来。先后提出"发扬党内民主，正确对待不同意见""保障党员的权利不受

① 中国革命博物馆. 中国共产党党章汇编［M］. 北京：人民出版社，1979：23.
② 中共中央文献研究室，中央档案馆. 建党以来重要文献选编：第五册［M］. 北京：中央文献出版社，2011：395.
③ 毛泽东. 毛泽东选集：第三卷［M］. 北京：人民出版社，1991：1057.
④ 中国革命博物馆. 中国共产党党章汇编［M］. 北京：人民出版社，1979：53.
⑤ 中共中央办公厅. 中国共产党第八次全国代表大会文献［M］. 北京：人民出版社，1957：67.
⑥ 中共中央文献研究室. 建国以来重要文献选编：第十册［M］. 北京：中央文献出版社，1994：485.
⑦ 邓小平. 邓小平文选：第一卷［M］. 北京：人民出版社，1994：233.

侵犯""必须使民主制度化、法律化"等科学论断与正确判断。1987 年,中共十三大正式提出:"切实加强党的制度建设……以党内民主来逐步推动人民民主。"① 中共十三届四中全会以后,以江泽民同志为核心的党中央推进党内民主政治建设,提出"党内民主是党的生命"② 的重要论断,指出在社会主义市场经济条件下,尤其需要加强党内民主建设与制度完善工作。中共十四届四中全会指出:"进行党的领导制度改革,完善党规党法,实现党内生活民主化制度化。"③ 中共十六大之后,以胡锦涛同志为总书记的党中央领导集体继续把党内民主政治建设推向新的高度。中共十六届六中全会第一次提出"党内和谐"的重要论断。中共十七大提出:"要以扩大党内民主带动人民民主,以增进党内和谐促进社会和谐。"④ 党内民主,不仅关系着党内的和谐与团结,也关系着社会主义社会的和谐与稳定。最后,中国特色社会主义新时代党内民主的深化发展。党的十八大以来,以习近平同志为核心的党中央领导集体,对于进一步深化和发展党内民主,有效应对世界百年未有之大变局,提出一系列关于党内民主建设的新理念新思想新战略。党的十八届四中全会提出,加强党内法规制度建设,推进党内民主发展。"加强党内法规制度建设,形成较完备的党内法规制度体系,有机协调党内法规与国家法律,提升党内法规执行力,全面落实从严治党。"⑤ 法律具有普遍的约束力和最高的权威性,建立健全党内法律法规,实现党内民主的高质量发展。强调指出中国共产党最大的制度优势是民主集中制,充分发扬党内民主,坚持民主集中制不动摇。概言之,在中国共产党波澜壮阔的百年奋斗历程中,对于党内民主的理论和实践进行了持续不断的探索,对党内民主科学内涵、表现形式、价值意蕴的理解也日益深化,不仅取得了丰硕的理论成果,党内民主的实践也愈加成熟,并且有力地推动了人民民主的进步和发展,走出了"其兴也勃焉,其亡也忽焉"的历史周期率。

2. 以国家民主推进人民民主发展

国家民主主要强调通过人民参与国家事务的管理来诠释与践行民主,是选举民主和协商民主的相互衔接,是人民代表大会制度与人民政协制度的有机统

① 中共中央文献研究室. 十三大以来重要文献选编(上)[M]. 北京:中央文献出版社,1991:50.
② 江泽民. 江泽民文选:第三卷 [M]. 北京:人民出版社,2006:570.
③ 中共中央文献研究室. 改革开放三十年重要文献选编:上册 [M]. 北京:中央文献出版社,2008:780.
④ 胡锦涛. 胡锦涛文选:第二卷 [M]. 北京:人民出版社,2016:653.
⑤ 汪宗田,杜燕然,郝翔. 中国共产党发展党内民主的百年历程与经验启示 [J]. 毛泽东思想研究,2022,39(2):117-126.

一。习近平总书记强调："实现民主的形式是丰富多样的，不能拘泥于刻板的模式，更不能说只有一种放之四海而皆准的评判标准。人民是否享有民主权利，要看人民是否在选举时有投票的权利，也要看人民在日常政治生活中是否有持续参与的权利；要看人民有没有进行民主选举的权利，也要看人民有没有进行民主决策、民主管理、民主监督的权利。社会主义民主不仅需要完整的制度程序，而且需要完整的参与实践。"① 选举民主和协商民主是中国特色社会主义民主政治实践的两种基本形式，虽然二者解决的问题以及侧重点各有不同，但都表征着主权在民的民主本质，共同构成国家民主的重要内容。"在中国，这两种民主形式不是相互替代、相互否定的，而是相互补充、相得益彰的，共同构成了中国特色社会主义民主政治的制度特点和优势。"② 中国式政治现代化与民主化进程持续推进的最优方案是选举民主与协商民主的协同推进。

一方面，选举民主与协商民主齐头并进但并非相互替代。选举民主和协商民主协调推进的历史可以追溯到抗日战争时期的"三三制"政权建设。1940年，毛泽东发表的《团结到底》首次提出建立"三三制"政权的号召，并强调始终坚持党的领导，以民主和团结为主题，引导人民有序参与国家事务的管理和重大事项的讨论。以"三三制"政权建设为标志，中国共产党领导中国人民开始了对选举民主和协商民主的理论探索与政治实践善。1954年，第一届全国人民代表大会通过的《中华人民共和国宪法》，规定人民代表大会制度是我国根本政治制度，人民代表大会是国家的权力机关，人大与人民政协共同成为发展人民民主的重要组织形式。"人民代表大会制度是选举民主的最佳实现，而人民政协会议又是协商民主的最佳实践载体，人民代表大会成立后，人民政协会议依然发挥着巨大的参政议政作用。"③ 标志着社会主义民主政治制度的初步定型。在中共八大上，刘少奇同志宣布以"长期共存，互相监督"为指导方针，引领中国共产党与各民主党派关系的团结和谐，引导选举民主和协商民主的协同发展。1989年，党中央颁布的《关于坚持和完善中国共产党领导的多党合作和政治协商制度的意见》，对中国共产党与各民主党派长期合作的指导方针作进一步拓展完善，最终确立为"长期共存、互相监督、肝胆相照、荣辱与共"的

① 习近平. 在庆祝中国人民政治协商会议成立 65 周年大会上的讲话 [N]. 人民日报，2014-09-22（2）.

② 习近平. 在庆祝中国人民政治协商会议成立 65 周年大会上的讲话 [N]. 人民日报，2014-09-22（2）.

③ 宁超，郭小聪. 论新时代协商民主与选举民主的协同发展 [J]. 湖北社会科学，2018（12）：36-41.

十六字方针。2006 年颁布的《中共中央关于加强人民政协工作的意见》，首次将选举民主和协商民主两种模式写入党和国家的政治文件，并指出两种民主模式的非竞争、非排他性及协同并存性。2017 年 11 月发布的《中国的政党制度白皮书》，明确界定了选举民主与协商民主两种民主模式的政治关系，指出："选举民主与协商民主相结合，是中国特色社会主义民主的一大特点；选举民主与协商民主的结合，拓展了中国特色社会主义民主的深度和广度。"① 党的十八大以来，习近平总书记多次强调民主建设的重要性、民主形式的丰富性，进一步推动选举民主和协商民主的深度结合，彰显社会主义民主政治的独特制度魅力，推动社会主义民主政治的有序健康发展。

另一方面，选举民主与协商民主各有侧重但并非二元对立。"选举民主和协商民主之间不是替代关系，也不是简单的共存关系，而是民主制度框架下的相互支持、补充和增强的关系。"② 也就是说，选举民主和协商民主作为人民民主的重要形式，二者互为补充、紧密衔接、彼此促进。选举民主在我国主要通过人民代表大会制度来呈现。"人民代表大会制度是中国特色社会主义制度的重要组成部分，也是支撑中国国家治理体系和治理能力的根本政治制度。"③ 选举民主解决的是权力合法性的问题，具有周期性，聚焦于人民的票选问题，通过选举招纳更多的能够代表人民意志的贤人志士进入国家的治理体系，更好地为人民服务，从而达到"善政"的目的。协商民主在我国主要是通过人民政协来体现和实现的。"协商民主指的是这样一种治理形式，平等、自由的公民借助对话、讨论、审议和协商，提出各种相关理由，尊重并理解他人的偏好，在广泛考虑公共利益的基础上，利用理性指导协商，从而赋予立法和决策以政治合法性。"④ 协商民主解决的是选举之后的权力运行问题，聚焦利益的日常性有效协同、矛盾的有效化解问题。利益相关者通过对话、讨论等政治途径，协商处理涉及人民群众的切身利益问题，在充分考虑社会公共利益的基础上，最后形成共识并赋予政策的合理性与合法性，从而达到"善治"的目的。但无论选举民主和协商民主的侧重点、运行程序、最终目的等方面有何区别，它们的最终目

---

① 政协全国委员会办公厅，中共中央文献研究室. 人民政协重要文献选编：下卷 [M]. 北京：中央文献出版社，中国文史出版社，2009：791.
② 马宝成. 如何认识选举民主与协商民主的关系 [J]. 中国党政干部论坛，2013（7）：19-21.
③ 习近平. 在庆祝全国人民代表大会成立 60 周年大会上的讲话 [N]. 人民日报，2014-09-06（2）.
④ 陈家刚. 生态文明与协商民主 [J]. 当代世界与社会主义，2006（2）：82-86.

的都是为了实现人民民主，维护人民群众的根本利益。选举民主和协商民主是互融互通、互促互进的关系，协商贯穿了选举的全过程，协商民主增强了选举民主的质量，选举民主保证协商民主的效率与效果，二者的结合共同推动人民民主的广度与深度，推动人民民主迈向更高的阶段。

总之，基于人民代表大会制度的选举民主与基于人民政协制度的协商民主共同构成当代中国实际政治生活中的人民民主。选举民主是民主政治的必要开端和压舱石，协商民主是民主政治的具体体现和补给船。"在中国，这两种民主形式不是相互替代、相互否定的，而是相互补充、相得益彰的，共同构成了中国特色社会主义民主政治的制度特点和优势。"① 中国特色社会主义进入新时代，在建设社会主义现代化强国、实现中华民族伟大复兴的新的历史征程中，大力发展中国特色社会主义民主政治，要始终坚持选举民主和协商民主这两种民主政治形式的协同推进、共同发展，更好地促进我国公民有序且广泛的政治参与，促进社会的和谐与稳定，推动国家制度体系建设朝着民主化、科学化和现代化的方向发展。

3. 以社会民主促成人民民主发展

我国是人民当家做主的社会主义国家，人民民主的高质量发展，离不开对党内民主的推动，离不开对国家民主的构建，也离不开社会民主的促成。"人民民主的现实体现就是人民当家做主，它一方面通过人民参与国家事务来实现；另一方面通过人民自我组织和自我管理来实现，即人民群众通过在基层社会领域的自治来实现。"② 我国的社会民主主要是指基层群众自治，通过村委会、居委会、企业职工代表大会，进行自我教育、自我管理、自我服务的民主自治形式。基层民主一直是我国社会主义民主政治的重中之重，是全部民主政治的基础，与人民群众自身的政治权利紧密相关。

首先，发展基层民主一直以来是我国民主政治建设的重点。"基层"一词最早出现于中共七大，毛泽东同志在分析社会革命力量时强调动员社会基层分子。中共七大第一次使用了"党的基础组织"来定义党的支部，后在中共八大改为"党的基层组织"。刘少奇同志也较早使用"基层"一词，在讲述我国的多级选举制时使用了"基层选举"。1954 年颁布的《城市居民委员会组织条例》，将"居民委员会"界定为群众自治性的居民组织。1982 年宪法的颁布，明确地将

① 习近平. 在庆祝中国人民政治协商会议成立 65 周年大会上的讲话 [N]. 人民日报，2014-09-22 (2).

② 林尚立. 基层民主：国家建构民主的中国实践 [J]. 江苏行政学院学报，2010 (4)：80-88，102.

村民委员会和城市居民委员会定位为基层群众自治组织。1981年，党的十一届六中全会通过的《关于建国以来党的若干历史问题的决议》中再次提及基层民主，指出要通过基层政权的建设逐步实现和发展人民的直接民主，同时要重视城乡企业的劳动群众民主权力的落实与发展。1982年，中共十二大提出应该把民主扩展到社会生活的方方面面，尤其是要扩大至基层；同年底，将城市居民委员会和村民委员会作为基层自治组织写入宪法。1987年，中共十三大对于基层群众自治的认识有了新的变化，提出："基层民主生活的制度化，是保证工人阶级和广大群众当家做主，调动各方面积极性，维护全社会安定团结的基础。"① 1987年和1989年先后通过了《中华人民共和国村民委员会组织法（试行）》和《中华人民共和国城市居民委员会组织法》两部法律，基层民主从此上升到国家的制度层面，极大地提升了基层民主在治国理政中的战略地位。1992年，党的十四大将村委会、居委会以及职代会作为中国基层民主的三大组成部分。1997年下，党的十五大报告指出，扩大基层民主的边界与空间，保证人民群众直接行使民主权利，创造幸福生活。2002年，中共十六大再一次提出扩大基层民主的政治建设目标，与党的十五大提出的扩大基层民主的目标有所不同的是："不再将基层政权机关的民主选举和民主管理列入基层民主范畴，但依然强调人民群众能直接行使民主权利管理基层公共事务和公益事业。也就是说，基层政权机关的民主运行不属于基层民主范畴，但人民群众对基层政权机关的民主参与和民主监督则属于基层民主范围。"② 党的十七大将"扩大基层民主"改为"发展基层民主"，意味着基层民主的主体，由过去的基层群众自治组织或者基层政权拓展至全体人民，更加强调人民在基层群众自治中的主体性地位以及主体性作用的发挥。党的十七大报告进一步指出，必须将发展基层民主作为发展社会主义民主政治的基础性工程重点推进。③ 党的十八大以来，习近平总书记对于发展基层民主作出了一系列重要论述，重申基层民主的重要性，并将其提升到新的战略高度，强调在城乡社区治理、基层公共事务和公益事业中实行群众自我管理、自我服务、自我教育、自我监督，是人民依法直接行使民主权利的重要方式。由是可见，我国民主政治建设日趋成熟，关于基层民主对

---

① 中共中央文献研究室．十三大以来重要文献选编（上）［M］．北京：中央文献出版社，1991：45-46.

② 林尚立．基层民主：国家建构民主的中国实践［J］．江苏行政学院学报，2010（4）：80-88，102.

③ 胡锦涛．高举中国特色社会主义伟大旗帜　为夺取全面建设小康社会新胜利而奋斗［N］．人民日报，2007-10-16（2）.

社会主义民主发展的重要性认识不断深化，以法律的形式将其纳入国家治理体系。

其次，既有基层民主模式与社会现代化之间存在张力。现代化是社会发展的必然趋势，社会的现代化是历史发展的巨大进步，推动人类社会向着高阶段、高质量发展。政治民主化是社会现代化的重要内容，社会现代化的负能量因子不可避免地对政治民主化产生消极影响，势必导致现有的民主模式及其实践与社会现代化的历史进程及其水平之间产生巨大的张力。

以村民自治为例，村民自治是我国农村基层民主的重要形式，是村民进行自我教育、自我管理、自我服务以及自我监督的民主形式，保障了村民民主权利的直接行使。但是，社会发展日新月异，现有的基层民主实践表现出一定的滞后性，出现了一些急需纠正的问题。首先要尽可能避免"民主选举不民主"的现象发生。民主活动的开展离不开民主选举、民主决策、民主管理与民主监督，四个环节不能互相替代，不能随意取消。"民主选举是整个民主过程的逻辑起点和基本前提。民主选举是村民进行政治参与的最重要、最直接的民主权利，是村民当家做主行使民主权利的主要途径。"① 也就是说，民主选举在整个基层民主的运行中极为重要，不仅关系到民主决策、民主管理以及民主监督的开展，而且关系到基层民主实践的整体质量与实现程度。如果没有民主选举，其他三个环节的开展将缺失前提和基础。当然，在基层民主的运行过程中，民主决策、民主管理、民主监督同样是不可替代的。我国的"村民自治"制度最早出现于20世纪80年代，在相当长的时间内呈现出蓬勃发展态势，对于基层民主的发展确实起到了积极的推动作用。不容回避的是，民主选举作为基层民主运行的首要环节，在实际的开展过程中遭到了一些挑战，拉票贿选、宗族势力干扰选举、黑恶势力渗透选举等现象时有发生，在一定程度上造成了民主选举的不民主问题。进入21世纪，我国城市化步伐加快，大量农村剩余劳动力进城务工，农村人口锐减，农村留守人口由于年龄、阅历、政治素养等方面的缺陷，导致在开展村民自治时陷入主体性不足的治理窘境。近年来，不断加强党对乡村治理的全面领导，对乡村治理体系和治理格局产生了积极影响，党组织负责人"一肩挑"制度在全国范围内广泛实践，取得了明显的社会成效。当然，"一肩挑"的基层治理模式如果不能与本地区、本部门、本单位的具体实际相结合，如果将"一肩挑"作为硬性的政治任务推进，现有的党组织书记难以满足"一肩挑"

---

① 任中平. 全过程人民民主视角下基层民主与基层治理的发展走向［J］. 理论与改革，2022（2）：1-15，147.

的需要不说，而且也违背了党中央的初衷，从而带来一系列的负面影响。准确认识与把握基层民主治理与社会现代化之间可能存在的现实张力，因地制宜、对症下药，切实保证人民民主权利的有效运行。

最后，发展社会民主新样态以实现基层治理与协商民主的深度融合。我国的基层民主是社会主义民主最广泛、最深刻的实践，是我国民主政治建设的基础性工程。改革开放以来，党中央不断推进基层民主政治建设，建立健全基层民主政治建设的制度体系。"基层民主经历了从农村到城市，从草根社会到基层政权，从执政党外到执政党内，从村民自治到乡村治理，从组织重建到权利保障的多维发展。"① 但是，在社会结构急剧分化、多元利益重装交锋、群众参与诉求不断增强的大背景下，存在基层民主政治建设的"应然"与"实然"的张力与矛盾，导致基层民主的发展可能会出现瓶颈，进而动摇民众对基层民主的信心，滞缓基层民主发展的进程。因此，解决基层民主的有序健康发展过程中遇到的现实问题，推动基层民主建设螺旋上升和健康发展。

激活民主政治的关键在基层，推进国家治理体系和治理能力现代化的关键也在基层。社会基层既是开展基层民主治理的主体，也是使基层社会充满活力的重要源头。社会生活是基层民主发展的沃土，人民群众是发展基层民主的主体。"中国的实践表明，国家在建构民主中发挥的作用是重要的，但民主得以最终成长的力量不在国家而在社会。"② 因此，破解基层民主发展的瓶颈，必须重视人民群众在基层治理全过程中的作用发挥，与人民群众自身利益紧密相关的事情，要听取群众的意见、建议，推动基层治理与协商民主的深度融合。党的十八大以来，以习近平同志为核心的党中央大力加强协商民主制度建设，一方面"健全社会主义协商民主制度"，一方面"积极开展基层民主协商"，有力推动了基层民主制度和民主政治实践的不断成熟完善。从世界民主的发展状况来看，西方参与式民主使得民众的政治效能感不高，人民对政治表现得极为冷漠，宁愿选择做一个麻木不仁的政治旁观者。与西方参与式民主相比，我国的协商民主更能应对社会的复杂性问题，更能唤醒公民参与政治和行使民主权利的意识与激情。有学者指出："协商民主是中国特色社会主义民主政治的一大特点和优势。从根本上讲，是因为协商民主是最适合现阶段中国经济社会发展的民主

---

① 王海峰. 在治理中生成民主：协商政治与有效的基层民主建设 [J]. 中国浦东干部学院学报，2016，10（6）：90-102，136.

② 林尚立. 基层民主：国家建构民主的中国实践 [J]. 江苏行政学院学报，2010（4）：80-88，102.

形式。"① 基层协商民主，作为基层治理的一种新形态，以公共利益为原则，并将其贯穿基层民主决策和实践的全过程，有效避免了民主选举中参与决策的一次性与及时性，可以针对民众的利益诉求和矛盾进行广泛的沟通与交流，从而化解基层社会矛盾，满足不同利益主体的诉求，提升基层社会民主治理的有效性。"协商民主是一种具有巨大潜能的民主治理形式，它能够有效回应文化间对话和多元文化社会认知的某些核心问题。它尤其强调对于公共利益的责任、促进政治话语的相互理解、辨别所有政治意愿，以及支持那些重视所有人需求与利益的具有集体约束力的政策。"② 发展中国特色社会主义民主政治，坚持基层治理与协商民主的融合发展，有利于弥合传统基层民主制度与现实发展之间的张力，满足人民群众日益增长的政治参与需要，保障人民直接行使政治民主权利，推动基层民主政治的有序健康发展。协商民主无论是作为一种政治制度，抑或是一种民主模式，都有其独特的政治价值和伦理价值。

概而言之，民主是人类共同的价值趋向，自由民主和人民民主是民主政治两种不同的运行模式或实践样态。两种不同的民主制度与民主模式，走出了两种不同的民主政治实践道路。我国是人民民主专政的社会主义国家，坚持和践行人民民主是我们始终不渝的价值选择。坚持人民民主是中国共产党百年探索的实践真理，是贯彻马克思主义民主观的重要理论和实践成果，是"以民为本"血脉基因的延续与创新。党内民主、国家民主、社会民主共同构成了人民民主的重要方面。人民民主是人民享有权利和自由的民主，是人民充分参与的民主，是维护人民根本利益的民主，并且贯穿于其他一切社会政治活动之中。

二、人民民主具有鲜明的中国特色、中国实践和中国逻辑

人民民主是民主真正在当代中国的实践和发展，是具有中国特色和中国逻辑的民主模式。"用人民来限定民主，形成'人民民主'这一核心概念，既是中国共产党在政治实践和政治话语上的自主创新，也是马克思主义中国化的重要一环。"③ 当然，人民民主的形成与确立也离不开对中华传统政治文明的传承与发展。人民民主在当代中国的确立、实践与发展，既是中国式政治现代化发展的历史必然、现实要求，也是对中华优秀传统文化内蕴的政治智慧的血脉传承。

---

① 房宁. 中国的民主道路［M］. 北京：中国社会科学出版社，2014：102.

② VALADEZ J M. *Deliberative Democracy*, *Political Legitimacy and Self-Democracy in Multicultural Societie*［M］. New York：USA Westview Press，2001：30.

③ 汪卫华. 人民民主的新时代［J］. 中央社会主义学院学报，2022（1）：14-24.

1. 人民民主是马克思主义民主观在中国的实践与发展

人民民主是马克思主义中国化的重要成果，是对马克思主义民主观的继承与发展。中国共产党探索人民民主的百年奋斗史，始终坚持马克思主义民主观的核心要义和质性规定。"民主也是马克思主义和无产阶级的价值追求，是马克思主义政治思想和核心内容。"① 对于民主，马克思和恩格斯在吸收前人，尤其是古希腊的民主思想的基础上，通过唯物史观的改造和阶级分析方法的审视，对过往的民主思想进行扬弃，创造性地生发出马克思主义关于民主的思想理论。马克思主义认为，既往的民主理念与实践，无论是古希腊雅典城邦时期，还是西方资产阶级社会，他们所崇尚、所标榜、所引以为傲的民主，其实质是少数人而非多数人的民主，不具有他们所指称的那种普遍性和全体性。古希腊时期被誉为民主政治的摇篮时期，即便如此，能参与城邦民主活动、享有民主权利的公民，仅限于拥有雅典血统且拥有自由的成年男性，妇女、奴隶以及移民并不是所谓的公民，以至于雅典全盛时期，"自由公民的总数，连妇女和儿童在内，约为9万人，而男女奴隶为365000人，被保护民——外地人和被释奴隶为45000人。这样，每个成年的男性公民至少有18个奴隶和2个以上的被保护民"②。显而易见，雅典民主是少数人的民主，是奴隶主们的"多数人的统治"。资产阶级民主也是如此。资本主义国家为了摆脱封建主义统治的桎梏，开始对封建社会所提倡的神权、等级特权等进行猛烈抨击，举起了自由、民主的旗帜。无论是资产阶级提出的"天赋人权""主权在民"，还是"三权分立"等思想，都使得民主理念或制度覆盖沉重的阶级属性，难以真正地实现多数人的民主，究其实质，不过是少数人的民主、形式的民主的再版而已。马克思对西方国家建立的资产阶级民主制度进行了深刻的批判，指出资产阶级所提倡的自由、民主和人权具有不彻底性和虚伪性，主张通过无产阶级的革命斗争，撕破资本主义伪善的假面具，揭露西方资本主义民主的真实面貌，最后实现对资产阶级民主的超越，建立以无产阶级为主体的绝大多数人的当家做主，让人民群众真正地参与国家事务的管理。中国共产党是马克思主义的坚定维护者和积极践行者，在党的百年历史征程中，始终不渝地坚持和贯彻马克思主义的民主观，并且把马克思主义民主观的基本原理与中国不同历史时期的具体实际相结合，推动中国特色社会主义民主政治的整体推进和全方位发展。

---

① 孙应帅. 中国式民主对马克思主义民主观的继承和发展［J］. 人民论坛·学术前沿，2022（5）：16-25.

② 中共中央马克思恩格斯列宁斯大林著作编译局. 马克思恩格斯选集：第4卷［M］. 北京：人民出版社，2012：133.

2. 人民民主是中华民族探索现代政治文明的最佳作品

民主观念在中华民族的传播和实践可以追溯到辛亥革命时期，以辛亥革命为分水岭，开启了中华民族政治文明由传统到现代的历史性转化。众所周知，辛亥革命以前，中国是以自给自足的自然经济为基础，遵循世袭的皇权传递制度，是人治大于法治的古代封建帝国政治。辛亥革命推翻了封建帝制，民主共和观念逐步深入人心，使得延续数千年的中国传统政治模式发生了根本性转变。"就是从'家天下'转变为'民天下'，用现代政治概念来概括：就是从'君权国家'转变为'民权国家'，或者说，从'君主国家'转变为'人民国家'。"① 虽然辛亥革命的胜利果实最后被窃取，但是它所开创的民主观念对后世中国社会的进步与发展产生了深远的影响。1919 年，"五四运动"继续高举民主和科学的旗帜。中国共产党成立后，加速推进了中国民主观念与民主实践的发展以及民主制度的建立。1927 年，中国共产党在茶陵县领导人民建立了首个代表人民利益的工农兵政府，开启了中国共产党民主建政的先河。1931 年 11 月，建立了属于一切劳苦大众的中华苏维埃政权。1935 年 12 月，毛泽东就曾提出过关于建立"人民共和国"的观点。1936 年毛泽东在谈到统一战线时明确使用了"人民民主政府"的说法。1940 年，在《新民主主义论》中，毛泽东指出："现在所要建立的中华民主共和国，只能是在无产阶级领导下的一切反帝反封建的人们联合专政的民主共和国，这就是新民主主义的共和国，也就是真正革命的三大政策的新三民主义共和国。"② 1945 年，毛泽东在《论联合政府》中提出："建立一个联合一切民主阶级的统一战线的政治制度。"③ 1949 年 6 月，毛泽东在《论人民民主专政》中提出了实行"人民民主专政"的设想。马克思认为民主问题究其本质是国体问题与政体问题。1949 年颁布的《共同纲领》规定："中华人民共和国为新民主主义即人民民主主义的国家，实行工人阶级领导的、以工农联盟为基础的、团结各民主阶级和国内各民族的人民民主专政。"④ 由此将人民民主专政确立为中华人民共和国政治发展的基石。改革开放之后继续推动社会主义民主政治朝着制度化和法制化的方向发展，21 世纪初最

---

① 林尚立. 民主与民生：人民民主的中国逻辑 [J]. 北京大学学报（哲学社会科学版），2012，49（1）：112-122.
② 毛泽东. 毛泽东选集：第二卷 [M]. 北京：人民出版社，1991：675.
③ 中共中央文献研究室，中央档案馆. 建党以来重要文献选编：第二十三册 [M]. 北京：中央文献出版社，2011：155.
④ 中共中央文献研究室. 建国以来重要文献选编：第一册 [M]. 北京：中央文献出版社，1992：2.

终人民民主凝练为"坚持党的领导、人民当家做主、依法治国有机统一"。民主的内涵更加清晰，制度愈加完善，实践日趋成熟。党的十八大以来，中国特色社会主义进入新时代，对人民民主提出更高更深入的要求。2019 年，习近平总书记在上海考察时提出"人民民主是一种全过程的民主"的重要论断，将人民民主发展推动到更高的阶段。民主观念及实践具有社会历史性，人民民主当然也是如此。未来的人民民主涉及的领域将会更加全面、制度将会更加完善、实践将会愈加成熟。纵观近代以来中华民族的民主探求历程，我们不难发现，人民民主才是中华民族探索中国式政治现代化和建设政治文明的最佳作品。"人民民主是社会主义的生命。没有民主就没有社会主义，就没有社会主义的现代化，就没有中华民族伟大复兴。"①

3. 人民民主是中华传统政治文明在当代的传承与超越

人民民主是中国共产党自成立以来一直致力于民主政治建设与发展的智慧结晶，既是对马克思主义民主观的坚持与践行，也是中华民族孜孜不倦开展民主探索的实践成果。众所周知，民族政治不是抽象的真空式的存在，而是有着独特的社会文化和精神土壤。人民民主的形成与深化发展离不开中华优秀传统文化所内蕴的政治智慧，尤其是"民本"思想。当代中国的民本观念及其实践，超越了中国传统政治的时代局限性，作为一种文化传统潜移默化、深远持久地影响着中国人的思想观念与精神性格。"理论和实践表明，对于任何国家来说，不管民主制度是内生的，还是外来的，其最终的支撑力量一定是社会的共同意志与共同认同，而决定任何意志与认同取向的，除了制度与现实利益之外，最根本的就是一个社会或民族在历史发展中沉淀下来的精神与文化。"② 研究中国民主政治发展及其实践，绝对不能简单地否定中国传统政治思想的时代价值，更不能将中国现当代民主政治建设从中华民族绵延几千年的政治文化传统中抽离出来，如此这般的话，即便是把马克思主义的民主观与当代中国的民主政治实践相结合，那也只是理论的简单勾连。更有甚者，如果将中国的民主政治与西方的民主政治进行简单且生硬的嫁接，势必导致中国的人民民主发展和中国式政治现代化建设失去源头活水。中国传统政治的核心是民本思想，其本真意义为"民为国之本"，强调人民对于国家发展的重要性。当下中国既传承了"民为国之本"的思想内涵，同时又增添了"民为国之主"的时代内容，二者同时

---

① 习近平. 在庆祝全国人民代表大会成立 60 周年大会上的讲话 [N]. 人民日报，2014-09-06 (2).

② 林尚立. 民主与民生：人民民主的中国逻辑 [J]. 北京大学学报（哲学社会科学版），2012，49 (1)：112-122.

兼具，共同构成人民民主。人民民主的本质是人民当家做主，不仅要充分认识和高度重视人民对于国家政权巩固的极端重要性，同时也要让人民成为国家政权和国家治理的真正主人，切实保障广大人民群众参与国家事务和社会公共事务管理的权利和权力，使人民真正成为国家发展的根本动力和依靠力量，在扎实推进中国特色社会主义伟大事业中，使广大人民群众在实现个人的自由全面发展的同时，促进社会的全面进步。

第二节　全过程民主：中国式政治现代化及其道德擘画的真实图景

作为一种政治价值与政治诉求，民主是近代以来人类持之以恒的共同追求，但是实现民主的路径是不一而足的，实现民主的过程也不是一蹴而就的。中国式民主是中国共产党成立百年来，特别是新中国成立 70 多年来的民主政治实践的智慧结晶，是以当代中国的具体实际为实践背景，以中华优秀传统文化为源魄根魂，以马克思主义民主观为理论指导的中国式民主。从民主政治的实现途径及其实践过程来看，中国式民主是一种全过程民主，即全过程人民民主，创造了人类民主政治的新样态，开辟了中国特色社会主义民主政治建设的新境界，是对中国特色社会主义民主政治建设规律的总结和发展。"它顺应了新时代人民对美好公共生活的集体期盼，是马克思主义民主观的中国践行，是宪法民主精神的政治实践探索，是国家治理体系和治理能力现代化的重要内容。"[1] 习近平总书记就新时代发展我国全过程民主发表了一系列重要论述，界定了全过程民主的科学内涵，指明了全过程民主的建设路径与价值取向。2019 年 11 月，习近平总书记在上海考察工作时指出："我们走的是一条中国特色社会主义政治发展道路，人民民主是一种全过程的民主，所有的重大立法决策都是依照程序，经过民主酝酿，通过科学决策、民主决策产生的。"[2] 2021 年 7 月，在庆祝中国共产党成立 100 周年大会上，习近平总书记再次指出："实现中华民族的伟大复兴需要践行以人民为中心的发展思想，要发展全过程人民民主。"[3] 2021 年 10 月，

① 王洪树 . 全过程人民民主：中国式民主的时代诠释和多维建构 [J]. 理论与评价，2021（5）：32-43.
② 习近平 . 论坚持人民当家作主 [M]. 北京：中央文献出版社，2021：303.
③ 习近平 . 在庆祝中国共产党成立 100 周年大会上的讲话 [M]. 北京：人民出版社，2021：12.

习近平总书记在中央人大工作会议上再次强调:"我们要继续推进全过程人民民主建设,把人民当家做主具体地、现实地体现到党治国理政的政策措施上来。"① 2021年11月,党的十九届六中全会通过的《中共中央关于党的百年奋斗重大成就和历史经验的决议》明确指出:"积极发展全过程人民民主,健全全面、广泛、有机衔接的人民当家做主制度体系。"② 标志着把发展全过程人民民主载入了党的重大历史决议,成为党的百年奋斗的重要民主成就,我们党对社会主义民主政治建设规律的认识有了新高度;标志着中国特色社会主义民主政治建设迈入了更高台阶,也为新时代中国特色社会主义民主政治建设和发展指明了前进方向、提供了根本遵循。

发展与践行全过程人民民主贯穿中国共产党革命、建设、改革的百年奋斗历程中,是中国特色社会主义民主政治发展道路的生动概括与深刻阐释,是马克思人民民主思想与中华民族波澜壮阔百年奋斗史的紧密结合,是理论性与实践性的统一、逻辑性与历史性的统一。全过程人民民主的生动实践形塑了社会主义新型民主,开创了社会主义政治文明新形态,昭示着实现现代化的多元发展道路。始终坚持党的领导、以人民为中心和马克思主义中国化理论成果的指引,体现了发展全过程人民民主的实践规律。全过程民主是人民全过程、全时段参与的民主,是社会主义民主的本质体现,是真实管用的民主。进一步发展全过程民主,要贯彻人民至上的价值理念,致力于制度和技术上的创新发展,更好地满足人民群众对美好政治生活的新要求。全过程人民民主成为维护人民根本利益的最广泛、最真实、最管用的社会主义民主,具备完整的制度程序,保证了人民依法实现民主选举、民主协商、民主决策、民主管理、民主监督的各项权利,形成了全过程人民民主的完整链条。全过程人民民主能够真实地保证人民群众全天候、全方位、全领域参与到民主实践中去,真正实现公民的有序政治参与。全过程人民民主是一种全过程、完整性、持续性的民主新形式,是一种看得见、摸得着、可经验的民主新形态,是党的领导、人民当家做主、依法治国有机统一的民主新实践。

一、融入中国特色社会主义政治建设全过程的人民民主

在庆祝中国共产党成立100周年大会上,习近平总书记指出:"新的征程

---

① 习近平. 在中央人大工作会议上的讲话 [J]. 求是,2022(5):4-13.
② 中共中央关于党的百年奋斗重大成就和历史经验的决议 [M]. 北京:人民出版社,2021:39.

上，我们必须紧紧依靠人民创造历史，坚持全心全意为人民服务的根本宗旨，站稳人民立场，贯彻党的群众路线，尊重人民首创精神，践行以人民为中心的发展思想，发展全过程人民民主。"① 进入新时代，人民参与政治活动的意识和积极性显著增强，表达诉求与维护自身利益的愿望更加强烈。中国共产党顺应民主政治发展趋势，回应人民群众对美好政治生活的关切，始终坚持和贯彻"以人民为中心"的最高价值原则，并且把它作为建设中国特色社会主义民主政治的不变道德追求。正如习近平总书记所说："发展社会主义民主政治就是要体现人民意志、保障人民权益、激发人民创造活力，用制度体系保证人民当家做主。"② 全过程人民民主是新时代中国式民主的集中表达和发展趋向，是社会主义民主对西方民主困境的化解，避免了民主碎片化带来的各种社会风险。

1. 全过程民主是中国式民主的时代化发展

全过程人民民主是进入新时代中国人民追求美好公共生活的时代呼唤，具有强烈的时代特征。党的十八大以来，中国特色社会主义迈入新时代，我国社会的主要矛盾发生了根本性改变，由党的十一届六中全会提出的"人民日益增长的物质文化需要同落后的社会生产之间的矛盾"转变为"人民日益增长的美好生活需要和不平衡不充分发展之间的矛盾"。社会主要矛盾的转变推动了物质生产和社会交往的局部性质变，必然会投射到人民群众的政治生活之中。习近平总书记多次强调："人民对美好生活的向往，就是我们的奋斗目标。"③ 在党的十九大报告中，习近平总书记明确指出："人民美好生活需要日益广泛，不仅对物质文化生活提出了更高要求，而且在民主、法治、公平、正义、安全、环境等方面的要求日益增长。"④ 正因如此，全过程人民民主应民之呼、应时而出，成为新时代构建人民美好公共生活的重要路径。

2. 全过程人民民主是中国式民主的过程化展现

鸦片战争是中国近代史的开端，中国逐步沦为半殖民地半封建社会，领土主权被侵占，民主法治被践踏，直到新中国成立才彻底改变与摆脱这一屈辱的历史局面，民主法治得到逐步恢复与完善。历经百年的屈辱斗争史，中国人民从未停歇过对民主政治的渴望、追求与探索。"民主不是装饰品，不是用来做摆

---

① 习近平. 在庆祝中国共产党成立 100 周年大会上的讲话［N］. 人民日报，2021-07-02（2）.
② 习近平. 习近平谈治国理政（第三卷）［M］. 北京：外文出版社，2020：28.
③ 习近平. 习近平谈治国理政［M］. 北京：外文出版社，2014：4.
④ 习近平. 习近平谈治国理政（第三卷）［M］. 北京：外文出版社，2020：9.

设的，而是要用来解决人民要解决的问题的。"① 鞭辟入里地揭示出中国式政治现代化和中国式民主政治建设的伦理价值意涵。中国特色社会主义进入新时代，大力发展全过程人民民主，既不是中国近代史上曾经有过的披上"皇帝新装"的虚伪民主，也不是西方基于"原初状态"和"无知之幕"悬设的抽象民主。习近平总书记进一步指出："在党的领导下，以经济社会发展重大问题和涉及群众切身利益的实际问题为内容，在全社会开展广泛协商，坚持协商于决策之前和决策实施之中。"② 因此，坚持问题导向是开展全过程人民民主的现实起点，高扬人民民主的鲜明旗帜，坚持一切权力属于人民，尊重和发挥人民的民主政治参与，充分调动共创美好生活的政治积极性、主动性与创造性，让人民群众在参与民主协商、民主选举、民主决策、民主管理和民主监督的过程中提高自身的民主政治素养，发展形式多样的人民群众有序政治参与的民主生活方式。

3. 全过程人民民主是实现国家治理体系和治理能力现代化的必然要求

推进国家治理体系和治理能力的现代化是全面深化改革的总目标，是建设社会主义现代化强国，实现中华民族伟大复兴的重要环节。"发展社会主义民主政治，是推进国家治理体系和治理能力现代化的题中应有之义。"③ 相较于具体的、可见的政治和行政管理，"国家治理"这一话语话术的改变更能诠释出现代民主国家对于民主政治建设的深入认识，对民主政治建设重要性的深度贯彻，从"以民为本"和"以人为本"发展到"人民主体""人民中心"和"人民至上"，国家治理的政治理念与话语话术的时代变迁充分彰显了中国共产党治国理政的理论和实践创新。在与时俱进的政治理念和政治话语话术的指引下，中国国家治理的理念与行为逐步呈现出多元参与、合作共识的新特质。治理而非管理，一字之差的转变就是这种新特质的见证与体现。全过程人民民主的有效展开和高效运作，都离不开广大人民群众的有序政治参与，以及由此而形成的广泛社会共识。只有这样，中国特色社会主义的国家治理之路才能行稳致远，中国式民主的制度优势才能转化为全过程人民民主的治理效能，进而汇聚起实现中华民族伟大复兴的磅礴政治力量和社会力量。

二、党的领导、人民当家做主和依法治国有机统一的民主

习近平总书记指出："坚持中国特色社会主义政治发展道路，关键是要坚持

① 中共中央文献研究室. 习近平关于社会主义政治建设论述摘编［M］. 北京：中央文献出版社，2017：70.

② 习近平. 习近平谈治国理政（第二卷）［M］. 北京：外文出版社，2017：291.

③ 习近平. 习近平谈治国理政（第二卷）［M］. 北京：外文出版社，2017：289.

党的领导、人民当家做主、依法治国的有机统一，以保证人民当家做主为根本，以增强党和国家活力、调动人民积极性为目标，扩大社会主义民主，发展社会主义民主政治文明。"① 我国宪法明确规定，中华人民共和国是工人阶级领导的、以工农联盟为基础的人民民主专政的社会主义国家。实现好、维护好、发展好最广大人民的根本利益，是中国共产党自成立以来，特别是1949年新中国成立以来一直为之奋斗的历史使命。百年艰辛的民主道路探索过程中，中国共产党通过与时俱进的理论创新和制度设计，以及广大人民群众的有序政治参与，最终形成了独具中国特色的民主政治生活"四梁八柱"的制度体序，个中的关键就是坚持党的领导、人民当家做主和依法治国的有机统一。可以说，三者的有机统一对于全过程人民民主的真正实现起着奠基石的作用。

　　一方面，党的领导是实现人民民主的根本政治保障。在我国，人民民主具有广泛性和真实性，不是虚假空洞的口号，而是在党的领导下人民当家做主的现实的政治实践过程。习近平总书记指出："我国是工人阶级领导的、以工农联盟为基础的人民民主专政的社会主义国家，国家一切权力属于人民。我国社会主义民主是维护人民根本利益的最广泛、最真实、最管用的民主。发展社会主义民主政治就是要体现人民意志、保障人民权益、激发人民创造活力，用制度体系保证人民当家做主。"② 中国特色社会主义进入新时代，我国社会主要矛盾虽然发生了根本性转变，但是我国仍处于并将长期处于社会主义初级阶段的基本国情并没有改变。新时代中国特色社会主义民主政治建设，绝不能离开中国是一个拥有14亿多人口的发展中大国的具体实际。正因为如此，中国共产党始终要把人民群众对美好生活的向往作为自己的奋斗目标，除此之外没有自己的任何私利。如果没有党的领导，没有坚强的领导核心，中国人民和中国社会就会失去主心骨，人民群众将会变成一盘散沙，整个社会将因此严重失序和失范，进而严重阻碍国民经济和社会发展的前进步伐，严重迟滞和影响我国民主政治的发展进程。

　　另一方面，人民当家做主是人民民主的本质特征。人民群众是社会物质财富和精神财富的真正创造者，他们在创造社会物质财富和精神财富的过程中自主结成的以经济关系为核心的社会主义社会新型人际关系，为我国民主政治发展，特别是全过程人民民主的发展，奠定了坚实的社会政治基础。中国共产党

①　习近平．习近平谈治国理政［M］．北京：外文出版社，2014：139.
②　中共中央党史和文献研究院．十九大以来重要文献选编（上）［M］．北京：中央文献出版社，2019：25.

带领中国人民经过二十八年艰苦卓绝的斗争，彻底推翻"三座大山"，建立了社会主义新中国，第一次将国家权力真正归还给创造权力的人民手中。"人民当家做主"作为全过程人民民主的最本质特征，为人民服务是人类最崇高、最神圣的事业，人民性是国家权力的合法性和神圣性的价值缘起。正如毛泽东曾经指出的那样："这个上帝不是别人，就是全中国的人民大众。"①

此外，全面依法治国是实现全过程人民民主的基本方略和根本途径。我国是人民当家做主的社会主义国家，推动党领导人民当家做主制度化、规范化，确保党的领导、政府的行政、人民行使民主权利都有法可依，确保党和政府以及人民的一切行为活动都在法律的范围内有序开展。

三、贯穿国家治理体系和治理能力现代化全过程的民主

全过程民主制度保证了中国道路的成功实践。中国共产党百年辉煌的历史进程与新中国 70 多年的辉煌成就是中国道路成功实践的最有力见证，充分证明了中国特色社会主义制度"行得通、真管用、有效率"。党的十九届四中全会对我国的国家制度和国家治理体系进行了系统的阐述，生动地诠释了中国特色社会主义制度的强大生命力与巨大优越性。中国道路的成功实践，与中国共产党的真抓实干分不开，与广大人民群众的辛勤劳动分不开，与国家治理的制度性安排分不开。习近平总书记指出："我们走的是一条中国特色社会主义政治发展道路，人民民主是一种全过程的民主，所有的重大立法决策都是依照程序、经过民主酝酿，通过科学决策、民主决策产生的。"② 因此，发展全过程人民民主，必须建立一整套完善健全的制度体系才能达到"用制度体系保证人民当家做主"的目标。全过程人民民主是对中国特色社会主义民主政治发展道路的最新概括和生动阐释，是在继承和发展马克思主义人民民主思想基础上开创的人类民主文明新形态，为世界民主政治发展贡献了中国智慧。中国式全过程人民民主是对西方"选举民主"神话的根本性突破，是对其虚假民主有力的反向证实。中国式民主政治不仅仅表现在政治选举上，还充分体现在经济、文化、社会建设的方方面面。可以说，全过程人民民主开拓了人类制度文明的新境界，创造了人类民主政治制度的新形态。建设中国特色社会主义民主制度，必须最大限度地调动人民群众的积极性，必须能最大限度地凝聚民智、反映民意。马

---

① 毛泽东. 毛泽东选集：第三卷［M］. 北京：人民出版社，1991：1102.
② 习近平. 决胜全面建成小康社会　夺取新时代中国特色社会主义伟大胜利［M］. 北京：人民出版社，2017：36.

克思曾经指出："在民主制中，任何一个环节都不具有与它本身的意义不同的意义。每一个环节实际上都只是整体人民的环节。"① 从这个意义上讲，全过程人民民主的"过程"主要包括以下几个环节："一是通过民主协商形成人民的集体意志，并且将人民的意志确定为法律和政策的过程；二是在人民的民主参与下，政府部门执行、实施和改进这些法律和政策的过程；三是对上述民主决策和政策执行进行民主监督的过程。"② 三大环节的有序展开与推进都需要完备且科学的制度体序予以保驾护航。

首先，完善党的基层组织制度，强化党同人民群众的血肉联系。党政军民学，东西南北中，党是领导一切的。密切联系人民群众是中国共产党区别于其他政党的重要标志，党的基层组织扎根于社会的每一个细胞，充分发挥党的基层组织的战斗堡垒作用，不断开展主题教育，旨在使全体党员时刻不忘初心、牢记使命，为中国人民谋幸福，为中华民族谋复兴，建立起党同人民群众血脉相连的命运共同体。

其次，坚持党的群众路线，完善基层群众自治制度。群众路线是我们党的政治生命线和根本工作路线，是中国共产党永葆青春活力和战斗力的传家宝。坚持和贯彻群众路线，是马克思主义关于人民群众是历史创造者的生动实践，人民群众才是历史发展和社会进步的主体力量。群众最了解自身的情形与实际，群众的事情交由群众去做，群众问题由群众自身去化解，才是解决群众问题的治本之策。因此，实行全过程人民民主，离不开群众路线的贯彻落实，离不开基层群众自治制度的真正执行。在中国尤其是乡村地区存在按村规民约来实行基层自治的社会传统，虽然在一定程度上对于维持乡村地区的稳定具有重要作用，但是在不少地区也存在着以亲族血缘关系为纽带而自发结成的社会群体对乡村地区的实际管理，这种情形势必会导致"乡土势力"与代表人民利益的人民政府之间的矛盾与冲突，致使乡村治理过程中不民主、贿选以及家族势力干扰甚至破坏基层选举工作的情况时有发生，如果再存在基层权力监督空白的话，势必会造成"乡绅权势"把控乡间的不利局面，形成乡村治理难题。基层治理有效，基层社会稳定，对于整个社会的和谐发展起着至关重要的作用，基层治理难题的有效化解，离不开基层党组织作用的有效发挥。推动党的领导与群众路线的深度融合，强化党的基层组织建设，走群众路线，深入群众，走进群众，

---

① 中共中央马克思恩格斯列宁斯大林著作编译局. 马克思恩格斯全集：第 3 卷 [M]. 北京：人民出版社，2002：39.

② 鲁品越. 全过程民主：人类民主政治的新形态 [J]. 马克思主义研究，2021（1）：80-90，155-156.

倾听群众的意见和建议，更加有效地发挥群众参与基层管理、基层社会治理的积极性与主动性，有力促进基层群众自治的深化开展。"着力推动基层群众自治组织的性质复归和功能复位"①，充分发挥党组织和人民群众强有力的监督作用，严厉打击宗族势力和乡村霸凌对国家政策的粗暴干扰和对人民群众的欺压行为，使基层自治组织能够真正代表人民的利益和意志，真正为人民群众办实事，真正实现基层的人民当家做主。

再次，通过人民代表大会这一根本政治制度将党的意志转化为国家法律。依法治国是党治理国家的基本方略。"法律是治国之重器，法治是国家治理体系和治理能力的重要依托。"② 人民代表大会制度的贯彻与执行，能够使民意得到广泛的关注和高度的重视，汇集民意，反映民情，将代表人民群众根本利益的党的意志上升转换为国家的法律，最终形成国家权力。通过法律的形式将人民的利益、党的意志转化为国家的法律，是推动民主政治深入开展的关键一环。正是因为有了人民代表大会制度这一根本政治制度的强有力保障，才能将广泛集中的民意交由人大代表，最终形成各项决议和草案，进而将党的意志上升为国家法律。

最后，健全完善"三不腐制度体系"。建立党内党外的权力监督体系，夺取反腐败斗争的压倒性胜利。绝对的权力必然导致绝对的腐败，所以有必要对权力进行监督。对权力进行监督是保证人民当家做主的重要表现。中国共产党在长期的执政过程中一直高度重视对公权力的制约与监督，建立起了完善的党内外监督制度体系，对于权力的制约、腐败的治理、良好政治生态的营造都起到了重要的作用。党的十八大以来，反腐败斗争取得了历史性成就，党内政治风气明显好转，党内政治生态日益清朗。正如习近平总书记所指出的那样："各地区各部门要完善权责清单制度，加快推进机构、职能、权限、程序、责任法定化，强化对行政权力的制约和监督，做到依法设定权力、规范权力、制约权力、监督权力。"③ 党的十八大以来，健全完善党内各级巡视制度、检察机构内部回避和内部监督制度、人民群众举报监督制度等，初步建立了"不敢腐、不能腐、不想腐"的标本兼治的制度体系，有效确保党和政府的各项权力牢牢掌握在真正代表人民利益的各级干部手里，为社会主义民主政治奠定了坚强的制度防线。

---

① 李慧凤，郁建兴.基层政府治理改革与发展逻辑［J］.马克思主义与现实，2014（1）：174-179.

② 中共中央文献研究室.习近平关于全面依法治国论述摘编［M］.北京：中央文献出版社，2015：6.

③ 习近平.习近平谈治国理政（第三卷）［M］.北京：外文出版社，2020：174.

发展全过程人民民主贯穿中国共产党百年辉煌的奋斗历程，充分体现了中国共产党对马克思主义民主政治理论的继承和发展；全过程人民民主是对社会主义民主政治实践的深刻总结，深刻揭示了人民民主实践与思想中华民族伟大复兴的内在逻辑；全过程人民民主是从"两个大局"出发，对中国特色社会主义民主作出的高度概括，针砭了西方民主的弊端，高扬了社会主义民主的优势。全过程人民民主是人民全过程、全时段参与的民主，是社会主义民主的本质体现，是真实管用的民主新形态。新时代发展全过程人民民主，必须坚持贯彻人民至上的价值理念，致力于制度和技术上的创新，更好地满足人民群众对美好政治生活的新要求，以全过程人民民主推动中国式民主政治的健康发展，为人类民主政治发展提供中国方案，贡献中国智慧。

第三节　民主集中制：中国式政治现代化及其道德擘画的叙事背景

民主集中制是中国共产党独特的政治优势，是马克思主义政党区别于其他政党的显著标志，在党的建设中发挥着至关重要的作用。建党之初，中国共产党就把民主集中制作为党的组织原则和领导制度，经历了百年的艰难探索与发展实践，也已成为中国共产党治国理政实践中独具特色和优势的制度原则。百年积累的民主集中制的宝贵经验，对于新时代推动党的建设新伟大工程、发展社会主义民主政治、推动国家治理体系和治理能力的现代化有着重要的现实意义。

一、溯本清源，深化认识：民主集中制原则的理论基础

任何一项政治制度的形成都离不开前人实践经验的历史总结和理论概括，民主集中制原则的形成不可能是无本之木和无源之水。厘清民主集中制的精神内涵要从溯本清源开始，马克思主义建党学说和民主理论是民主集中制原则的源头活水，列宁的建党学说以及关于苏维埃政权建设的理论则是中国共产党民主集中制原则的直接理论来源。

首先，马克思恩格斯建党学说为民主集中制的形成提供思想理论基础。"民主集中制"这一概念在马克思恩格斯的经典著作中虽然没有明确提出，也没有十分紧密相关的字眼，但在其经典文献的相关表述中却深刻内嵌着关于民主集中制的思想因子，为世界无产阶级的政党建设指明了方向。早在领导和建立共

产主义者同盟以及第一国际联盟组织时，马克思、恩格斯的思想理论便闪烁着民主的光辉，他们旗帜鲜明地指出要以民主集中制来武装无产阶级政党。马克思、恩格斯认为，共产主义者同盟"组织本身是完全民主的，它的各委员会由选举产生并随时可以罢免，仅这一点就已堵塞了任何要求独裁的密谋狂的道路"①。由是可见，关于政党的建设与管理，马克思、恩格斯十分强调民主的力量和作用。

其次，列宁党建学说为民主集中制的形成提供直接思想来源。在苏维埃俄国党的建设过程中，列宁借鉴了马克思、恩格斯的党的建设理论和民主思想，深化发展并高度凝练出"民主集中制"这一概念。列宁针对俄国的实际情况，在党的建设问题上进行了大胆的探索，相继提出集中制、民主制、民主的集中制、民主集中制等概念。在《我们的当前任务》中出现了民主集中制的萌芽，列宁指出："社会民主党地方性活动必须完全自由，同时又必须成立统一的因而也是集中制的政党。"② 而后在《进一步，退两步》中第一次对"民主集中制"进行了系统的阐释，并于1906年3月在《提交俄国社会民主工党统一代表大会的策略提纲》中正式将"民主集中制"确立为党的组织原则；同年4月，俄国社会民主工党第四次代表大会通过的党章给"民主集中制"正名："党的一切组织是按民主集中制建立起来的。"③ 后来，列宁提出第三国际的无产阶级政党也必须按照民主集中制的原则来进行建设。十月革命以后，列宁正式把民主集中制的原则确立为国家政权的组织原则和活动原则，广泛应用于国家政权建设的方方面面，用以指导国家权力的运行与运转。

最后，民主集中制是马克思主义政党政治学说在中国的具体应用与发展。民主集中制发源于欧洲，深化定型于俄国，深深扎根并成功实践于中国共产党领导中国人民开创的百年辉煌奋斗历程。十月革命一声炮响，为正在黑暗中探索和挣扎的中国人民送来了光明和希望。在马克思主义思想的光辉照耀下，在俄国十月革命的炮火指引下，中国共产党宣告成立并成功登上中国历史舞台。建党初期，中国共产党就积极吸收借鉴苏维埃俄国"民主集中制"这一组织原则，以毛泽东为代表的早期中国共产党人经过反复的思考与斗争并立足中国革

---

① 中共中央马克思恩格斯列宁斯大林著作编译局. 马克思恩格斯全集：第 28 卷 [M]. 北京：人民出版社，2018：278.

② 中共中央马克思恩格斯列宁斯大林著作编译局. 列宁全集：第 4 卷 [M]. 北京：人民出版社，2013：167.

③ 中共中央马克思恩格斯列宁斯大林著作编译局. 苏联共产党代表大会、代表会议和中央全会决议汇编：第一分册 [M]. 北京：人民出版社，1956：165.

命的具体实际，指出中国共产党要始终保持生机勃勃的旺盛斗志和生命力，就离不开全体党员同志积极性的发挥，"民主集中制"就是发挥全体党员同志积极性、凝聚全党共识的最好、最适用的组织原则。当然，"民主集中制"不是固定不变的，在不同历史时期，面对不同情况，侧重点也会有所不同。在社会主义革命和建设时期，毛泽东同志认为新中国成立之后的国家制度必须与民主集中制进行深度融合。在改革开放和社会主义现代化建设时期，邓小平同志强调坚持"民主基础上的集中和集中指导下的民主相结合"①，江泽民同志指出党的事业的好坏和民主集中制息息相关，"党内民主是党的生命，对人民民主具有重要的示范和带动作用"②。在中国共产党成立 90 周年大会上，胡锦涛同志立足国内外环境的新变化，对民主集中制的未来发展作出了重要的判断，指出："要健全民主集中制，不断推进党的建设制度化、规范化、程序化；要坚持以党章为根本、以民主集中制为核心。"③ 进入新时代，以习近平同志为核心的党中央将"民主集中制"确立为习近平新时代中国特色社会主义思想的重要组成部分。党的十九大明确提出继续推进民主集中制建设，实现民主与集中的有机统一，既要充分发扬人民民主，又要坚决维护党中央的领导权威，积极发挥民主集中制的政治优势。

二、回顾历史，总结经验：民主集中制原则的百年叙事

百年来，中国共产党人通过艰苦奋斗实现了由弱小到强大、由幼年到成熟并发展为世界第一大执政党。中国共产党百年辉煌的奋斗历程离不开对民主集中制的认识深化和创新发展。习近平总书记指出："我们党是按照马克思主义建党原则建立起来的政党，我们党以民主集中制为根本组织制度和领导制度，组织严密是党的光荣传统和独特优势。"④ 对民主集中制的百年探索进行历史叙事和梳理，旨在全景呈现民主集中制的探索与实践历程，呈现实践形态、主要特点和政治优势，阐明其对新时代推进我国国家治理体系和治理能力现代化的启示意义。

---

① 邓小平. 邓小平文选：第二卷 [M]. 北京：人民出版社，1993：175.
② 中共中央文献研究室. 十六大以来重要文献选编（上）[M]. 北京：中央文献出版社，2005：39.
③ 胡锦涛. 在庆祝中国共产党成立 90 周年大会上的讲话 [N]. 人民日报，2011-07-02（1）.
④ 中共中央文献研究室. 十八大以来重要文献选编（上）[M]. 北京：中央文献出版社，2014：765.

1. 民主集中制原则在新民主主义革命时期的形成与实践

坚持民主集中制是无产阶级政党的鲜明特色。列宁曾明确提出："加入共产国际的党，应该是按照民主集中制建立起来的。"① 建党初期，以马克思主义建党学说和列宁的建党理论为根本指导，中国共产党将"民主集中制"引入党的建设的全过程。1922年，中共二大将"民主集中制"确定为党的组织原则，并在党的建设方面予以贯彻落实，将"少数服从多数""下级服从上级""党的严格纪律"等反映民主集中制原则精神的内容写入党章。1927年，党的五大第一次明确提出"民主集中制"概念，并正式写入党章，在中共六大上被确定为党的组织原则和工作原则。为了保障民主集中制的贯彻落实，毛泽东同志在中共六届六中全会上提出"四个服从"，对党内组织生活的工作原则和组织原则进行了明确的规定，强调党员个人服从党的组织、少数服从多数、下级服从上级、地方服从中央，以避免分散主义、维护全党的团结和统一。

毛泽东对新民主主义革命时期民主和集中的辩证关系进行了科学的阐释。毛泽东同志认为，民主和集中相得益彰、互为条件，指出民主集中制就是要"将民主和集中两个似乎相冲突的东西，在一定形式上统一起来"②。也就是说，民主和集中看似矛盾对立、不可调和，但实际上在一定条件下是可以通过一定的条件实现相互转化的。在《论联合政府》中，毛泽东对"民主集中制"形成了自己更为深层次的理解和认识，指出：民主集中制是"在民主基础上的集中，在集中指导下的民主"③，体现了毛泽东对马克思主义民主理论在中国革命斗争中的灵活运用。刘少奇同志也对民主和集中的关系进行过讨论，他指出："民主与集中是统一的。没有民主就没有集中，同时，没有集中也就不能有民主。"④ 新民主主义革命时期，中国共产党对民主集中制有着广泛的共识、积极的探索和成功的实践。

新民主主义革命时期，民主集中制主要体现为制度层面的应用和群众路线的贯彻。一方面，在国家政权和制度建设中坚持民主集中制。土地革命时期，在建立农村革命根据地的斗争中，建立了以工农兵为代表的苏维埃政权。1931年，毛泽东同志指出，建设苏维埃政权必须坚持民主集中制的原则，并且使其

---

① 中共中央马克思恩格斯列宁斯大林著作编译局. 列宁选集：第4卷［M］. 北京：人民出版社，2012：254.
② 毛泽东. 毛泽东选集：第二卷［M］. 北京：人民出版社，1991：383.
③ 毛泽东. 毛泽东选集：第三卷［M］. 北京：人民出版社，1991：1057.
④ 中共中央文献研究室. 刘少奇年谱（一八九八——一九六九）：上卷［M］. 北京：中央文献出版社，1996：383.

在革命斗争中彰显效力，真正地运用于群众组织之中；同年召开的第一届全国苏维埃代表大会通过了《中华苏维埃共和国宪法大纲》，指出在国家政权的建设中必须坚持民主集中制并作出详细规定。只是这一时期由于受到"左"倾和右倾错误思想以及当时复杂革命形势的影响，在坚持民主集中制的过程中有过一些偏离，家长制和极端民主化的问题时有发生。新民主主义革命时期，无论是进行党内的政治决策，还是加强和改善党的领导，都始终坚持"民主集中制"这一根本的组织原则和领导方法。坚持民主集中制原则，要求将集体领导和个人分工紧密结合起来，在工作决策过程中不搞一言堂，而是经过集体的充分讨论和研究之后再进行决策和实施。另一方面，在践行群众路线的过程中坚持民主集中制。在长期革命斗争中，中国共产党深知做好群众工作的极端重要性。"在我党的一切实际工作中，凡属正确的领导，必须是从群众中来，到群众中去。"① 要求党必须紧紧与人民群众联系起来，必须依靠人民群众的磅礴力量夺取革命的胜利。在深入群众和贯彻群众路线的过程中，同样离不开对民主集中制的坚持和发展。"从群众中来""到群众中去"体现的就是深入群众、发扬民主、集中民智的思想过程。刘少奇同志对于群众路线和民主集中制的关系也提出自己的见解，既强调群众路线是坚持民主集中制的要求，也指出民主集中制是对群众路线的创新发展，要将二者紧密结合，形成良性互动，在互促互进中发展。

2. 民主集中制在社会主义革命和建设时期的曲折中探索

民主集中制在社会主义革命和建设时期实现了新的发展，也遭遇了巨大的挫折，呈现出独特的时代特征。1954 年，全国人大颁布了新中国第一部宪法，将民主集中制确定为党和国家的根本组织制度。1956 年，中共八大对社会主义道路进行了正确分析，对我国社会主要矛盾也进行了界定，同时对于民主集中制的具体内容进行了完善，强调必须坚持民主集中制，指出"在民主基础上的集中和在集中指导下的民主"，这是对中共七大通过的"集中领导下的民主"的深化发展。"集中指导"不仅体现了"集中"，同时还充分发扬了民主，反映了民主的本质要求，是民主与集中的辩证统一。1957 年，在《关于正确处理人民内部矛盾的问题》中，毛泽东同志深刻研究和分析了新中国成立初期我国社会的阶级矛盾，指出："这种民主和集中的统一，自由和纪律的统一，就是我们的

---

① 中共中央文献研究室. 建国以来重要文献选编：第八册［M］. 北京：中央文献出版社，1994：233.

民主集中制。"① 在深入分析我国社会主义革命和建设时期政治建设现状的基础
上，1962 年，毛泽东同志指出："没有民主集中制，无产阶级专政不可能巩
固。"② 一语道破了民主集中制原则在国家政权的建设、巩固和长久发展的极端
重要性。可以说，民主集中制不仅是无产阶级政党建设的重要组织原则，更是
人民代表大会制度这一根本政治制度有序运行的命脉所在，所以应该把民主集
中制贯彻到我国民主政治建设的方方面面。然而遗憾的是，民主集中制在这一
历史时期的发展经历了一定的曲折。1962 年毛泽东在"七千人大会"上认为，
当前党内存在对民主重视不足的问题，指出："没有民主，不可能有正确的集
中，因为大家意见分歧，没有统一的认识，集中制就建立不起来。"③ 总而言
之，在社会主义革命和建设时期，以毛泽东同志为代表的中国共产党人对于如
何坚持和发扬党内民主以及发扬党内民主的极端重要性都有着正确清醒的认识，
只不过在那样一个特殊的历史时期，因为党情、国情和世情的复杂性，使得民
主集中制原则在执行过程中遭遇严重挫折，给党内政治生活和国家民主政治建
设造成了严重影响，在民主和集中的关系处理上出现严重偏差，导致民主集中
制的贯彻落实遭遇严重瓶颈。

3. 民主集中制在改革开放和社会主义现代化建设中恢复与发展

在改革开放和社会主义现代化建设新时期，民主集中制得到了恢复和发展。
在这一历史时期，党和国家对民主与集中的辩证关系进行了更加深入的研究与
阐释，强调正确看待民主和集中的辩证关系，将民主集中制与各方面利益协调
相结合，推进社会主义民主政治建设的法制化和制度化。针对当时党和国家领
导制度和体制方面存在的突出问题，1980 年邓小平发表了《党和国家领导制度
的改革》，强调从中央到地方都要进一步扩大党内民主并且贯穿社会主义民主政
治建设的全过程，充分调动各方积极性和主动性。邓小平对民主集中制的内涵
进行了深刻的阐述，指出"我们实行的是民主集中制，这就是民主基础上的集
中和集中指导下的民主相结合"④。这一重要论述是对新中国成立初期中共八大
提出的民主集中制的进一步完善和发展。面对权力、权利和利益相互交织的问
题，邓小平立足中国国情，阐明民主集中制的本质："民主和集中的关系，权利

---

① 中共中央文献研究室. 毛泽东文集：第七卷 [M]. 北京：人民出版社，1999：209.

② 中共中央文献研究室. 建国以来重要文献选编：第十五册 [M]. 北京：中央文献出版
社，1997：122.

③ 中共中央文献研究室. 毛泽东年谱（一九四九——一九七六）：第五卷 [M]. 北京：中央
文献出版社，2013：77.

④ 邓小平. 邓小平文选：第二卷 [M]. 北京：人民出版社，1994：175.

和义务的关系，归根结底，就是以上所说的各种利益的相互关系在政治上和法律上的表现。"① 强调在建设有计划的社会主义商品经济的背景下，必须牢牢把握民主集中制原则，正确处理好中央与地方、集体与个人、当下与未来的利益关系。1980年，邓小平强调制度建设的重要性，指出："领导制度、组织制度问题更带有根本性、全局性、稳定性和长期性。"② 党的十四届四中全会提出："民主集中制是民主基础上的集中和集中指导下的民主相结合的制度。"③ 在中共十六大上，江泽民同志就民主集中制原则提出了"党内民主是党的生命"的科学论断。党的十七届四中全会针对世纪之交我们党面临的"四大考验"和"四大风险"④，强调要不断提高党的领导水平和执政水平，科学把握"民主"和"集中"的辩证关系，在党内民主生活中要严格落实民主集中制原则，因为"党内民主是党的生命，集中统一是党的力量保证"⑤。2011年，胡锦涛同志在深刻总结中国共产党九十年发展历程时强调指出，在改革开放和社会主义现代化建设新时期要依靠制度来保障民主，要"以民主集中制为核心"推进党的建设新的伟大工程。

4. 民主集中制在中国特色社会主义进入新时代的全方位推进

党的十八大报告开宗明义地指出，要将民主集中制作为重要着力点来引领党的民主建设，从而推进人民民主的前进和发展。党的十八大标志着民主集中制的建设和发展进入全新的历史时期。习近平总书记指出，要以民主集中制来引领党内一切组织制度和领导制度的架构建设与贯彻落实，要深刻认识民主集中制在推进国家治理体系和治理能力现代化中的政治优势和制度优势，有力推动党和国家机关的高效运转，形成巨大的社会政治合力。

一方面，准确把握新时代推进民主集中制建设的关键点。习近平总书记在党的十九大报告中指出："完善和落实民主集中制的各项制度，坚持民主基础上的集中和集中指导下的民主相结合，既充分发扬民主，又善于集中统一。"⑥ 从

① 邓小平. 邓小平文选：第二卷 [M]. 北京：人民出版社，1994：175-176.
② 邓小平. 邓小平文选：第二卷 [M]. 北京：人民出版社，1994：333.
③ 中共中央文献研究室. 改革开放三十年重要文献选编：下册 [M]. 北京：中央文献出版社，2008：1266.
④ "四大考验"指的是长期执政考验、改革开放考验、市场经济考验、外部环境考验；"四大危险"指的是精神懈怠危险、能力不足危险、脱离群众危险、消极腐败危险。
⑤ 中共中央文献研究室. 十七大以来重要文献选编（中）[M]. 北京：中央文献出版社，2011：148.
⑥ 中共中央党史和文献研究院. 十九大以来重要文献选编（上）[M]. 北京：中央文献出版社，2019：44.

理论和实践两个层面对新时代加强和改进民主集中制有了全面准确的理解和把握。理论上，廓清了有关民主和集中关系问题的各种错误认识，反对割裂民主和集中关系的形而上学认识论，进而形成对民主与集中的辩证关系更加科学、更加准确的认识；实践上，铲除了一切可能阻碍民主集中制落地生根与发展的制度性障碍，建立健全其他相关制度以推进民主集中制的全面发展。党的十八大以来，以习近平同志为核心的党中央相继颁布了《关于新形势下党内政治生活的若干准则》《中国共产党党内监督条例》等一系列党内法规，形成一套有序完整、灵活配套的制度体系，为民主集中制的创新发展提供了制度上的强有力保障。

另一方面，在新时代推动民主集中制朝着规范化、合理化方向发展。党的十七届四中全会强调"建立健全以党章为根本、以民主集中制为核心的制度体系"①，确保民主集中制的严格落实和监督效率的提升。面对变幻莫测的国际形势和国内改革的巨大压力，2013 年习近平总书记强调："要健全和认真落实民主集中制的各项具体制度。"② 为了推动党内民主制度的构建科学化，同年 11 月党中央发布了《中央党内法规制定工作五年规划纲要》（2013—2017），力求将民主集中制的制度和政治优势转化为国家治理和社会治理效能，推动民主集中制朝着规范化、法制化方向发展，也为新时代加强和改进党的建设、推动全面从严治党提供了行动指南。

5. 中国共产党人民主集中制原则的政治实践与历史经验

一百年来，中国共产党的民主集中制建设在艰难曲折的探索过程中取得了灿烂辉煌的历史成就，积累了极其宝贵的历史经验，为推动新时代民主集中制的建设与发展，推进全面从严治党背景下党的组织建设提供了宝贵经验和借鉴。

首先，正确认识和处理民主和集中的辩证统一关系，反对将民主和集中的关系割裂开来的形而上学做法。党和国家坚持民主集中制是对马克思主义唯物辩证法的深刻认识与发展、生动实践与创新，真正实现民主和集中的有机统一。民主集中制涵盖了民主和集中两个方面，二者是辩证统一的，无论是离开民主讲集中，还是离开集中讲民主，都是片面的、错误的，都会导致极端民主化和集中官僚主义两个极端。因此，必须反对任何把民主与集中割裂开来的行为和看法，要深刻认识和准确把握二者的动态变化，找寻二者之间平衡的关节点。

---

① 中共中央文献研究室. 十七大以来重要文献选编（中）［M］. 北京：中央文献出版社，2011：144.

② 中共中央文献研究室. 十八大以来重要文献选编（上）［M］. 北京：中央文献出版社，2014：352.

正如毛泽东同志所指出的那样："在反动和内战时期，集中制表现得多一些。在新时期，集中制应该密切联系于民主制。用民主制的实行，发挥全党的积极性。"① 新时代更要深刻认识和准确把握民主和集中的辩证统一关系，根据具体的情形合理调节民主和集中的关系及力度。在社会发展的不同历史阶段和不同的场域环境中，对于民主和集中的关系问题和力度把握应该具体问题具体分析，根据实际需要对民主和集中有适当或适度的侧重，并非舍弃一方或者过度强化一方而矮化另一方。

其次，加强党中央权威和集中统一领导是民主集中制建设的前提和基础。任何社会的发展都需要一个坚强的领导核心，没有领导权威的指引，社会就会出现一盘散沙而难以健康运转。恩格斯在对巴黎公社失败的原因进行深入分析的基础上，得出巴黎公社最终走向失败的原因之一就是缺乏强有力的领导核心，缺乏政治上的领导权威。因此，维护党中央的权威和集中统一领导是坚持和贯彻民主集中制的内在要求。《中国共产党章程》明确指出，民主集中制的基本原则之一"四个服从"中的"全党服从中央"最为重要。在《〈共产党人〉发刊词》中，毛泽东同志指出，党的集中统一领导对于党的事业稳步发展起着至关重要的作用。在党的八大上，邓小平同志也指出，发展党内民主的目的不是削弱集中，而是使党保持旺盛活力。习近平总书记指出，坚持党的集中统一领导，党组织就会坚强、就会团结；弱化党的集中统一领导，党组织则会变得涣散与孱弱。维护党中央的权威和集中统一领导是在民主集中制建设过程中总结正反两方面的经验教训的基础上得出的宝贵历史经验。"只有党中央有权威，才能把全党牢固凝聚起来，进而把全国各族人民紧密团结起来，形成万众一心、无坚不摧的磅礴力量。"② 党的十八大以来，以习近平同志为核心的党中央对民主集中制进行了创造性地运用与发展，全力推进党的集中统一领导，提出了"两个维护"的政治总要求，实现"两个维护"和民主集中制的辩证统一。

最后，夯实党内民主是坚持民主集中制的核心内容。民主与集中是辩证统一的关系，任何忽视和割裂二者辩证关系的做法，必将阻碍民主集中制的健康发展。邓小平同志就曾一针见血地指出，我国民主集中制的发展遭遇挫折的原因之一就是没有准确理解其内涵，要么离开民主谈集中，要么离开集中谈民主。改革开放以来，中国共产党在进行重大决策时都始终坚持民主和集中的统一。

---

① 毛泽东. 毛泽东选集：第一卷［M］. 北京：人民出版社，1991：278.
② 中共中央文献研究室. 十八大以来重要文献选编（下）［M］. 北京：中央文献出版社，2018：585.

坚持和完善民主集中制最重要的是发扬党内民主，保障广大党员的民主权利。"中国共产党的党内民主，本质上是尊重党员的主体地位，保障党员的权利，充分发挥和调动其主动性和自觉性的一种民主形式。"① 毛泽东同志多次强调发扬党内民主的重要性，指出："我们充分地发扬了民主，就能把党内、党外广大群众的积极性调动起来，就能使占总人口百分之九十五以上的人民大众团结起来。做到了这些，我们的工作就会越做越好，我们遇到的困难就会较快地得到克服，我们事业的发展就会顺利得多。"② 习近平总书记强调，在党内组织生活中要允许广大党员充分发表个人意见和看法，鼓励党员同志多说真心话，倾听党员同志的意见和看法，并及时给予反馈。总之，新时代坚持发扬党内民主，健全民主集中制原则，有利于净化党内政治生态，有利于在正确处理"两个维护"和民主集中制的关系的基础上，推动中国特色社会主义民主政治的新发展。

三、立足现实，放眼未来：民主集中制原则的政治前景

民主集中制是中国共产党在革命、建设和改革的百年实践中始终坚持和发展的根本组织原则，是开展党内政治生活、加强党的建设的重要制度保障。建党百年来，中国共产党始终坚持贯彻民主集中制，对民主集中制的认识不断深化，将民主集中制贯彻落实到国家治理的方方面面，取得了瞩目的历史成就，为民主集中制的持续健康发展积累了宝贵的历史经验。当下我国正处于世界百年未有之大变局，国际形势风云变幻。局部战争和冲突不断，意识形态斗争波诡云谲；国内改革步入深水区，加上突如其来且复杂多变的新冠肺炎疫情，我国的国民经济和社会发展遭遇严重阻碍。在这一大的时代背景下，中国共产党要继续带领中国人民和中华民族砥砺前行，实现中华民族伟大复兴的中国梦，离不开对民主集中制的一贯性坚持和创新性发展，离不开将民主集中制的制度优势转化为国家治理的政治效能。

首先，以全面从严治党为抓手，扎实推进新时代党的建设新的伟大工程。推进全面从严治党对坚持和发展民主集中制具有基础性作用。全面从严治党战略的核心是加强党的全面领导，基础在"全面"，关键在"严"，要害在"治"。推进全面从严治党战略，要做到全方位、全过程、全员性，也就是说，要在治

① 陈家刚，陈凌宇. 党内民主与党内法规制度建设［J］. 中共天津市委党校学报，2020，22（6）：18-26.

② 中共中央文献研究室. 建国以来重要文献选编：第十五册［M］. 北京：中央文献出版社，1997：137.

党的领域、治党的对象、治党的流程等各方面做到全覆盖。这就要求全体党员，特别是党员领导干部，必须从思想上深刻把握党的建设和党的执政规律，深刻认识形式主义、官僚主义、享乐主义和奢靡之风等不正之风对党组织的机体侵蚀；必须从行动上严于律己，不断加强自身建设，为贯彻民主集中制奠定坚实的组织基础。

其次，不断完善民主集中制的相关制度体系。完备的制度体系和机制程序，能够切实推动党的建设和党内民主生活的有效开展，对于民主集中制的长久延续和贯彻落实具有巨大的促进作用。完备的制度体系应该涵盖集体领导制度、党内民主选举制度等多种制度。坚持集体领导制度能够有效抵御个人专断与专权，可以使党和国家的民主决策更加高效。坚持党内民主选举制度，能够使各种选举活动和选举制度更加公正、更加民主，有利于营造风清气正的党内政治生态。

最后，强化民主集中制的宣传教育。开展民主集中制的宣传教育，有助于促进党内形成对民主集中制的正确认识，使得坚持与贯彻民主集中制成为全党的行为自觉，进而充分发挥党的政治优势。习近平总书记指出，要不断加强民主集中制的教育培训，以便为各级领导班子立好规矩。在《关于认真学习贯彻习近平总书记重要讲话精神，切实开好专题民主生活会的通知》中指出，全党必须加强民主集中制的宣传教育，及时反馈民主集中制的执行情况，对于敷衍塞责、拒不执行民主集中制的单位和个人给予严肃处理。一方面，广大党员，尤其是领导干部要从思想上高度重视民主集中制，全党上下要深入学习领会习近平总书记关于全面从严治党和民主集中制建设的重要论述；另一方面，引导全体党员正确认识和处理个人与组织的关系、民主和集中的关系、领导干部和党员的关系以及讲团结和讲原则的关系，及时纠正工作中的偏差或错误，形成全党自觉贯彻民主集中制的良好政治氛围。

总之，民主集中制是中国共产党百年奋斗的政治智慧，具有巨大的制度优势，是党内政治生活正常开展的重要制度保障。百年来，中国共产党将民主集中制贯穿到治国理政的各方面、各环节、全过程，是推进政治现代化的"中国智慧"。在推进国家治理体系和治理能力现代化、实现中华民族伟大复兴、建设社会主义现代化强国的新的历史征程中，坚持、创新和发展民主集中制，不断提高我们党把方向、谋大局、定政策、促改革的战略定力和执政能力，不断增强中国式政治现代化的国家治理效能和社会治理效能。

第四节 无知之幕：西方式政治现代化及其道德谋划的抽象假设

"无知之幕"是美国当代著名的政治伦理学家罗尔斯在阐述正义理论时提出的独到见解，罗尔斯借助契约思想和康德的道德观，将社会中各式各样的人抽象为统一的理性人，故而提出了"无知之幕"这种原初状态，来规避现实生活中民众在决策时受到主观偏见和功利主义的影响。换言之，"无知之幕"是指在进行制度安排时，设置一道遮掩的幕布，使人们不知有关自己及社会的任何特殊事实，并过滤掉所有能够影响其公正选择的功利性信息，而只留下关于社会各方面的一般性信息。从某种意义上讲，西方政治现代化过程就是对"无知之幕"这一抽象假设的实践体现。民主化是西方政治现代化的重要内容，他们以民主著称，视自身为民主的范本，在他们自认为非民主的国家频繁输出他们的民主，在国际社会中大肆宣扬他们那一套形而上学的民主政治观，即所谓的主权在民、天赋人权等，加之宗教信仰的影响，使得民众臣服于现有的政治体制，坚信其所谓的民主制度是正义的。近年来，"西方之乱"揭开了西方民主政治制度的遮羞布，将西方民主的缺陷与不足全景式呈现在世人面前，西方民主化浪潮正步入历史低谷，西方政治现代化难掩其治理中的道德困境。

一、西方式民主政治的历史流变与伦理精神实质

"民主"这一源自古希腊时期的概念被理解为"人民的统治"，时至今日仍是如此。但由于不同的国家受社会历史文化等多方面因素的影响，使得人们对于"人民的统治"中的"人民"与"统治"的理解与界定产生偏差，致使当下在思想观念层面或者制度创设与践行层面都存在不同的价值和实践趋向，主要表现为西方式自由民主和中国式人民民主。当今世界正处于百年未有之大变局，新冠肺炎疫情肆虐、社会风险比增、社会力量分化、民粹主义泛起、局部冲突不断，给各国政府的社会治理带来巨大的挑战。面对这一国际社会大环境、大背景，"中国之治"与"西方之乱"形成了鲜明的对比。西方民主制度神圣光环的衰退，让原本将西方民主制度奉为"圣经"的西方政治家和广大民众不得不对西方的民主制度进行深入的研究、分析和反思。以至于曾经提出"历史终结论"的弗朗西斯·福山也不得不发出"宪政民主衰败"的哀叹。那么，为何曾经让西方引以为傲的"民主制度"，如今却成为他们一切灾祸甚至是人类的一

切灾难的总根源？解开这一奥秘，有必要对西方民主政治的流变以及西方民主政治的实质进行梳理与概括。

1. 西方式民主政治的历史流变

民主是一个内涵丰富的概念，随着社会历史的向前推进而一直处于流变之中，历经着漫长的发展史。对于民主的源头追溯，无论是从理论层面抑或是从实践层面，皆可追溯至古希腊时期。当然，也有学者认为，民主有可能早于古希腊时期就在东方存在，例如约翰·基恩在其著作《生死民主》中就指出，民主对于西方来说其实是个舶来品，民主大概率是来自东方。① 只不过是学界大都赞同民主的源头来源于古希腊罢了。西方民主由简单走向复杂、由清晰走向模糊，大致经历了古希腊的民主政体到近现代的代议制民主政体的历史流变。

古希腊时期被誉为西方文明的摇篮，对于西方民主的探寻自然也应回到古希腊。古希腊时期更多的是从政体的层面来谈论民主，所以民主代表的是民主政体或者是民主制。政体就是指政府的组织形式，是对城邦中各种职务的某种制度安排，解决的是国家最高权力的归属问题。古希腊时期的政治家和思想家对政体进行了一系列早期探索，比如柏拉图、亚里士多德等。柏拉图在《理想国》中将政体分为五类，分别是：贤人政治、荣誉政治、寡头政治、民主政治以及僭主政治，民主政治赫然在列，它是寡头政治腐化的结果，甚至可能进一步腐化发展为僭主政治。亚里士多德沿用柏拉图双维度整体分类法，他在《政治学》中先按照是否以公民的共同利益为标准，将政体分为正确政体和堕落政体；然后再按照通常掌握最高权力的人数，将政体分作三类，即：一个人、少数人或多数人统治；② 最后将这两种类型的政体进行交叉，得出六种政体类型，即君主政体和僭主政体、贵族政体和寡头政体、共和政体和平民政体。由是可见，无论是柏拉图还是亚里士多德，对于民主政体并非持有一种积极肯定的态度。柏拉图认为，民主政体将平等不加区分地给予城邦中的一切，导致城邦中充满欲望与过度自由。亚里士多德则认为，共和制才是最佳的政体，民主政体不过是共和制的变体，聚焦于穷人或者平民的利益，同寡头政体和僭主政体皆可以归为堕落政体。古希腊时期民主政体的核心是自由原则，全体公民包括没有财产或者财产很少的公民都可以参与城邦事务，共同掌握着城邦最高的权力。

到了西方近现代，由代议制发展为代议制民主，西方国家对古希腊时期的

---

① ［澳］基恩. 生死民主（上）［M］. 安雯，译. 北京：中央编译出版社，2016：90.

② 张君. 西方民主流变的阶段划分、双层比较及其内在逻辑［J］. 学术探索，2020（3）：72-78.

"民主"概念故意歪曲，以期实现为资本主义作合理性辩护的目的，民主早已失去了它本来的内涵而变得面目全非。"与其说代议制民主是在民主基础上加了修饰词'代议制'，毋宁说它是在代议制的框架上披上了一层民主的面纱。"① 代议制民主的发展不是一蹴而就的，经历了代议制与民主制由对立走向融合的历史转变。所谓代议制，就是不同社会群体的代表经由议会共同讨论并作出决定的制度。代议制被视为共和制的代名词，是很多政治家心中理想的政府组织形式。代议制与民主制相敌对，民主制突出的是公民之间参与国家事务的管理，而代议制则主张公民选出的代表参政议政。到了 19 世纪中期，工业革命发展使得社会力量此消彼长，公众参与政治的诉求和欲望愈加强烈，政府被迫对政治权力的配置进行调整。为了应对此种变化，将民主概念嵌入代议制的架构中，为代议制披上了民主的面纱，由此产生了代议制民主。代议制民主是一种有秩序、有限度的民主，将主权和治权进行分割，主权归于人民，治权交给民众选举的代表。代议制民主之下，选民决定政治问题以及参与国家事务管理已不再是民主的原初目标，选民选出自认为可以代表其参与政治决定或者国家事务管理的代理人就成为西方式民主首要的甚至唯一的任务。

2. 西方式民主政治的伦理精神实质

通过对西方民主历史流变所作的梳理，我们不难发现，今天的西方民主无论是内涵还是核心价值都发生了翻天覆地的变化，"人民的统治"这一层含义早已消逝于历史的发展之中，取而代之的是资产阶级民主——少数人的民主、精英阶层的民主。经过资产阶级用"自由""选举""代议"等捆绑后的民主，早已变成了他们掌握国家权力的工具，而非他们坚守的政治价值，与民主原初意义相距甚远。正如王绍光在《民主四讲》中所描述的那样："当典籍充斥着对民主诅咒的时候，'民主'一词前面很少出现修饰词。一旦有产者和他们的代言人开始抱怨民主时，民主的本质没人谈了，大家谈的都是带修饰词的民主，而且修饰词比'民主'来得更重要。"② 马克思主义唯物史观告诉我们，民主是伴随着阶级的产生而产生，伴随着阶级的消亡而消亡，具有鲜明的阶级性。作为一种政治制度与政治实践，任何民主都是由经济基础决定的，都体现着统治阶级的意志。"从阶级立场看，西方'宪政民主'是建立在私有制基础上，以维护资产阶级私有制为宗旨，为维护资本统治集团少数人利益的民主形式，而不是以

---

① 张君. 西方民主流变的阶段划分、双层比较及其内在逻辑 [J]. 学术探索，2020（3）：72-78.
② 王绍光. 民主四讲 [M]. 北京：生活·读书·新知三联书店，2008：33.

维护整个社会的公共利益为出发点的人民民主。从民主实现形式看，一人一票的普选制是西方'宪政民主'的主要形式，这种形式看上去每个人好像都有平等的民主权利，但事实上它不过是以虚假的'全民'形式来掩盖维护资产阶级集团利益的本质，而更多的'普罗大众'则处于被政治操弄的边缘。"① 此时的民主早已经是变质的、异化的民主。当代西方社会的发展进程已经陷入"治理困境"和"民主困境"的双重困境之中，示威游行、枪击不断、种族歧视对抗、党派竞争无休止以及"零元购""弗洛伊德"等事件频频发生，西式民主的真实面貌逐渐显露出来。近代以来的西方式民主概念，随着历史流变逐渐暴露其伦理精神的偏狭性，民主政治实践日益陷入道德艰难，西方民主逐渐表现为否决式发展，社会失序、运行失效，进而陷入治理失效与政治衰退的深渊。究其原因，金钱政治、权钱合谋、选举至上、间歇民主、党派之争、毫无道德底线以及理性选民并不理性等，是西方式民主陷入治理失败困境的最主要原因。

二、西方式民主政治的价值困境及其多维度透视

在西方资本主义民主政治大背景下，金钱民主与权钱勾结大行其道，路人皆知。西方民主政治早已沦落为少数有钱人或者政治权力代理人的游戏或者声名大噪的政治工具。民主本意是"人民的统治"，发展到近现代，民主被嵌入代议制，通过选举代理人来行使政治权力。由"人民的统治"变为"人民挑选统治者"，从人民变为了选民，从选举变为了选主，一人一票成为西式民主引以为傲的代名词。那么理论上看，年满18周岁的公民都拥有选举权和被选举权，但在实际的政治生活中参与选举并非如此。西方民主"一人一票"的运行机制是符合条件的候选人获得多数票就可以当选，但是要成为候选人以及成功当选仅靠个人力量是绝对不可能实现的，必须依附于一定的政党，是依靠政党的团结和政党背后的利益集团共同促成选举的。

1. 质料上"金钱民主"，"权钱合谋"的民主

一方面，候选人获得选民的支持，离不开资本的喂养。候选人为了获得知名度、宣传自己的竞选誓言，抹黑竞争对手，进而拉拢民意，需要通过多种渠道进行，常见的就是线下竞选演讲、线上利用新闻媒体打广告等，除此之外，还需要创建与运营网站、雇用工作人员等，参与竞争选举需要巨大的人力、物力等多方面的投资，也就是说，这一切的开展与实施都离不开强大的资本支持。

---

① 辛湘理. 人间正道是沧桑：坚决抵制西方"宪政民主"思潮的渗透侵蚀［J］. 新湘评论，2020（17）：27-28.

以美国选举为例，2020 年美国总统大选中，两党选举花费超过 140 亿美元，而且仅在当年 8 月，拜登在电视广告上的投入高达 6550 万美元，特朗普在脸书上支出 440 万美元，在谷歌投广告 1300 万美元。不难看出，美国的选举已经成为围绕金钱展开的政治游戏，成为金钱驱动的政治狂欢。值得注意的是，这种金钱化的选举、金钱化的民主其实早已出现。早在 20 世纪 80 年代，参与美国议员竞选的经费为 600 万美元至 800 万美元，也就是在任的参议员需要每周最少"筹集到 19000 美元，才能保证足够的选举经费"①。2012 年美国大选，以奥巴马为首的民主党获得捐款 11 亿美元，以罗姆尼为代表的共和党获得捐款 11.8 亿美元，是美国历史上首次两党候选人获得捐款超过 10 亿美元。2016 年美国大选，希拉里和特朗普的竞选花费加上国会选举使用的费用，总和接近 70 亿美元。纵观 21 世纪以来美国的几次大选，"美国国会众议院选举中，超过 86% 的花费最多者最终都能胜选"②。2014 年，美国最高法院甚至推翻了政治竞选捐款总额的上限，为金钱裹挟政治提供方便。充分暴露了在美国支票远比选票更加重要，民意更是被资本厚厚遮蔽。"美国选举已沦落为金钱的较量。美方一些人所标榜的'自由民主'，不过是一场赤裸裸的富人'独角戏'。"③

另一方面，政党是不同利益集团为了获取利益、掌控政府而形成的寡头政治组织。西方民主政治是资产阶级的阶级民主，主要是为了维护资产阶级的利益，维护资产阶级的统治秩序。谋求利益最大化是资本的本性，决定了西方民主政治是绝对不会建立在最广泛的人民群众共识基础之上的，必然是以统治阶级内部少数利益集团狭隘的共识和多数人民利益的妥协为前提。但是资产阶级内部不同利益集团分化对立，每个集团都力图推选出能够代表本集团利益的统治者，以求实现该集团在社会系统中资源配置的便利化和自我利益的最大化。"这就导致西方民主政治运作中不断出现党派和利益集团为一己私利相互竞争甚至相互倾轧，不同政治力量为了维护和争取自己的利益固执己见、自以为是和排斥异己等政治零和博弈现象。"④ 换句话说，西方民主的机理是受利益趋向的不同，社会分裂为不同的派别，形成代表不同利益集团的政党，然后政党再选

---

① ［美］斯克尔. 现代美国政治竞选活动［M］. 张荣健，译. 重庆：重庆出版社，2001：163.

② 王洪树，郭玲丽."中国之治"与"西方之乱"的民主政治根源解析［J］. 河南社会科学，2020，28（10）：31-38.

③ 钟声. 谎言遮不住金钱政治的丑陋［N］. 人民日报，2020-03-15（3）.

④ 王洪树，郭玲丽."中国之治"与"西方之乱"的民主政治根源解析［J］. 河南社会科学，2020，28（10）：31-38.

出能够支持或代表本党利益的候选人参与选举进而获得治权的过程。而被政党看重的候选人，如果自身没有足够的经济支撑，那么就要俯首听命于这些寡头，受"钱主"的控制。即便是政治精英也必须听命于资本家和寡头，成为他们的政治玩偶。美国前总统奥巴马曾在《希望的勇气》一书中指出："竞选需要电视媒体和广告，这就需要钱，去弄钱的过程就是一个产生腐败的过程，拿了钱，就要照顾供钱者的利益。虽然也可能使用政府的钱（但这个钱有限，不足以应付竞选，可能还会附带很多条件）。"① 正因为如此，"选举民主越来越沦为一种资本主导下的竞选人之间的烧钱比赛和比赛过后大行其道的权钱交易，越来越多的政府高官和企业家在政府部门和私营部门之间交替变换角色，'旋转门'现象日益普遍化"②。权钱合谋是西方民主政治发展的常态，阻碍着西式民主的发展，内耗着西式民主的活力，以至于美国前总统卡特发出了"美国民主已死"的感叹。"一人一票"的西方民主表面上看似民主，实际上无论谁当选都是资本力量操纵政党、操纵媒体、操作选民投票，取得胜利的是资本集团而非人民，实现的也不是人民民主，而是金钱民主。

2. 过程上"选票至上、间歇权变"的民主

民主本意为"人民的统治"，是指人民直接参与国家事务管理，关注的是国家主权的问题，也就是人民与国家的关系问题，即一个国家的主权由谁来掌握的问题。真正的民主应该是关注民主的实质，让人民真正地参与国家事务的方方面面，是一种全过程的民主，包括民主选举、民主决策、民主管理与民主监督等。显而易见，西方的民主并非如此。西方资本主义国家将民主窄化为选举，把是否进行选举民主视为衡量民主国家的唯一标杆。在此种民主制度之下，使得"人民"成了远离国家权力运行而仅仅拥有选举权的公民，参与立法与决策的机会显著地减少了，人民主权只有在公民参与选举时才能得以体现。最终的结果是，形式民主取代了实质民主，人民变成了选民，选举变成了选主，人民主权变成了人民授权，巧妙地将人民排除在了国家治理之外。选举至上，不仅导致人民变成国家的局外人，同时也使得国家的治理陷入僵局。为了赢得选举进而实现本党的利益，各政党候选人在竞选时为了争取选票而讨好选民，会不加思考地迎合不同选民的利益诉求。而当候选人成功当选后，在进行国家治理时，面对不同群体之间利益的矛盾与冲突，政府往往牺牲大众利益以满足其所

---

① 张维为. 中国震撼：一个"文明型国家"的崛起 [M]. 上海：上海人民出版社，2010：150.

② 左鹏. 西方民主是真民主吗 [J]. 前线，2022（1）：49-50.

代表的政党的利益，进而会引起民众的强烈不满，导致无休止的罢工、大规模的抗议活动，甚至造成政府的停摆。这种形式的民主使民主本身的运转陷入僵局。"把民主和选民参与缩减为一系列互不相干的选择点，就贬低了民主，损害了选民参与。一旦我们把公民参与的要义界定为全体选民的投票能力，代议制民主的目标、结果和过程就都会落空。"①

民主的间歇性运行是西式民主的另一个重要特征。何为民主的间歇性，是指每隔几年举行一次选举，在这期间选民行使民主选举权，之后便难以参与民主政治的运行，被排斥在公共权力运行之外。正如亚当·普沃斯基所言："尽管现代代议民主以多数派为基础，但其生成的政治结果，主要是不同政治力量的领袖之间讨价还价的产物，而并非普遍的慎议进程的产物。投票的作用，无非是每隔一段时间对这些结果加以批准，或确认由哪些人来搞出来这些结果。在任何现代民主国家，慎议进程也罢，对政府的日常监督也罢，群众是管不着的。"② 西方民主并非真正的人民当家做主，只是满足于"选民定期选主"罢了。人民只有在投票时被唤醒，投票结束就进入休眠期，人民除了投票的民主权利外别无其他。由此，导致民众对政治的参与感不足，失去政治主体的效能感，逐渐对政治变得冷漠甚至远离政治，成为民主政治的旁观者，政治切实沦为少数精英所掌控。

同时，人民主权替换成选举民主，也暗含着长期以来西方民主政治对于民众根深蒂固的偏见。西方民主认为民众是无知愚昧的，是短视、自私且易冲动的，是容易受人蛊惑的。因此，民众是非理性的，民众参与政治会带来暴动。古希腊时期，民众就不受重视，柏拉图认为平民具有"强烈的兽性"，此外一无所有，城邦治理必须要由专业的人士来进行。亚里士多德也认为民主政体会使平民大众依仗人数优势威胁富人财富。到了近现代，对于民众的歧视依然存在。与之相对，精英却在民主政治中日益占据更加主动的位置，他们凭借在政治知识和理性能力上拥有的绝对优势开始了对民主概念的改造，将民主话语解释的主动权牢牢掌控在少数精英阶层的手里。他们将"人民"这一抽象的概念不断抬高，将人民抽象假设成了"无知之幕"中的理性人，经由人民主权这一理论，将主权和治权分割，将没有实质性的主权归于人民，糊弄民众，让他们心甘情愿地将国家的治理权交给精英去行使。如此一来，民众赢得了国家虚置的最高

---

① 王绍光.选主批判：对当代西方民主的反思［M］.北京：北京大学出版社，2014：88-89.

② PRZEWORSKI A. *Democracy and the Market：Political and Economic Reforms in Eastern Europeand Latin America*［M］. Cambridge：Cambridge University Press，1991：13.

主权，最具有实质意义的国家治理权力落到了少数精英阶层手中。

3. 现实中"党派之争、毫无下限"的民主

西方的民主政治是两党争权夺利的民主，是异化的、内耗的民主。西式民主政治主要是围绕两党进行权力的博弈而展开的，随着竞争的白热化，导致民粹主义和极端民主主义的出现，竞争双方的博弈严重损害了国家和人民的利益。不仅如此，在竞选中双方政党和候选人污蔑对手、散布谣言打压对手，选举变选秀，竞选宣言涉及社群差异、族群差异以及涉及群众切身利益和国家发展的政策议题成为陪衬，主次颠倒，严肃的国家选举变成了政客表演的舞台，政客的政治素养反倒居于次位，进而"把竞选等同于政治营销，把政治营销等同于拼金钱、拼资源、拼公关、拼谋略、拼演艺表演"①。2016年美国总统大选中，共和党候选人特朗普和民主党候选人希拉里进行了一场最丑陋的总统大选之战，互相诋毁、谩骂甚至揭短，不遗余力地破坏对方的声誉，使得民主政治成为党派和候选人之间互相竞争和互相打压的牺牲品。如出一辙的是，2020年美国总统大选中，民主党候选人拜登和共和党候选人特朗普再次上演对决，互相对战、互"爆黑料"，美国媒体甚至发出疑问："美式民主的奇迹——延续200多年的权力和平交接，是否会终于2020年？"

4. 形式上"理性假设、抽象虚伪"的民主

西方民主发展逐渐走向极端与选民的素质和数量也有极大的关系。一方面，选民的代表性不足影响选举的结果。理论上讲，民主选举是人民通过选举行使政治权利与表达政治意愿，进而赋予政权管理者拥有权力的合法性。实际上，全民参与选举是无法实现的，公民往往忙于生计而没有足够的时间关注政治事务，导致只有一半左右的公民行使政治权力。"传统的公共选择学派关注选民是否具有足够的知识储备和政治素养，认为如果选民没有接受过正规的经济学和政治学教育，就不能期待选民能够理性选择相关政治政策"②，甚至部分选民认为自身拥有的选票无足轻重，不会改变选举的结果，就任意将受众的选票投出，对选举结果产生较高的"负外部性"。另一方面，非理性选民极易受候选人所营造的噱头影响。西方精英阶层对民主政治进行改装，将"人民"塑造成极具理性和正义的人，是不受外物影响的存在，实际是对人民的抽象化理解，背后包藏祸心。在现实的政治选举中，选民并非绝对理性的存在，他们极易受到候选人营造的故事噱头和塑造的完美形象影响。选民在进行决策时会根据种族、性

---

① 张维为.中国震撼：一个"文明型国家"的崛起［M］.上海：上海人民出版社，2010：150.

② 姚璐.西方民主政治问题和中国方案［J］.行政科学论坛，2020（10）：55-57.

别以及职业等标签对客体进行分类，然后对相应的客体形成某一固定印象，而选民的这种特点极易被经验老到的政客和善于营销的媒体所利用。参选者通过竞选演讲、线上广告等多种途径打造自我进而迎合选民的认知，导致选举活动成为表演活动，营造的假象最终影响选民的投票行为。

三、西方式民主政治走向泛化或异化的道德风险

民主治理的最初目标是实现善治，但在具体的民主实践中却存在大量的治理不善，民主选举闹剧不断，社会动乱不断升级，种族歧视不断加剧，社会危机丛生。西式民主陷入难以摆脱的泥沼，在不同层面使得民主治理陷入严重的政治和社会危机。这种危机不仅表现在西方国家，那些被强行移植民主的国家也同样陷入水深火热之中，使得西方式民主的全球化浪潮遇冷。

一方面，西方式民主政治因为道德阙如而必然走向异化和衰退。从美国总统大选对战到英国"脱欧"公投，再到土耳其"修宪"以及法国大选等一系列事件的发生，反映了西方民众对于西方民主政体的极度不满，也暴露了西方民主政体的内在弊端。与此同时，民族主义、威权主义、种族主义、民粹主义、排外主义、经济保护主义等思潮的蔓延，对西方民主的发展造成巨大的挑战。加之，新冠肺炎疫情笼罩着全球，使得全球经济的发展处于衰退之中，西方民主国家的治理陷入危机，西方民主正在遭遇前所未有的衰退风险。西方民主的衰退主要体现在量的缩减和质的低下。在数量方面，西方民主国家的数量不增反减。"在第三波民主化浪潮伊始的1974年，当时世界上民主国家的总数仅为46个，占直接独立国家的30%；到了2006年，自由民主国家的总数为114—119个，占全世界国家总数的61%。从2006年开始，第三波民主化进入衰退期和停滞期。"① 在质量方面，民主质量的降低也是民主衰退的重要原因，主要以欧美资本主义国家为代表，民主的发展遭遇巨大的困境严重破坏了民主的声誉。欧美国家的资本化、形式化、短视化、民粹化以及社会的分裂让人们对民主的质量产生了巨大的怀疑。当代西方民主政治所表现出来的民主的虚伪性，维护少数人利益的狭隘性，使得政党与选民、政府与民众之间逐渐离心离德，民众对政府的不信任感急剧攀升。"对政府的不信任感是与现存制度离异的突出表现。对政府所抱幻想的不断破灭及对政府不信任感的不断加剧，以及伴随而来的无依无靠的感觉和缺乏影响力的现象，开始于1964年，并一直延续至今，其间基

---

① 漆程成. 当代西方民主治理困境的比较分析［J］. 比较政治学研究，2021（2）：233-259，341.

本没有任何好转。美国人对政府的疏远超出了对某些政治家和政党的不满和反对。"① 民众和政府之间的"信任鸿沟"使得西方民主政治主体间的关系逐渐趋恶，民主政治呈现"否决式"的发展态势。这种否决式的发展，降低了民主政治运行的效率，影响了公共生活的平稳运转，使社会发展陷入民怨四起、动乱不休的乱象之中。"作为世界上最早最先进的自由民主制的美国，与其他民主政治体系相比，承受着更为严重的政治衰败。"②

另一方面，西方式民主政治因为意识形态魔咒而走向泛化的道德风险。长久以来，以美国为首的西方国家无视西式宪政民主所固有的价值缺陷和制度困境，给其所长期坚持的民主制度赋予神圣的光环，突出民主制度的"普适性"，热衷于将自己的民主输出到他国，大肆进行政治意识形态渗透，企图干涉他国内政，进而谋求自身最大利益。世界上不存在完全相同的政治体制，也不存在适合一切国家的政治模式。《晏子春秋·杂下之六》有言："橘生淮南则为橘，生于淮北则为枳，叶徒相似，其实味不同。所以然者何？水土异也。"针对这一现象，习近平总书记始终保持清醒的认识，他指出，中国要实现发展，不能全盘照搬他国的政治制度和发展模式，否则会带来灾难性的后果。不容否定，世界上任何一种政治主张，归根结底都是由特定的国家、民族、阶级或集团利益所决定的，在民主制度选择问题上也不例外。但是，一些西方国家依仗国力的强大，垄断话语权，将西式自由民主、宪政民主神化、泛化，宣扬西式民主的绝对真理，具有普适性和超越民主性的优势，大肆对外输出，强迫他国无条件遵循。但南橘北枳岂能同？那些被迫接受和主动效仿西式民主而导致的灾难性后果不胜枚举，社会动荡、国家撕裂，民不聊生。例如，苏联东欧地区，特别是戈尔巴乔夫接受了西方民主，导致强大的苏联在短短几年内土崩瓦解。叶利钦同样坚持西式民主，导致俄罗斯社会动荡、经济低迷。被誉为"民主样板"的乌克兰原为苏联时期的加盟共和国，独立后仿效西方的民主化，最终导致国家政治纷争不断、社会周期性动荡。受到西式民主破坏的国家还有很多，战后的伊拉克、阿富汗以及经历"阿拉伯之春"的中东各国，他们坚信可以救国救民的"民主"并没有真正解决国家发展面临的严重问题，反而把各国推入"民主化的火坑"，引发更为严重的政治经济危机和社会分裂动荡。不难看出，西式民主是西方资本主义国家为谋取自身利益所装点的面具和干涉他国内政的一块

---

① ［美］戴伊，奇格勒．美国民主的讽刺［M］．张绍伦，等译，石家庄：河北人民出版社，1997：206.
② ［美］福山．政治秩序与政治衰败：从工业革命到民主全球化［M］．毛俊杰，译．桂林：广西师范大学出版社，2015：443-444.

遮羞布而已。西方老牌资本主义国家之所以热衷于推销他们引以为傲的民主制度，绝不是为了世界人民共同的福祉，实则佛口蛇心、暗藏破坏性，最终还是为了实现控制世界、捍卫霸权的新殖民主义的目的。

总而言之，西方资本主义国家所坚持的民主是建立在资产阶级利益之上的少数人的民主，是精英阶层的民主，早已偏离最初古希腊时期"人民的统治"的原初意味。为了维护少数人的狭隘利益，将民主窄化为民主选举，收紧公民行使民主权利的范围，将民主选举变成利益集团对峙的战场，将民主选举变成政治掮客们互相谩骂、互相诋毁、展现非政治才能的脱口秀舞台，使得民主选举呈现出娱乐化、形式化的趋势。同时，也使得公民变成民主政治的局外人，使选举变成选主，公民被排除在其他民主政治的实质性环节之外，逐渐产生政治冷漠感。这种形式下的民主，使得民主的发展呈现出衰退的趋势，也使得西式民主陷入资本化、形式化、短视化甚至民粹化的政治和道德危机，使得社会动乱、人心离散、各自为政，最终西式民主政治江河日下，西式民主治理步履维艰，而那些接受和仿效西式民主的国家，同样难逃民主化带来的满目疮痍。总之，西式民主，南橘北枳，害人害己。

现代化是当今世界不可阻挡的大趋势，政治、经济、文化、社会等各方面都踏入现代化的浪潮中，而民主化则是政治现代化的重要内容和核心要素。纵贯古今，放眼世界，民主缘起于古希腊，经过几千年的历史流变，在现当代立足新场域、实现新发展，主要表现为两种模式：资本主义经济基础上的自由民主和社会主义基础上的人民民主。人民民主是社会主义的生命，全过程民主是人类民主政治的新形态，民主集中制是社会主义民主政治的组织原则。西方民主在特定的历史时期确实发挥了积极的作用，但是西式民主具有不可忽视的制度缺陷，生成于资本主义经济土壤，决定了西式民主只能是少数人的民主。人民民主作为民主政治的新模式，是中国特色社会主义民主政治发展的智慧结晶，是最广泛、最真实的民主，切实保障人民的民主权利，真正地做到了人民当家做主，引领中国式政治现代化进程的加速推进。与之相反，西式民主是形式的而非质料的民主，是抽象虚伪的民主，是资本化、金钱化的民主，是少数人的民主，是使社会治理陷入僵局的民主，是害人害己的民主，并非具有"普世价值"和神圣光环。因此，世界各国应该清楚地把握西式民主的局限与危害，应该根据本国的具体国情选择适合自身的政治制度和民主模式。中国的崛起离不开对民主政治的坚持，离不开人民民主的发展，中国式民主已经事实地证明了西方民主不是实现繁荣发展的唯一道路，为世界其他国家和地区民主政治的发展提供了中国智慧和中国方案。

第五章

"自我革命、与时俱进"的政治伦理自觉

中国式政治现代化及其道德擘画突出表征为"自我革命、与时俱进"的政治道德自觉，走出西方式政治现代化及其道德谋划之制度性安排的道德阙如。自我革命是中国共产党最鲜明的伦理品格，也是中国共产党最大的政治优势。正如习近平总书记指出的那样，中国共产党不仅能够带领中国人民进行伟大的社会革命，也能够进行伟大的自我革命，以勇于自我革命的精神打造和锤炼自己。自我革命是指主体对自己自觉、自发、自动的革命性行动，中国共产党的自我革命，就是通过不断的自我净化、自我完善、自我革新、自我提高，经常性地解决自身存在的问题，不断克服自身存在的缺点，始终保持生机和活力。这不仅是纪律的自我约束，更是道德的自觉自律。习近平总书记强调："要坚持高标准与守底线相结合，既要注重规范惩戒、严明纪律底线，更要引导人向善向上，坚守共产党人精神追求，筑牢拒腐防变思想道德防线。"① 自觉自律的道德高线与不可触碰的纪律底线，为党员干部画出了一高一低两道红线。道德高线是理想信念，是共产党人坚定信仰的"精神之钙"；纪律底线是党规党纪，是党员干部必须遵守的"硬杠杠"。前者是高标准，后者是红底线。高标准如同"灯塔"，起引领作用；红底线如同"堤坝"，起规制作用。坚持"高标准"，就不会迷失方向、丧失动力；守住"红底线"，就不会恣意妄为、腐化堕落。对于"高标准"和"红底线"的道德自觉，源于中国共产党人的思想自觉和理论自觉。中国共产党在推动中国式政治现代化和创造人类文明新形态的过程中，始终坚持解放思想、实事求是、与时俱进。坚定清醒的思想自觉，厚重丰富的理论滋养，刮骨疗伤的革新魄力，坚如磐石的战略定力以及"功成不必在我"的政治襟怀，是中国共产党有别于世界其他政党的政治伦理品格，也是中国特色社会主义制度的独特优势，其他社会制度或者文明形态难以企及。马克思主义中国化，既坚持了基本原理的"原则性"，又坚持了具体国情的"灵活性"，始

---

① 习近平．习近平谈治国理政（第二卷）［M］．北京：外文出版社，2018：44-45.

终没有拄别人的拐棍，而是独立自主地选择自己的革命、建设和发展道路，独立自主地进行治国理政的顶层设计，独立自主地处理内政与外交。习近平总书记指出："实践发展永无止境，我们认识真理、进行理论创新就永无止境。"以中国特色社会主义伟大实践为源头活水，不断创新发展中国特色社会主义理论体系，不断使马克思主义基本原理与当代中国具体实际、与中华优秀传统文化在新的更高水平上发生"有机反应"。这种"有机反应"必然将反馈和体现为中国特色社会主义的制度性安排，进而成为滋养制度的运行力、提升制度的执行力、化解制度的阻滞力以及制度演进的推动力。

第一节 自我革命是中国共产党人最鲜明的伦理品格

党的十九届六中全会通过的《中共中央关于党的百年奋斗重大成就和历史经验的决议》，全面总结了中国共产党百年奋斗所取得的重大成就和所积累的宝贵经验，将"坚持自我革命"作为十条宝贵的历史经验之一写入重大历史决议。习近平总书记以远大的战略思维、强烈的忧患意识和自觉的历史担当全面阐述了党的自我革命思想，具有鲜明的时代特色和实践导向，具有极其重要的时代价值。自我革命是中国共产党最鲜明的伦理品格，也是中国共产党最大的政治优势。正如习近平总书记指出的那样，中国共产党不仅能够带领中国人民进行伟大的社会革命，也能够进行伟大的自我革命，"以勇于自我革命精神打造和锤炼自己"①。自我革命是指主体对自己自觉、自发、自动的革命性行动。中国共产党的自我革命，就是通过不断的自我净化、自我完善、自我革新、自我提高，经常性地解决自身存在的问题，不断克服自身存在的缺点，始终保持生机和活力。这不仅是纪律的自我约束，更是道德的自觉自律。自我净化是党永葆先进性和纯洁性的基因密码，以不断过滤杂质、清除病毒，确保党永远不褪色、不变质；自我完善是党坚持真理、修正错误的治本之策，通过不断的学习和进步，及时纠偏，与时俱进；自我革新是党革故鼎新、推陈出新的必经之路；自我提高是坚持理论与实践相统一，建设学习型政党的必然要求，推进学习教育制度常态化特别要深入学习马克思主义中国化的最新理论成果，在思想、能力、行动上跟上时代步伐，使百年大党在学习中不断焕发出新的活力。

---

① 中共中央文献研究室．十八大以来重要文献选编（下）［M］．北京：中央文献出版社，2018：591．

一、中国共产党人百年自我革命的历史进程概览

坚持自我革命是中国共产党百年奋斗的宝贵历史经验。在中国革命、建设和改革的不同时期，自我革命贯穿于党的建设的始终。

1. 在自我革命中彻底赢得新民主主义革命的伟大胜利

中国共产党领导的新民主主义革命是世界近现代革命史上的伟大创举，其中积累了许多宝贵的经验。总结这些经验所体现的理论和方法，对当前中国共产党领导的新时代中国特色社会主义建设和加强党的自身建设具有重要的现实指导意义。纵览新民主主义革命的伟大历程，中国共产党带领中国人民创造了彪炳史册的历史成就。当然，这一历史进程并非一帆风顺，而是历经许多磨难与挑战。中国共产党人不惧风险挑战，一次次迎难而上，一次次浴火重生，最终团结带领中国人民取得了新民主主义革命的伟大胜利。

面对大革命失败的严峻挑战，中国共产党开辟了农村包围城市、武装夺取政权的新民主主义革命道路，开创土地革命战争新高潮。第一次国共合作期间，中国共产党在辽阔的中国大地上掀起了翻天覆地的以工农群众为主体的大革命狂潮，我们党也逐渐成长为一个拥有近六万名党员、有着广泛群众基础的无产阶级政党。然而，正当革命形势空前高涨之际，以蒋介石和汪精卫为首的国民党反动派却相继发动了"四一二""七一五"反革命政变，无数共产党人和革命群众被残忍杀戮，共产党员锐减到一万余人，工会会员由三百万人锐减到几万人。第一次国共合作的全面破裂，迫使全国革命由高潮转入低谷。但是，中国共产党领导中国革命前进的步伐并没有因此停止，而是在黑暗中高举起革命的旗帜，开始探索新的革命道路。1927 年，中国共产党召开八七会议纠正了陈独秀的右倾投降主义错误，又接连发动南昌起义、秋收起义、广州起义等百余次武装起义，对国民党反动派背叛革命的行为作出了最有力的回击，也宣告了中国共产党把革命进行到底的坚强决心。到 1928 年初，中国共产党将起义中保留的革命种子传播到农村的广阔天地，深入农村开展游击战争，为后来缔造人民军队、建立革命根据地、实行土地革命奠定了初步的政治和群众基础。1928 年 4 月，朱、毛两支工农红军在江西井冈山胜利会师，开创了工农武装割据的新局面，为中国革命找到了正确方向，成功地实现了工作重心由城市向农村的转移，逐步找到了一条适合中国国情的农村包围城市、武装夺取政权的中国特色的新民主主义革命道路。在应对大革命失败的磨难和挑战中，中国共产党找到的这条道路，使几乎陷入绝境的中国革命获得了重生，迎来了土地革命战争的又一个高潮。

土地革命时期，党领导的中国工农红军队伍日益壮大，农村革命根据地不断扩展，这一切引起了国民党统治当局的极度恐慌。从 1930 年 10 月至 1932 年底，国民党军队向各革命根据地多次发动大规模围剿。在党的正确领导下，中央根据地红军先后粉碎国民党军队的四次围剿。然而，由于党内"左"倾教条主义、冒险主义的错误，直接造成红军第五次反围剿失败，此后红军节节败退，直至被迫退出根据地，实行战略转移。在红军实行战略转移的过程中，博古和李德又犯了逃跑主义的严重失误，导致红军付出了极为惨重的代价，战斗力空前削弱，中国革命再次濒临绝境。为应对第五次反围剿失败的挑战，中国共产党在长征途中召开了遵义会议，通过严肃的批评和自我批评，清算了"左"倾教条主义对党和红军带来的严重危害，恢复了毛泽东同志在中国工农红军中的领导地位，在危急关头挽救了党、挽救了红军、挽救了中国革命。遵义会议后，红军重整旗鼓、振奋精神，在新的中央领导集体的坚强领导和正确指挥下，转败为胜、转危为安，摆脱了几十万人国民党大军的围追堵截，并最终在甘肃会宁胜利会师，胜利结束了二万五千里长征。中国共产党领导中国人民取得了新民主主义革命的伟大胜利，推翻了"三座大山"的压迫，建立了人民当家做主的新中国；实现了民族独立和人民解放，使中国的历史进入了崭新的纪元。能够取得如此巨大的成就，能够取得新民主主义革命的胜利，正是因为中国共产党人能够进行一次次的自我革命。这是一个相当不平凡而又艰难曲折的探索过程，认真总结这一阶段我党成功的历史经验，对于我们胜利推进新时代中国特色社会主义伟大事业无疑具有重要的借鉴意义。

2. 在自我革命中成功进行社会主义革命和建设探索

如何在生产力水平落后的国家建立、巩固、发展社会主义，马克思主义经典作家没有提供现成答案，世界社会主义运动中也没有先例可循。毛泽东同志以苏联经验教训为鉴戒，提出要把马克思列宁主义基本原理同中国具体实际进行"第二次结合"，找到了一条在中国进行社会主义革命和建设的正确道路。中国共产党结合新中国成立初期新的实际，进一步丰富和发展了毛泽东思想，推进马克思主义中国化，取得了一系列独创性理论成果，为中国的社会主义革命和建设提供了宝贵经验，做好了理论准备，奠定了物质基础。关于社会主义革命，中国共产党创造性地开辟了一条适合中国国情、具有中国特点的社会主义改造道路。我们采取社会主义工业化和社会主义改造同时并举的政治方针，创造一系列由初级到高级逐步向社会主义过渡的"一化三改造"形式，从理论和实践上解决了在中国建立社会主义制度的艰难任务，丰富和发展了马克思主义的科学社会主义理论。

在社会主义发展规律上，提出社会主义社会的发展对我国来说将面临一个较长的历史阶段；提出社会主义社会的基本矛盾，可以经过社会主义制度本身的自我调整和完善而不断得到解决；明确在社会主义改造基本完成以后，我国面临的社会主要矛盾是人民对于经济文化迅速发展的需要同落后的社会生产之间的矛盾，全国人民的主要任务是集中力量发展社会生产力，逐步满足人民日益增长的物质和文化需要。其一，在经济建设上，制定建设社会主义现代化强国的战略思想，提出"四个现代化"的建设目标和"两步走"的发展战略；明确正确处理农业、轻工业和重工业的关系的重要性，要走出一条适合我国国情的工业化道路；需要注意综合平衡，统筹兼顾，适当安排各方面关系；坚持以公有制为主体、多种所有制并存，坚持以按劳分配为主体、多种分配方式并存；坚持自力更生，艰苦奋斗，以发展国内经济为主，以国际经济交流为辅；强调以先富带动后富逐步实现共同富裕。其二，在政治建设上，提出"造成一个又有集中又有民主，又有纪律又有自由，又有统一意志又有个人心情舒畅、生动活泼，那样一种政治局面"①的努力目标；把正确处理人民内部矛盾作为国家政治生活的主题，要求严格区分和正确处理敌我矛盾和人民内部矛盾；在中国共产党与各民主党派的关系上实行"长期共存、互相监督"的方针；坚持民族平等、团结、互助，建立和谐的社会主义民族关系。其三，在文化建设上，确立和巩固马克思主义的指导地位；实行"百花齐放、百家争鸣"的方针；强调思想政治工作是经济工作和其他一切工作的生命线，实行政治和经济的统一、政治和技术的统一、又红又专的方针；提出建设一支宏大的工人阶级知识分子队伍，向科学进军，努力赶超世界先进水平。其四，在国防和军队建设上，提出必须加强国防，建设现代化、正规化国防军和发展现代化国防技术；强调国防建设要服从国家经济建设大局；保证党对军队的绝对领导，加强军队政治工作和革命化建设；实行积极防御战略，确保国家安全和建设成果。其五，在外交上，坚持独立自主的和平外交政策，倡导和坚持和平共处五项原则，坚定维护国家独立、主权、尊严；反对帝国主义、霸权主义、殖民主义、种族主义，支持和援助世界被压迫民族解放事业、新独立国家建设事业和各国人民正义斗争；提出划分三个世界的战略，作出中国永远不称霸的庄严承诺。其六，在党的自身建设上，提出科学执政、民主执政和依法执政重大方针，以坚强的政党领导国家奋进；坚持和完善民主集中制，巩固和加强党的团结统一；要求全党

---

①　中共中央文献研究室. 建国以来重要文献选编：第十五册［M］. 北京：中央文献出版社，1997：50.

务必继续保持谦虚、谨慎、不骄、不躁的作风，务必继续保持艰苦奋斗的作风；开展整风整党，加强党内教育，反对官僚主义、命令主义和贪污浪费，坚决惩治腐败，增强党的纯洁性；警惕和防止西方敌对势力的"和平演变"；强调大力培养和提拔新生力量，造就革命事业接班人。

这些独创性理论成果，对如何在中国进行社会主义建设作出了可贵探索，以创造性的成果为马克思主义思想宝库增添了新的内容，为党继续探索并最终形成中国特色社会主义理论体系打下了坚实的基础。

3. 在自我革命中扎实推进改革开放和社会主义现代化建设

1978年12月，党的十一届三中全会全面恢复和确立了马克思主义的正确路线，开启了改革开放和社会主义现代化建设新时期。此次会议总结历史经验教训，决定健全党的民主集中制，健全党规党法，严肃党纪，并决定恢复重建党的纪律检查委员会。全会明确指出"全体党员和党的干部，人人遵守党的纪律，是恢复党和国家正常政治生活的起码要求。党的各级领导干部必须带头严守党纪"①，规定"纪律检查委员会的根本任务，就是维护党规党法，切实搞好党风"②。通过严肃的批评和自我批评，我们党彻底否定"文化大革命"的理论和实践，彻底批判"两个凡是"，恢复和重新确立解放思想、实事求是的思想路线，把工作重心转移到社会主义现代化建设上来，开启了改革开放的新征程。我们党正是依靠批评和自我批评，及时解决党内存在的突出矛盾和问题，不断增强自身政治免疫力，因而能始终保持高度的凝聚力和旺盛的生命力。

党的十一届三中全会后，以邓小平同志为主要代表的中国共产党人科学揭示了改革开放新的历史条件下为什么加强纪律建设和怎样加强纪律建设的根本性问题，初步构建了新时期党的纪律建设的基本框架，为不断推进完善纪律建设奠定了基础。1982年9月，党的十二大提出了新的形势下加强党的纪律建设的重要措施和指导方针。十二大通过的党章专门设立"党的纪律"和"党的纪律检查机关"两章，对党的纪律建设一些带有根本性的问题作出了新的规定。1987年10月，党的十三大首次正式提出"从严治党"，成为新时期加强党的建设的基本方针。党的十三大在党的纪律建设方面还提出"必须把反腐蚀寓于建设和改革之中""必须从严治党，严肃执行党的纪律""切实加强党的制度建设"，推进纪律检查工作改革，依靠制度严明党的纪律。党的十三大后，中央纪

---

① 中共中央文献研究室. 改革开放三十年重要文献选编：上册［M］. 北京：中央文献出版社，2008：20.

② 中共中央文献研究室. 改革开放三十年重要文献选编：上册［M］. 北京：中央文献出版社，2008：21.

委先后制定了十几个关于检查、查处、审理党员违纪案件的条例和具体工作制度或规定，进一步提高了纪律检查工作的制度化、规范化程度；先后制定了党员领导干部犯严重官僚主义失职错误、涉外活动中违反纪律、违反社会主义道德、经济方面违纪违法等多个方面的党纪处分条例，在党的历史上第一次出现了专门针对某一方面违纪行为而适用的具体、系统的纪律规范，使党的纪律建设更加有章可循。1989年6月党的十三届四中全会后，以江泽民同志为主要代表的中国共产党人坚持以经济建设为中心，始终把党风廉政建设和反腐败斗争放在重要位置，初步探索出一条在社会主义市场经济条件下严明党的纪律的新路子，为党的纪律建设积累了宝贵经验。2002年11月党的十六大后，面对深刻复杂的国际政治形势和艰巨繁重的国内改革发展稳定任务，以胡锦涛同志为主要代表的中国共产党人针对党的建设面临的新形势，坚持维护党的纪律，继续深入推进党风廉政建设和反腐败斗争，推动纪律建设取得新发展。

4. 在自我革命中全方位推进中国特色社会主义进入新时代

中国特色社会主义进入了新时代是我国发展新的历史方位。党的十九大报告明确指出，伟大的事业必须要由伟大而坚强的中国共产党来领导，只要我们党把自身建设好、建设强，确保党始终同人民想在一起、干在一起，就一定能够引领承载着中国人民伟大梦想的航船破浪前进，驶向胜利的彼岸。

党的十九大规划了新时代党的建设总布局："坚持和加强党的全面领导，坚持党要管党、全面从严治党，以加强党的长期执政能力建设、先进性和纯洁性建设为主线，以党的政治建设为统领，以坚定理想信念宗旨为根基，以调动全党积极性、主动性、创造性为着力点，全面推进党的政治建设、思想建设、组织建设、作风建设、纪律建设，把制度建设贯穿其中，深入推进反腐败斗争，不断提高党的建设质量，把党建设成为始终走在时代前列、人民衷心拥护、勇于自我革命、经得起各种风浪考验、朝气蓬勃的马克思主义执政党。"① 并从八个方面提出新时代党的建设新要求，即把党的政治建设摆在首位、用习近平新时代中国特色社会主义思想武装全党、建设高素质专业化干部队伍、加强基层组织建设、持之以恒正风肃纪、夺取反腐败斗争压倒性胜利、健全党和国家监督体系、全面增强执政本领。

辩证唯物主义告诉我们，人们对真理的认识是不可穷尽的，永远处在过程之中，因而人们在认识和改造世界的过程中不可避免地会发生错误和偏差。辩

---

① 中共中央党史和文献研究院. 十九大以来重要文献选编（上）[M]. 北京：中央文献出版社，2019：555.

证唯物主义还告诉我们，矛盾是普遍存在的，任何事物都是在矛盾的相互作用下、在不断地否定和否定之否定中前进发展的。我们所说的批评和自我批评，提倡和坚持的就是这种辩证的否定，即在自我扬弃和自我否定的过程中实现自我净化、自我完善、自我革新、自我提高。在人类历史长河中，自阶级和政党产生以来，不善于自我批评的阶级或政党最终要丧失自我调适、自我发展的活力，被更进步的阶级或政党所否定，而善于自我批评的阶级或政党则能走得更远。坚持自我革命，是强党兴党的基本途径和最鲜明的品格，更是党的执政能力的强大支撑和制胜法宝。习近平总书记着眼于增强党内政治生活的革命性，反复强调要拿起批评和自我批评的武器，作出一系列重要论述，提出了一系列新思想、新观点，丰富和发展了我们党关于批评和自我批评的理论。批评与自我批评是我们党加强自身建设、推动党和国家事业发展的重要法宝之一。

新时代不断推进党的自我革命，强化使命担当、净化党内风气、树立良好形象、改善党群关系，是中国共产党永葆生机活力和坚持长期执政的制胜密码。

二、中国共产党人百年自我革命的内在精神逻辑

革命者不仅能够在革命时期进行暴力革命，而且敢于在各个时期坚持自我革命。这种自我革命的强大基因，来源于马克思主义理论的革命性和批判性，植根于马克思主义政党的先进性和纯洁性，熔铸于马克思主义政党的崇高理想和坚定信念。

1. 马克思主义基本原理：中国共产党人自我革命的思想理论原点

首先，辩证唯物主义和历史唯物主义为社会主义建设提供了科学的世界观与方法论。"世界不是既成事物的集合体，而是过程的集合体。"[1] 自我革命就是事物在发展的过程中主动和自觉的自我扬弃，它是一个不断创新、不断进步的过程，通过对旧事物的判断，去除那些没有必要或者不合时宜的因素，马克思主义哲学的批判性在这里得到了充分体现和发展。马克思主义经典作家认为，无产阶级政党不仅在本质上是批判的、革命的，而且勇于承认错误、纠正错误，勇于净化和完善自我。"只有在革命中才能抛掉自己身上的一切陈旧的肮脏东西。"[2] 中国共产党始终从客观存在的实际出发，实事求是，着眼于解决新问

---

[1] 中共中央马克思恩格斯列宁斯大林著作编译局 . 马克思恩格斯选集：第 4 卷［M］. 北京：人民出版社，2012：250.

[2] 中共中央马克思恩格斯列宁斯大林著作编译局 . 马克思恩格斯选集：第 1 卷［M］. 北京：人民出版社，2012：171.

题、新矛盾，用发展变化的眼光寻找自身的不足，进而在自我革命中不断发展、成熟和完善。习近平总书记指出："勇于自我革命，是我们党最鲜明的品格，也是我们党最大的优势。中国共产党的伟大不在于不犯错误，而在于从不讳疾忌医，敢于直面问题，勇于自我革命，具有极强的自我修复能力。"① 中国共产党不但是一个善于领导社会革命的党，而且也是一个勇于自我革命的党。自我革命就是做到敢于直面问题、善于解决问题，敢于正视错误、勇于修正错误，勇于刀口向内、敢于拿自己开刀，努力使自己成为一个不变质、不变色、不变味的长期执政的马克思主义政党。马克思主义经典作家关于自我革命的思想，形成了中国共产党最具自我批判精神和自我革命精神的理论基因，深深地凝铸在党的生命肌体里，流淌在中国式政治现代化建设和发展的血脉基因里。

其次，马克思主义政党以人民为根本的政治立场，是人民利益的维护者与实现者。马克思主义政党是以科学理论武装起来的政党，是没有任何私利、完全为人类解放、实现人类最美好的共产主义理想而奋斗的先进政党。始终代表着无产阶级和广大人民的根本利益，"他们没有任何同整个无产阶级的利益不同的利益"②。中国共产党是使命型政党、服务型政党、革命型政党、伦理型政党。中国共产党是马克思主义政党，自诞生之时就坚持马克思主义政党的政治属性、坚持人民利益至上的价值立场。坚持自我革命是马克思主义政党特质的必然体现。我们党始终站稳人民立场，把人民利益放在第一位，以人民利益为中心为标准，以高度的政治自觉查摆自身存在的问题，并及时解决问题。习近平总书记指出："我们党来自人民、扎根人民、造福人民，全心全意为人民服务是党的根本宗旨，必须以最广大人民根本利益为我们一切工作的根本出发点和落脚点。"③

最后，马克思主义政党具有崇高理想和坚定信念，以实现中华民族伟大复兴为己任。中国共产党是全心全意为人民服务的政党，是带领中国人民实现共产主义远大目标的无产阶级政党。共产党坚持彻底的唯物主义，目标是实现共产主义，实现人的自由全面发展。共产党只有不断自我革命，才不会被人民抛弃，共产主义的目标才能得以实现。共产主义不但是一种伟大的现实运动，而且也是一种科学的理想信仰，它的实现不会一蹴而就，也不会遥不可及，而是

① 中共中央文献研究室．十八大以来重要文献选编（下）［M］．北京：中央文献出版社，2018：589.
② 中共中央马克思恩格斯列宁斯大林著作编译局．马克思恩格斯文集：第 2 卷［M］．北京：人民出版社，2009：66.
③ 习近平．习近平谈治国理政（第三卷）［M］．北京：外文出版社，2020：182.

一代代共产党人坚定信念、接续奋斗的结果。在《共产党宣言》中，马克思、恩格斯指出，无产阶级只有明确革命的任务和性质，才能从"自发"走向"自觉"，实现共产主义目标。习近平总书记坚持把马克思主义基本原理与中国具体实际相结合、与中华优秀传统文化相结合，不断推进马克思主义中国化时代化，以习近平新时代中国特色社会主义思想引领和滋养新时代党的自我革命。作为终身必修课，中国共产党人对马克思主义的信仰、对中国特色社会主义与共产主义的信念成为其不懈奋斗的精神动力，也为其坚持自我革命筑牢了信仰之基。"不忘初心、牢记使命"是新时代中国共产党的庄严宣告和郑重承诺，蕴含着中国共产党的厚重历史感和庄严使命感，彰显了中国共产党鲜明的价值理念和精神追求。共产主义的进程必然是充满挫折与斗争的，为了抵制各种错误思潮的挑战和干扰，中国共产党必须以自我革命的精神剔除自身缺点，坚定理想信念，提高思想政治水平。我们党越是长期执政、越是接近宏伟目标，越要坚持自我革命。党的自我革命是中国共产党不断发展进取的关键，是中国共产党坚守初心使命的根本途径，更是新时代不断推进社会革命进步的风向标。新时代中国特色社会主义是伟大社会革命的必然结果，而党的自我革命又是新时代中国特色社会主义不断制胜的精神法宝。任何事物都处于不断发展、完善的过程之中，自我革命正是事物发展完善的根本方式。将马克思主义批判性、革命性的精神特质和价值旨趣融入感性实践中，以现实活动为其不断注入新的价值元素，自我革命精神才能得以表达和确证，进而彰显时代价值。中国共产党正始终保持自我革命的精神，秉持自我发展、自我突破的坚定信念，将精神转化为改变现实社会关系的物质力量，进而将不断深入内化的自我革命和改造客观世界的社会革命有机结合，实现彼此的协同发展。在进行社会革命的同时不断进行自我革命，是我们党区别于其他政党最显著的标志，也是我们党不断从胜利走向新的胜利的关键所在。以社会革命的宏伟目标和实践要求激励党的自我革命，以党的自我革命的肌体健康和精神纯洁促进社会革命，在自我革命和社会革命的互动中实现建设社会主义现代化强国的宏伟目标。

2. 中华优秀传统文化：中国共产党人自我革命的民族文化基因

"求木之长者，必固其根本；欲流之远者，必浚其泉源。"① 中华优秀传统文化源远流长，是中华民族宝贵的精神财富和历史经验总结。中国因其强调天与人的合一、情与理的相通、真善美的统一的文化传统或文明脐带而追求人与

---

① （唐）魏徵. 谏太宗十思疏［M］//季旭升，故观止. 北京：中央文献出版社，2006：168.

自然、人与人、人与社会、人与自身关系的和谐统一，因其具有天人合一、民胞物与、美美与共的民族精神性格而追求共同富裕的民本情怀和协和万邦的天下情怀，同时凝结着安不忘虞、反躬自省、革故鼎新的一系列思想精髓。

一方面，中华民族强调居安思危的忧患意识，有"忧劳兴国、逸豫亡身"的古训、"天下兴亡、匹夫有责"的情怀、"安而不忘危，存而不忘亡，治而不忘乱"的意识，这都充分体现了先辈们对国家兴亡和民族兴衰的生存智慧与忧患意识，是中华民族绵延发展的精神支撑。习近平总书记强调："慎独慎初慎微，做到防微杜渐。"① 习近平总书记以远大的战略思维、强烈的忧患意识和自觉的历史担当，着重强调了防微杜渐、安不忘危的慎微意识，进一步引申出党的自我革命精神的重要意义，具有鲜明的时代特色和实践导向。

另一方面，无论是"见贤思齐"的自我认知，还是"苟日新，日日新，又日新"的奋发进取，都鲜明地体现出中华民族自古以来十分注重自我认知和省察自守。反躬自省是中华民族生生不息的宝贵精神财富，更是实现党的自我革命的重要法宝。一直以来，我们党都高度重视共产党员特别是党员领导干部的思想认知，更是将思想建设作为新时代党的建设的首要目标，坚持思想建党和制度建党的同向同行，坚持党内集体教育与党员自主学习的互相促进，指导新时代党员干部的思想行动和社会生活实践。

中华民族自古倡导革故鼎新。《周易·系辞下》提出"穷则变，变则通，通则久"，警示人们不能因循守旧，要根据事物的变化积极变革。变革变法是中国历史的常态，如秦国的商鞅变法、宋朝的王安石变法、清朝的戊戌变法等，这些都体现了中华民族勇于革新的精神特质。革故鼎新是中华民族兴旺发达的强大动力，更是实现中国共产党的自我革命的有力保障。"穷则变，变则通，通则久"，不断自我扬弃、革除旧弊，不断自我进步、自我超越，才能使"生命之花"永远绽放。

总之，马克思主义跨越国度来到中国，它提供的是方法而不是教义，马克思主义要扎根中国必须植入中国的土壤、吸收中国的养分，必须中国化才能落地生根，必须本土化才能深入人心，使中华优秀传统文化不断迸发出生生不息的历史意义和时代价值。中国共产党的自我革命精神与马克思主义政党的自我革命精神是个性与共性的辩证统一体。共性体现在两者都来源于马克思主义的批判性，个性体现在中国共产党自我革命精神是马克思主义政党自我革命精神

---

① 中共中央宣传部. 习近平总书记系列重要讲话读本［M］. 北京：学习出版社，人民出版社，2016：113.

与中国共产党自身特色相结合，与中华传统的革故鼎新、推陈出新、克己内省等优秀传统思想文化相结合的产物，既体现了马克思主义政党的一般精神属性，又具有中国革命精神的文化底色和时代底蕴。

3. 百年奋斗的辉煌历程：中国共产党人自我革命的生动历史图景

历史是最好的教科书，党史是最好的营养剂。坚持自我革命是马克思主义政党特质的必然体现，是党的百年奋斗的重要经验，是应对时代挑战的必然要求，是跳出历史周期率的成功之道。党的百年奋斗既验证了马克思主义政党自我革命的强大精神力量，又塑造了具有中国特色和中国风格的革命精神。正是在一次次自我否定和自我完善中，我们党才能够数次在生死存亡的紧要历史关头重获新生，才能够带领中国人民朝着更加美好的生活迈进。"先进的马克思主义政党不是天生的，而是在不断自我革命中淬炼而成的。党历经百年沧桑更加充满活力，其奥秘就在于始终坚持真理、修正错误。"[1] 在百年不断自我否定、自我发展、自我超越的过程中，中国共产党始终坚持奋斗、勇于探索、敢于革命，形成了一条始终符合不同历史阶段的具体实际和自身建设规律的自我革命道路，谱写了一篇气势磅礴的自我革命史。

以史为鉴可以知兴替，以人为鉴可以明得失。回望中国共产党百年峥嵘岁月，自我革命贯穿于党的建设始终。新民主主义革命时期，党的自我革命剑指思想建设，早期中国共产党人坚定捍卫马克思主义，同各种错误倾向作斗争，破解非马克思主义思想的消极影响，在党的早期思想中塑造出自我革新的宝贵认知。社会主义革命和建设时期，党的自我革命重点指向作风建设，党的作风建设关系党的形象，关系党的生死存亡，关系党的人心向背。从新民主主义社会转变为社会主义社会，中国共产党也实现了从局部执政到全国执政的转变，成为带领中国人民建设社会主义的领路人和顶梁柱。此时的中国共产党面临着错综复杂的国内外严峻形势的考验：从国际环境来看，敌对势力想尽办法妄图颠覆新生的人民政权；从党自身来看，执政地位的确立增强了党的威信，党员队伍快速发展和扩大，而与此同时，少数党员领导干部产生了骄傲自满情绪，滋生了官僚主义和腐败之风，严重影响了党群关系。面对新中国成立后的严峻形势，中国共产党先后开展了整风运动、整党运动、"三反"运动、"五反"运动等，从严处理了刘青山、张子善案件，开启了党全国执政后的自我革命，全面加强党的自身建设，巩固党的执政地位。改革开放和社会主义现代化建设新

---

① 中国共产党第十九届中央委员会第六次全体会议文件汇编［M］. 北京：人民出版社，2021：100.

时期，党的自我革命重点突出制度建设，党的自我革命不断成熟。1978 年，党的十一届三中全会开启了改革开放的大门，这既是中国的第二次革命，也是党又一次深刻的自我革命。十一届三中全会后，党开启了以制度完善为主的自我革命新征程。"这种制度问题，关系到党和国家是否改变颜色，必须引起全党的高度重视。"① 在改革开放深入推进的过程中，党的制度建设围绕集体领导制度、党内民主制度、党内选举制度、党内监督制度等方面展开，体现系统性、全面性的实践特征。中国特色社会主义进入新时代，党的自我革命全方位、深层次展开。新时代党和国家不断推动自我革命，与一切损害党的先进性和纯洁性的因素作斗争，真正实现自我净化、自我完善、自我革新、自我提高，实现在思想上端本正源、筑牢防线，从而提高党员的政治免疫力、保持政治本色。党内不断开展批评与自我批评，以刮骨疗毒的决心和意志，彻底清除侵蚀党的健康肌体的一切病毒：一方面，中国共产党高度重视作风建设，强调监督问责，主动发现问题；另一方面，对症下药解决问题。坚持"不定指标、上不封顶，凡腐必反，除恶务尽"的原则，形成反腐败高压态势，在革故、守正、鼎新中始终保证党的纯洁性和先进性。

铭记历史，开创未来，勇毅前行。党的十九大报告把"自我革命"明确纳入党的建设总要求，开启了自我革命的新征程。《中共中央关于党的百年奋斗重大成就和历史经验的决议》从正确党史观和大历史观的历史高度出发，把"坚持自我革命"作为党百年奋斗的历史经验之一，充分彰显了中国共产党鲜明的精神品格、最大的政治优势和高度清醒的自我认知，深刻揭示了百年大党永葆青春的基因密码和动力源泉。站在新的历史方位，总结历史性成就和变革，积极主动地深化对党的执政规律的认识，保持逢山开道、遇水造桥的精神，推动理论、制度、文化和实践的创新，不断提高思想境界，勇担当、敢作为、促建设，不断提高党长期执政的政治本领，以刀刃向内的勇气、刮骨疗毒的决心、壮士断腕的魄力推进全面从严治党。

自我革命精神体现了中国共产党与时俱进的政治自觉。时代是思想之母，实践是理论之源。党的自我革命不是中国共产党人简单的思维命题，而是对各种风险挑战的时代回应。当代中国正经历着世界百年未有之大变局的时代挑战，也正在进行着实现中华民族伟大复兴的恢宏实践。"今天，我们比历史上任何时期都更接近、更有信心和能力实现中华民族伟大复兴的目标。同时，全党必须

---

① 中共中央文献研究室. 改革开放三十年重要文献选编：上册 [M]. 北京：中央文献出版社，2008：150.

清醒认识到,中华民族伟大复兴绝不是轻轻松松、敲锣打鼓就能实现的。"① 党中央着眼于新征程上党和国家事业的蓬勃发展,着眼于统筹世界百年未有之大变局和中华民族伟大复兴战略全局的宏大思考,科学总结我们党一百年来积累的宝贵经验,为加强新时代党的建设提供根本遵循和行动指南。只有自我革命,才能确保党的先进性和纯洁性,才能在新的历史起点始终保持革命精神和革命斗志,深入推进党的建设新的伟大工程。

4. 与时俱进的政治自觉:中国共产党人自我革命的伦理精神品格

党的自我革命是对自身问题的辩证否定而不是全盘否定,是扬弃而非抛弃。马克思主义反对为一切旧制度辩护的学说,对资本主义制度和错误思想的批判,也表现为经常性自我批判。中国共产党是以马克思主义为指导的政党,革命性和批判性是马克思主义的鲜明特征,推翻旧世界、建立新世界是马克思主义的历史使命。在我国,建设令广大人民群众满意的社会主义现代化强国,最终实现每个人自由全面发展的公平正义的共产主义社会是中国共产党的本真初心和历史使命。作为社会主义现代化建设事业的领头羊,中国共产党必须具有强烈的责任意识、自我批判和自我革命精神。自我批判实质是自我更新、自我超越、自我净化。在自我批评中反思反省,在自我革命中成长成熟。在各个不同的历史时期,中国共产党一次次拿起"手术刀"革除自身的病灶,重获新生;一次次依靠自我革命化解危机,转危为机;一次次创造人间奇迹,百炼成钢,最终淬炼成为一个长期执政的马克思主义政党、一个青春永驻的百年大党和影响深远的世界大党。

自我革命和社会革命相互影响、相互作用,无产阶级政党只有在社会革命中才能推动自我革命,只有通过自我革命才能引领社会革命。中国共产党的百年奋斗史,是一部党领导人民接续推进伟大的社会革命史,也是一部党不断进行伟大自我革命史。自我革命和社会革命统一于实现中华民族伟大复兴的历史进程之中。改革开放是中国共产党领导的一场主动而且成效卓著的社会革命,同时也是一场深刻的自我革命。面对新时代新征程,中国共产党既要注重改造客观世界的社会革命,又要注重改造主观世界的自我革命,促使党的自我革命和伟大的社会革命实现彼此协同发展。"在进行社会革命的同时不断进行自我革命,是我们党区别于其他政党最显著的标志,也是我们党不断从胜利走向新的

---

① 中共中央关于党的百年奋斗重大成就和历史经验的决议 [M]. 北京:人民出版社,2021:66.

胜利的关键所在。"① 以社会革命的宏伟目标和实践要求激励党的自我革命，以党的自我革命的肌体健康和精神纯洁促进社会革命，在自我革命和社会革命的互动中实现建设社会主义现代化强国的宏伟目标。只有勇于自我革命，才能使自身过硬，从而赢得历史主动权。回顾党的历史，正是因为敢于正视问题、勇于修正错误，才能在危难之际绝处逢生，苦难之中铸就辉煌，成为永远压不垮、打不倒的世界第一大执政党。

中国特色社会主义进入新时代，党的自我革命精神鲜明地体现为全面从严治党的伟大征程。自我革命精神推动着中国共产党以问题为导向直面痼疾、主动变革、顺势而谋，在关照社会革命的伟大实践中阔步向前，不断从胜利走向胜利。全面从严治党是一场彻底的自我革命，是一场永远在路上的自我革命。坚持以严的主基调长期管党治党，坚持把全面从严治党作为加强党的建设的鲜明主题。始终以自我革命精神推进党的建设新的伟大工程，把党建设得更加坚强有力，以党的自我革命引领新时代伟大的社会革命，不断开创中国特色社会主义事业和中华民族伟大复兴的新局面。全面从严治党的勇气、意志、决心和恒心推动党的自我革命精神实现全面升华，塑造了自我革命精神的新形态。一以贯之地坚持马克思主义建党原则，以自我革命精神推进全面从严治党，进而将自我革命精神融入党的建设的各个方面，使其与党的建设伟大工程同向同行、相互促进。

"在历史前进的逻辑中前进，在时代发展的潮流中发展。"② 当今世界，种种乱象的症结集中体现在世界性三大治理难题上，政党治理首当其冲。自我革命自觉实行自我监督和人民监督相结合的"内外联动"机制，成功探索了符合自身实际的"中国式现代化道路"，拓宽了世界各国实现自身发展的新途径，为实现全人类共同价值、解决"时代之问"贡献了中国方案和中国智慧。中国共产党因其坚持马克思主义基本原理与中国具体实际相结合、与中华优秀传统文化相结合并以中国化马克思主义为根本价值指导而不断与时俱进、开拓创新；因其无产阶级政党的阶级属性和全心全意为人民服务的最高宗旨而始终坚持以人民为中心的发展理念；因其秉持开放包容、文明交流互鉴而致力于构建"你中有我，我中有你"的人类命运共同体。总之，自我革命是马克思主义政党的质的规定，是作为伦理型政党的中国共产党高尚精神品格，是中国共产党不断

---

① 任仲文. 新征程上党员干部修养提升课 [M]. 北京：人民出版社，2021：219.

② 习近平. 让开放的春风温暖世界：在第四届中国国际进口博览会开幕式上的主旨演讲 [M]. 北京：人民出版社，2021：4.

发展不断进取、从胜利走向胜利的关键所在，是中国共产党坚守初心使命的根本途径，是新时代不断推进社会革命进步的道德风向标，是应对时代挑战的必然要求和跳出历史周期率的成功之道。

第二节　坚持"高标准"：严守自觉自律的道德高线

习近平同志强调："要坚持高标准和守底线相结合。全面从严治党，既要注重规范惩戒、严明纪律底线，更要引导人向善向上，发挥理想信念和道德情操引领作用。"① 自觉自律的道德高线与不可触碰的纪律底线，为党员干部划出了一高一低两道红线。道德高线是理想信念，是共产党人坚定信仰的"精神之钙"。高标准如同"灯塔"，起引领作用。中国共产党在推动中国式政治现代化和创造人类文明新形态的过程中始终坚持解放思想、实事求是、与时俱进，拥有清醒的思想自觉、厚重丰富的理论滋养、刮骨疗毒的革新魄力、坚如磐石的战略定力以及"功成不必在我"的政治襟怀，这些都是中国特色社会主义政党制度的独特优势。

一、从打铁"还需"自身硬到打铁"必须"自身硬

理想信念是我们党一个至关重要的根本性问题，也是贯穿于党的建设与发展全部历程的永恒性问题。具有科学的理论思维和强大的理论实践能力，是中国共产党的显著政治优势。百年来，中国共产党始终坚持运用革命理论武装全党、武装群众，把精神力量转变为了强大的物质力量，建立了社会主义新中国。新征程上如何继续发挥这种政治优势，运用科学理论建设新中国，夺取中国特色社会主义新胜利，是我们党在新的历史条件下难以回避的重大课题。

全面从严治党，如果不从理想信念抓起，就会成为水中浮萍；面对意识形态斗争与各种政治、经济、文化挑战，就会经不起狂风巨浪的考验。党的十八大以来，以习近平同志为核心的党中央，紧紧抓住理想信念这个根本，着力在强固共产党员精神支柱上下功夫，取得了明显成效。理想信念是一个根本性、基础性、长期性的建设工程，需要根据党员干部的思想变化、成长环境、结构成分等实际状况，不断地把马克思主义的理论武装深入下去；需要结合时代的

---

① 中共中央文献研究室. 习近平关于全面从严治党论述摘编 [M]. 北京：中央文献出版社，2016：68.

发展变化，与时俱进地推进马克思主义理想信念传承的理论创新和方法创新。理想信念是具体的、现实的，广大中国共产党党员要把理想信念内化于心、外化于行。如何检验党员干部的理想信念是否坚定，习近平总书记给出了三个标准：首先是政治坚定，在重大政治考验和关键时刻有政治定力，面对大是大非敢于发声亮剑，为了党和人民的事业奋不顾身去拼搏、去奋斗、去献出自己全部的精力乃至生命；其次是践行党的宗旨，甘做人民的公仆，忠诚于人民，以人民忧乐为忧乐，以人民甘苦为甘苦；最后是清正廉洁，筑牢拒腐防变的防线、守住廉洁自律的底线，经得起权力、金钱、美色的诱惑。当然，"这样的检验需要一个过程，不是一下子、经历一两件事、听几句口号就能解决的，要看长期表现，甚至看一辈子"①。

　　站在新的历史方位，党和国家开创了历史性新局面，取得了历史性新成就。习近平总书记在十八届中央政治局常委与中外记者见面会上，用"打铁还需自身硬"回应国内外对中国共产党自身建设的关切；在十九大报告中用"打铁必须自身硬"宣示我们党在新时代要有新气象、新作为的决心。从打铁"还需"自身硬到打铁"必须"自身硬，两字之变道出了我们党全面从严治党的勇气、底气和硬气。铁料只有遇到过硬的打铁人，才能锻打出好铁。中国共产党这个打铁人，当前要锻造的是中华民族伟大复兴中国梦这块前所未有的"好铁"。我们作为新时代的"打铁人"，必须要用习近平新时代中国特色社会主义思想来武装自己的头脑，全面提升自己的硬度、强度和韧度，以坚定的理想信念和宗旨使命为铁砧，以优良的作风和坚强的党性为铁锤，不畏炉火的高温考验，不惧火花的迸飞迷眼，踏踏实实一锤接着一锤敲，不懈怠、不动摇，终能向全世界呈现出一块"东方神铁"。何以自身硬？自然就体现在共产党人钢铁一般的意志上。作为由特殊材料制成的共产党员，他们有着共同的理想和追求，却没有任何个人利益，具有其他政党无法比拟的先进性和纯洁性。从推翻三座大山、建设新中国，到改革开放、建设中国特色社会主义伟大事业，靠的就是比铁还要坚硬的信仰和作风。若自身不硬，断不能从事打铁的营生。承担新时代打铁人的历史重任，必须坚定理想信念，补钙强骨，练就一副经得起千锤百炼的钢筋铁骨。

---

① 中共中央文献研究室. 习近平关于全面从严治党论述摘编 [M]. 北京：中央文献出版社，2016：60.

二、提高党的执政能力与发扬求真务实作风相统一

党的执政能力，就是党提出和运用正确的理论、路线、方针、政策和策略，领导制定和实施宪法和法律，采取科学的领导制度和领导方式，动员和组织人民依法管理国家和社会事务、经济和文化事业，有效治党治国治军，建设社会主义现代化国家的本领。提高党的执政能力，必须以保持党同人民群众的血肉联系为核心，以建设高素质干部队伍为关键，以改革和完善党的领导体制和工作机制为重点，以加强党的基层组织和党员队伍建设为基础，努力体现时代性、把握规律性、富于创造性。

首先，坚持以马克思主义的科学理论为指导，不断探索和遵循共产党执政规律、社会主义建设规律、人类社会发展规律，以科学的思想、科学的制度、科学的方式组织和带领人民群众共同建设中国特色社会主义。科学执政是马克思主义政党执政成功的前提条件。坚持党的领导，必须坚持和完善党的领导制度体系，不断落实党总揽全局、协调各方的领导核心作用，为不忘初心、牢记使命提供有效的制度安排，完善坚定维护党中央权威和集中统一领导的各项制度，健全党的全面领导制度，健全为人民执政、靠人民执政的各项制度，健全提高党的执政能力和领导水平的制度，完善全面从严治党制度，等等。办好中国的事情，关键在党，而我们党既要政治过硬，也要本领高强，才能办好中国事情。全面增强执政本领，不断提高党的执政能力和领导水平，是坚持和发展中国特色社会主义、实现新时代党的历史使命的必然要求。党员干部要不断增强自觉性和坚定性，坚持用新思想武装头脑、指导实践、推动工作，切实贯彻到社会主义现代化建设全过程，体现到党的建设各方面，落实到改革发展稳定的各环节；要深刻领会新思想新理论蕴含其中的坚定信仰信念、鲜明人民立场、强烈历史担当、求真务实作风、勇于创新精神和科学方法论，自觉用习近平新时代中国特色社会主义思想改造自己的主观世界，提升自己的政治觉悟、思想水平、执政本领，永葆共产党人的政治本色，更好地担负起党和人民赋予的职责任务和历史使命。

其次，把民主执政作为加强党的执政能力建设、先进性建设和富强民主文明和谐美丽社会建设的核心问题来抓。改革开放以来，中国的民主政治建设取得了巨大的成就，中国人民现在所享有的民主权利和自由是人们在改革开放以前不敢想象的。但与此同时，在政治文明建设中也存在着一些突出问题。"政绩工程""形象工程"等就是缺乏决策的民主机制、少数人说了算的结果。民主执政不是纸上谈兵，也不是会议上的夸夸其谈，是真正地走进基层，走进老百姓

的生活，为人民群众解决烦心事、忧心事。人民需要什么我们就做什么，必须始终坚守为人民服务的初心和使命，人民群众是衣食父母，我们是人民公仆，任何时候都不能忘记自己的初心和使命，密切联系群众，坚持人民至上，坚持为人民做好事、办实事、解难事，以诚心换民心。把群众放在心中最高位置，是我们党长期保持先进性和纯洁性的红色基因。党员干部应该始终把人民群众放在心中最高位置，这也是对党员干部党性观念、政治立场、作风纪律的严峻考验。正是因为中国共产党始终代表中国最广大人民的根本利益，所以能够得到人民群众的广泛支持和坚决拥护。

最后，要坚持依法执政，要坚持和完善中国特色社会主义法治体系，提高党依法治国、依法执政能力。提高依法执政能力，就必须坚持法治思维。人民的利益、人民的意志，都是通过法律得到维持和保障，党和国家的一切活动都要受到"法"的约束；年轻干部必须克服人治观念，自觉强化法治意识，不断提高法律素养，自觉遵守与执行法律。提高依法执政能力，重在坚持依宪执政。宪法是我国的根本大法，是我国依法治国的最根本依据，是党和国家事业发展的根本法治保障。要认真学习宪法，在行动上遵守宪法、依宪执政，时刻牢记宪法红线不可逾越，宪法底线不可触碰，做遵守宪法的表率，当好尊法、学法、守法、用法的践行者和带头人。建设中国特色社会主义法治体系、建设社会主义法治国家是坚持和发展中国特色社会主义的内在要求。必须坚定不移地走中国特色社会主义法治道路，全面推进依法治国，坚持依法治国、依法执政、依法行政共同推进，坚持法治国家、法治政府、法治社会一体建设。要健全保证宪法全面实施的体制机制，完善立法的体制机制，健全社会公平正义的法治保障制度，加强对法律实施的科学有效监督。

做到科学执政、民主执政、依法执政的同时要求共产党人发扬求真务实的作风。"求真"是对待工作、学习和生活中遇到各种矛盾时应有的态度；"务实"是解决工作、学习和生活中面临各种困难时应有的作风。习近平总书记指出，求真务实就是要"察实情、出实招、办实事、求实效"。求真务实是马克思辩证唯物主义和历史唯物主义一以贯之的科学精神，也是我们党一贯坚持的优良传统。在以习近平同志为核心的党中央带领下，在建设中国特色社会主义事业的伟大实践中，在实现"两个一百年"奋斗目标和中华民族伟大复兴中国梦的新征程上，广大党员特别是领导干部必须要把求真务实的精神落到实处、践行到底，要始终坚持求真务实、真抓实干，解放思想、实事求是，兢兢业业、艰苦奋斗，牢记全心全意为人民服务的宗旨，认真贯彻党的路线方针政策，以实干的精神和优良的作风赢得人民群众的信赖。在新的历史条件下弘扬并践行求真务实精神，就是要将求真务实贯穿于工作始终，无论是政策方案的制定和举措步骤的实施，还是解决现实层面的矛盾及难题，都应在完全摸清楚实际情况的基础上，选择符合客观规律和科学精神的解决路径。弘扬求真务实的作风，还要注重整治作风建设中存在的突出问题。无论是形式主义、官僚主义，还是享乐主义、奢靡之风，这些问题都是同党的宗旨和性质格格不入的，都是同人民群众的根本利益格格不入的。一些地方出现了"形象工程""政绩工程"的新变异，虽然穿上了"民生工程""文化建设"甚至"脱贫攻坚"的马甲，但实际上还是僵而不死的形式主义、官僚主义在作祟，其危害与不穿马甲毫无二致，对民生需求、可持续发展和党的形象势必产生极大的破坏作用，必须对其予以坚决整治。

三、加强"严以修身，严于律己"的伦理型政党建设

加强党性修养，是共产党人按照党性原则改造思想和规范行为的活动，是提升党员素质和能力的重要举措。中国共产党人的党性修养需要靠终身努力去磨炼。提高党性修养要求共产党人进行自我教育、自我改造和自我完善，把党性原则内化为自己的情感、意志和信念，外化为自己的行为、行动和实践。同时，加强党性修养还要求共产党人认真学习马克思主义和党的基本理论、路线纲领、方针政策，坚持用习近平新时代中国特色社会主义思想武装头脑，牢固树立"四个意识"和"四个自信"，保持清醒的政治头脑。提高党性修养并非一朝一夕之功，更不可能一蹴而就，而是需要共产党人在不断变化的世界中不断进行自我改造，不居功、不自傲，始终保持一个共产党人的浩然正气。先进性是中国共产党的本质属性，是中国共产党的生命所系、力量所在。长期执掌好政权并非易事，所以中国共产党必须珍惜人民赋予的权力，肩负起自己的责任。党是由全体党员组成的，党的先进性最终会落实到每一个党员身上。所以，党员的先进性要求决定了每位共产党员都必须充分发挥好先锋模范带头作用。党员的先进性带有明显的时代特征，在不同的历史时期有着不同的具体表现。在革命战争时期，党员的先进性体现在不怕牺牲，为中国人民的解放事业英勇斗争；在中国特色社会主义新时代，党的先进性表现在甘于为中华民族伟大复兴的中国梦不懈奋斗。

党的高级干部要带头陶冶道德情操。以习近平同志为核心的党中央特别重视领导干部尤其是高级干部的道德建设。领导干部特别是高级干部必须带头践行社会主义核心价值观，养成共产党人的高风亮节。党的领导干部自身的道德形象在引导群众方面起着重大作用。所以，党的干部特别是高级干部必须成为

道德实践的楷模，自觉树立高尚的道德形象，人民群众能够从党的干部身上表现出来的光明磊落、无私奉献、廉洁奉公等道德品质中感受到中国共产党人的整体品格。在革命战争年代，毛泽东、周恩来、朱德等老一辈无产阶级革命家，用高尚的道德情操凝聚起千千万万的劳苦大众，最终成长为有信仰、有理想的革命战士。而少数党的高级干部，违背初心，道德败坏，给党和人民的事业带来了巨大伤害。高级干部的道德情操离不开各级党组织和广大人民群众的时刻监督。中国特色社会主义进入新时代，在新的历史方位，党的高级干部更应该提升自己的道德形象。坚持用习近平新时代中国特色社会主义思想武装头脑，以践行社会主义核心价值观为目标，不忘"为中国人民谋幸福、为中华民族谋复兴"的初心和使命。

共产党人要严以修身，严以律己。所谓修身是指修身养性。《礼记·大学》有云："自天子以至于庶人，壹是皆以修身为本。"修身是共产党员为人处世的根本，是用权律己的基础。只有具备良好的人品，具备高尚的道德情操，才能做到无愧于国家，无愧于人民，无愧于社会。修身对共产党人来说不仅是个人立德立信、立言立功的道德前提，也是构建党内良好政治生态和社会良序运行的重要伦理基础。"吾日三省吾身"是古人修身的方式，对于广大共产党员有着十分重要的借鉴意义。同时共产党人要保持高尚的道德情操和健康的生活情趣，共产党人要继承和弘扬革命前辈的红色家风，要为全社会做表率。道德情操与生活情趣是紧密相关的。健康的生活情趣使人奋进，低级的生活情趣消磨人的意志。健康的生活情趣是人们精神生活的高尚追求，是对真善美的感知，不仅能够愉悦精神，还可以修身养性，陶冶情操，净化心灵，有利于人的身心健康，能够丰富人的知识，拓宽人的眼界，从而形成一种无形的精神力量。随着社会的发展，人们的生活情趣更加的丰富多样。在少数党员干部中，出现了生活情趣低俗的现象，有的热衷于吃喝玩乐，有的沉湎于灯红酒绿，从而走上了以权谋私的腐败道路。这些人的不良情趣不仅玷污了党员干部的形象，还造成了不良的社会风气。因此，强调党员干部培养良好的生活情趣尤为必要。

党的作风是党的形象，关系人心向背，关系党的生死存亡。党的整体形象就体现在党的各级组织以及每一个党员的具体作风之中。作风正才能赢得民心、凝聚力量。党的作风作为具体化、表象化的党的形象，能够充分体现出党的性质、宗旨、纲领、路线，能够体现出共产党人的世界观、人生观和价值观。只有保持好作风，树立好形象，党才能站得住脚，从而引领人民、感召人民。中国特色社会主义进入新时代，在新的历史方位上，我们党更需要始终保持良好的风气，始终成为建设中国特色社会主义事业和实现中华民族伟大复兴中国梦的照明灯、指南针。党员干部的作风不正,党的形象一定不会好。形式主义、官僚主义、享乐主义和奢靡之风等"四风"问题,直接损害党在人民群众中的形象,严重影响人民群众对党的信任。如果不坚决纠正,我们党就会失去根基、失去血脉、失去力量。"四风"问题绝不是"小事",必须高度重视、下大力气解决,要以实实在在的成效弘扬党的优良作风、维护党的光辉形象。作风建设将始终与党的各项建设相伴而行。党的十八大以来,以习近平同志为核心的党中央把加强作风建设作为全面从严治党的突破口和切入点,不正之风得到了根本扭转,党风政风为之一新。保持良好的作风是共产党人毕生修炼的课题。共产党人要牢固树立宗旨意识,注意感受群众的疾苦和要求,时刻保持与群众的血肉联系;牢固树立节俭意识,艰苦奋斗,坚决反对享乐主义和奢靡之风。每一个共产党员都要把保持良好作风作为自己一生的必修课。

四、"对党忠诚"是中国共产党人首要的政治品格

所谓忠诚,是指人们在理性的指导下,自愿、绝对、彻底地对某个组织、某个事业或者某个人尽心,并据此来履行自己的社会责任与义务。政治忠诚是忠诚的最高形式,是针对某种政治关系或某种政治信仰而言的,它意味着每个共产党员和各级党的组织对党的政治事业、政治信念、政治理想、政治原则和政治信仰等矢志不渝和彻底奉献。对党绝对忠诚是共产党人的政治灵魂和基本准则。进入新时代,绝对忠诚于党,就是与以习近平同志为核心的党中央保持高度一致,坚决维护习近平同志在党中央、全党的核心地位,时刻在思想上与党同心、行动上与党同步。只有对党的绝对忠诚,党员领导干部才有了修身之本、为政之道、成事之要。当前,面对繁重而艰巨的任务,更加迫切地需要我们共产党员的赤胆忠诚和坚定信仰,把忠诚作为共产党人矢志不渝的政治灵魂,坚定一生跟党走的信念,切实经受住"四大考验",化解"四种危险",无论在任何时候任何情况下都不会动摇信仰、迷失方向。

对党绝对忠诚是共产党员政治品质的核心。"忠诚敦厚,人之根基也。"① 对党绝对忠诚关键在"绝对"两个字。谨防"相对忠诚",要做"绝对忠诚";谨防"两面人",要做"透明人";谨防"一阵子忠诚",要做"一辈子忠诚"。要把对党绝对忠诚作为终身必修课和基本政治素养,始终保持忠诚于党、忠诚于国家、忠诚于人民的政治品格。担当使命、成就事业是砥砺共产党员忠诚度的

---

① (清)魏裔介. 琼琚佩语·人品[M]//秦望龙. 清言小品菁华. 兰州:甘肃人民出版社,2013:246.

磨刀石。每个共产党员都要用实际行动诠释对党、对祖国、对人民事业的忠诚，把人民利益看得高于一切，专心致志恪尽职守，立最高标准、尽最大责任、创最佳业绩；在困难面前敢于面对、责任面前敢于担当，以实际行动向党和人民交出优异答卷。作为新时代的中国共产党党员，对党忠诚就是要始终做到表里如一、真实无欺，始终做到热爱本职、忠于本职，始终做到心怀信仰、忠于信念，始终做到心系人民、忠于祖国。

2019 年 5 月，习近平在"不忘初心、牢记使命"主题教育大会上强调，共产党人的政治忠诚就是要自觉在思想上、政治上和行动上同党中央保持高度一致，就是要忠诚于马克思主义，忠诚于人民，忠诚于党。新时代中国共产党人的政治忠诚是指中国共产党人以习近平新时代中国特色社会主义思想为指导，对党和国家、人民以及共产主义事业的坚定信念和彻底奉献。对党忠诚就必须严格遵守党纪党规，特别是严守党的政治纪律和政治规矩。中国共产党的执政基础比之于其他政党来说，具有极大的政治优势。共产党人的政治忠诚是其取得执政地位、取得社会主义建设重大历史成就进而成为长期执政的马克思主义政党的根本政治保证，也是伦理型政党建设的根本原则要求。苏联和东欧共产党是怎样丧失这个优势从而丧失了执政地位的？从政治上说，就是由于削弱甚至践踏社会主义民主，因而脱离了群众乃至于把群众推到执政者的对立面，最终被广大民众所抛弃。如果要问，是谁把苏联共产党的执政地位搞丢了？那么可以说，是苏共的官僚特权阶层，而这个阶层的形成是由于民主遭到削弱和破坏的结果。中国自古以来就宣扬"以民为本"的民主思想，人民性也是马克思主义的本质特征之一。中国共产党将中华优秀传统文化和马克思主义科学理论相结合，时刻践行为全心全意为人民服务的最高政治宗旨。严格履行入党宣誓时许下的庄严承诺是对党忠诚的精神起点；"不忘初心，牢记使命"是对党忠诚的价值焦点；善于从历史经验中汲取不断前行的磅礴伟力是对党忠诚的历史视点；正确把握共产党执政规律、社会主义建设规律、人类社会发展规律是对党忠诚的思想基点；把加强党的自身建设特别是先进性建设和执政能力建设与推进国家治理体系和治理能力现代化深度融合，实现党的领导、人民当家作主和依法治国的有机统一，在推进中国之治的过程中发掘和创造中国之智是对党忠诚的实践支点。

第三节 严守"红底线":筑牢不可触碰的纪律防线

"古人说:'欲知平直,则必准绳;欲知方圆,则必规矩。'没有规矩不成其为政党,更不成其为马克思主义政党。我认为,我们党的党内规矩是党的各级组织和全体党员必须遵守的行为规范和规则。"① 作为一个长期执政的马克思主义政党,中国共产党除了需要依靠正确的理论、方针、政策来管好队伍,更要靠严明的纪律去战胜风险与挑战;除了需要共同的理想信念、严密的组织体系、全党同志的高度自觉外,还要靠严明的纪律保持党的先进性和纯洁性。作为马克思主义执政党,中国共产党之所以能够由小变大、由弱变强,在百年曲折奋斗中带领中国人民实现从站起来、富起来到强起来的历史飞跃,一条最为宝贵的经验就是始终坚持以严明的党纪来规范和约束全党。

纪律严明是马克思主义政党的生命,是中国共产党的光荣传统和独特优势。党肩负的任务越艰巨,就越要发挥好自身的光荣传统和独特优势,越要严明纪律,维护党的团结统一,确保全党统一意志、统一行动、步调一致向前进。党的十八大以来,从全面从严治党的战略全局出发,纪律建设的重要性进一步凸显。习近平总书记多次提到加强党的政治纪律、政治规矩建设的问题。党的十九大把纪律建设纳入了党的建设的总体布局。在中共第十九届中央纪律检查委员会第二次全体会议上,习近平总书记再次强调全面加强党的纪律建设。2018年8月,新修订的《中国共产党纪律处分条例》正式公布。这是党的十八大之后,党中央对《条例》的第二次修订,凸显了党中央对加强党的纪律建设的高度重视和坚强决心。

一、党的纪律建设是从严治党的治本之策

纪律的内涵反映纪律的特有属性,从行为规则到纪纲法度,纪律随着历史的发展不断得到延伸和拓展,与人类的社会活动形成密切的联系。纪律的适用范围逐步从统治阶级延伸到社会生活的各个组织和各个领域,纪律成为各个社会组织、团体维护自身秩序、实现自身利益的必要工具和前提。政党作为现代国家的政治行为主体,一般都具备统一的组织形式、有序的等级关系和共同的纪律要求。党的纪律指的是一个党派的行为规则,在中国,特指中国共产党党

① 习近平.习近平谈治国理政(第二卷)[M].北京:外文出版社,2017:151.

员必须严格遵守党内各项规章制度。党的纪律就是由政党制定的、党的各级组织和全体党员干部必须遵守的行为准则，党内法规制度是其基本表现形式，是由《中国共产党章程》《中国共产党廉洁自律准则》《中国共产党纪律处分条例》等一系列的规章制度所组成的。

党的纪律具有根本性、长期性、稳定性、全局性、普遍性等特征。在制定和运用的过程中，党的纪律能够长久地、根本地、稳定地从整体上发挥作用，对全党都具有普遍的约束力。党的纪律还具有反复适用性，有助于进一步强化党纪的权威，使党纪更加深入人心。纪律建设就是围绕管党治党的总目标而加强纪律保障的一系列工作、举措的总称，是一项长期、复杂的链式系统工程。新时代，我们党在对"如何全面推进纪律建设"的问题进行深入探索和总结基础上，形成了一整套包含战略布局、规则制定、教育警示和贯彻执行等环节在内的较为完善和系统的实践逻辑，各环节紧密衔接，环环相扣，将党的纪律落实到每一名党员身上，使纪律真正成为"带电高压线"。严守纪律和规矩，是确保政治生态风清气正的底线和红线。加强党的政治建设，必须把营造风清气正的政治生态作为基础性、经常性工作，浚其源、涵其林，养正气、固根本，锲而不舍、久久为功，实现正气充盈、政治清明。

党的十九大报告提出了新时代加强党的建设的总要求。这个"总要求"有一个非常突出的变化或者说一个突出的亮点，就是强调"全面推进党的政治建设、思想建设、组织建设、作风建设、纪律建设，把制度建设贯穿其中"。纪律建设是第一次被纳入党的建设总体布局，并且强调要"全面推进"。用纪律建设取代过去的反腐倡廉建设，将纪律建设作为党的建设总体布局的重要内容，是全面从严治党的最牢固抓手，贯穿党的其他建设之中。在党的建设的六大纪律即政治纪律、组织纪律、廉洁纪律、群众纪律、工作纪律、生活纪律中，政治纪律放在首位。总之，纪律建设是党的建设的重要基础和保证，牵一发而动全身。

二、用铁的纪律守住全面从严治党红底线

中国共产党作为以马克思主义理论为指导、按照列宁主义建党原则成立起来的无产阶级政党，通过严明的党纪管党治党，并在党的建设实践历程中注重纪律建设，是党自建立以来的突出特点与鲜明优势，并为党在不同历史时期完成所肩负的历史使命、巩固与维护党的执政地位、保障国家长治久安，提供了重要前提和可靠保证。加强党的纪律建设是历史和现实的必然要求。

纪律严明和组织严密是党的一贯传统和优秀基因。从理论溯源来看，"无产阶级政党肇始于资本主义社会高度发达时期，高度的组织性和纪律意识是其标志性特点"①。马克思主义经典作家关于政党纪律问题的论述十分丰富，形成了一个较为完整、科学的理论体系，为我们在实践中加强党的纪律建设提供了理论基础，加强党的纪律建设是对无产阶级政党建设理论的基本遵循。最早提出"党的纪律"概念的是1859年5月18日马克思的《致恩格斯》。"我们现在必须绝对保持党的纪律，否则将一事无成。"② 1920年，列宁在俄共（布）第九次代表大会上首次提出党的纪律为铁的纪律："这里需要有铁一般的纪律，铁一般的组织，否则，我们不仅支持不了两年多，甚至连两个月也支持不了。"③ 建国初期，毛泽东于1949年6月发表《论人民民主专政》一文，深刻指出："一个有纪律的，有马克思列宁主义的理论武装的，采取自我批评方法的，联系人民群众的党。"④ 改革开放以来，邓小平谆谆告诫："国要有国法，党要有党规党法。党章是最根本的党规党法。"⑤ 进入新世纪后，面对世情、国情、党情的深刻变化以及全面建设小康社会的历史任务，中国共产党更加迫切地需要加强纪律建设，更加需要严明党的纪律。胡锦涛指出："我们党要团结带领全国各族人民全面建设小康社会、建设中国特色社会主义，面临的考验是严峻的，面对的挑战是巨大的，必须发挥纪律严明这个优势。"⑥ 习近平总书记多次强调党的纪律的极端重要性，指出："党要管党、全面从严治党，靠什么管，凭什么治？就要靠严明纪律。"⑦

　　中国共产党是按照马克思列宁主义建党原则建立的无产阶级政党，严密的组织性和纪律性同党相生相伴，并贯穿于革命、建设与改革的各个历史阶段。中国共产党一直以来都高度重视纪律建设，这不仅体现为历次党代会所通过的党章和决议案对党的纪律建设都加以明确的规定，还体现为党的纪律建设在不同历史时期都有着丰富的生动实践。加强党的纪律是完成党在不同历史阶段主

① 中共中央马克思恩格斯列宁斯大林著作编译局. 列宁全集：第10卷［M］. 北京：人民出版社，1987：338.

② 中共中央马克思恩格斯列宁斯大林著作编译局. 马克思恩格斯全集：第29卷［M］. 北京：人民出版社，1972：413.

③ 中共中央马克思恩格斯列宁斯大林著作编译局. 列宁全集：第38卷［M］. 北京：人民出版社，2017：287.

④ 毛泽东. 毛泽东选集：第四卷［M］. 北京：人民出版社，1991：480.

⑤ 邓小平. 邓小平文选：第二卷［M］. 北京：人民出版社，1994：147.

⑥ 中共中央文献研究室. 十六大以来重要文献选编（中）［M］. 北京：中央文献出版社，2006：636.

⑦ 中共中央文献研究室. 十八大以来重要文献选编（上）［M］. 北京：中央文献出版社，2014：764.

要任务的有力保障。毛泽东在革命和建设的过程中极其重视党的纪律建设，认为共产党与红军对于自己的党员与红军成员不能不执行相较于一般平民更加严格的纪律。改革开放以后，党的纪律建设经历了一个不断发展完善的过程，有效保障了党在新时期完成自身的历史使命。中国特色社会主义进入新时代，党面临的形势越复杂、肩负的任务越艰巨，就越要保持党内的团结和统一。党内的团结和统一靠什么来保证？要靠共同的理想信念，靠严密的组织体系，靠全党同志的高度自觉，更要靠严明的纪律和规矩。纪律建设在党的建设总体布局中至关重要，在任何时候都不能偏废。

我们党从建党开始便承接了近代中国的两大历史使命：一是求得民族独立、人民解放；二是实现国家富强、人民富裕。现如今，第一个历史使命已经完成。第二个使命已正式开启。回顾党的百年奋斗历程，我们可以发现，中国共产党完成第一个历史使命依靠的是严明的纪律。在领导新民主主义革命的过程中，我们党在强调纪律、严格纪律、严肃执纪方面的各项举措产生了深远影响，比如延安整风和新中国成立初期对刘青山、张子善案件的严肃处理。改革开放以来，经济体制、社会结构、利益格局和思想观念发生了深刻变化，多重内外因素的转变和交织对党的自身建设造成了重大影响，一段时期内的党内政治生态遭受侵蚀，集中表现在权力腐败的高发频发、政治问题与经济问题相互交织、党员政治立场不坚定以及理想信念动摇、党性观念淡薄等方面。其根源之一，还是因为纪律松弛、组织涣散和规矩意识不强。习近平总书记指出："我们这么大一个政党，靠什么来管好自己的队伍？靠什么来战胜风险挑战？除了正确理论和方针政策外，必须靠严明规范和纪律。"① 进入新时代，我们党面临的使命更加艰巨。我们要在21世纪中叶把我国建设成为富强民主文明和谐美丽的社会主义现代化强国。完成这样一个光荣的历史使命，实现这样一个宏伟目标，我们在纪律建设方面就要有更高的要求。我们要把全党全国人民都团结起来，让大家能够心往一处想、劲往一处使，就必须要强化纪律约束，只有这样，我们才能够实现建设社会主义现代化强国的宏伟蓝图。党的十八大以来，我们党面临的国内整体环境虽然和过去相比有了非常大的改善，但是面对世界百年未有之大变局，应对外部环境的新变化新挑战，我们更加需要全面加强党的纪律建设，巩固和维护全党的团结统一，同心同德，踔厉奋发，在习近平新时代中国特色社会主义思想的正确指引下，将全党、全国各族人民的思想和行动统一到

---

① 中共中央纪律检查委员会，中共中央文献研究室. 习近平关于严明党的纪律和规矩论述摘编［M］. 北京：中国方正出版社，中央文献出版社，2016：5.

建设社会主义现代化强国、实现中华民族伟大复兴的宏伟目标上来。

加强纪律建设是维护党的团结统一的重要保证。党的纪律创制之目的，就在于有效解决纪律松弛、组织涣散和贪腐盛行的党内顽疾，更是在修正错误、消除误解的过程中形成党内共识并凝聚全党力量。只有通过严明党纪、加强纪律建设来从严治党，彰显出纪律的严肃性和权威性、强制性，才能唤起全党上下统一意志、步调一致、奋发进取的整体力量。历史反复证明，什么时候全党团结统一，党的组织就巩固发展，革命和建设事业就不断取得胜利；反之，只要党内出现分裂，党组织出现涣散，党和人民的利益就会受到极大危害，党和国家的事业就会遭遇严重破坏。曾经空前强大的苏联在没有外敌入侵也没有内部战争的情况下却亡党亡国，一个重要原因就是严重忽视党内生活纪律和政治纪律，导致党内意志不统一，步调不一致，最终造成一个党和国家土崩瓦解的惨痛结局。党和国家机关内部，党员相对集中，权力相对集中，作为国家机关的中枢，必须防止出现"灯下黑"现象的发生。新时代必须以"两个维护"为首要任务，切实加强机关党的纪律建设，维护党内的团结统一，使各级党和国家机关能够深刻把握和积极践行初心使命，在党的建设尤其是纪律建设方面带好头，起好表率作用。党的十九大报告明确指出："党政军民学，东西南北中，党是领导一切的。"党的领导是具体的、现实的，而不是笼统的、抽象的，贯穿治国理政和党的建设各领域、各环节。党的领导与党的建设互为支撑，没有党的建设，党的领导就会软弱无力、没有保障；没有党的领导，党的建设就缺乏动力、没有方向。党的纪律建设是党的建设的重要组成部分，在党的建设中占有重要地位。中国特色社会主义新时代，加强全党的团结统一，对巩固安定团结的政治局面，做好各项工作，建设好各项事业，夺取新时代中国特色社会主义的新胜利意义十分重大。党中央强调，各级党组织和每位共产党员都应像爱护自己的眼睛一样，爱护党的团结和统一。以铁的纪律维护党的团结和统一，以党内的团结统一带动全社会和全国各族人民的大团结，为中国特色社会主义事业汇聚磅礴力量。

加强纪律建设是巩固党同人民群众血肉联系的必要条件。人民群众是历史的创造者，是我们党取得胜利的力量源泉，党在长期艰苦的革命斗争中形成的三大优良作风之一就是始终保持党同人民群众的密切联系。党在各个历史时期颁布的路线、方针和政策都是基于国家的发展利益和人民群众的广泛需要而制定的，符合人民群众的根本利益。同时也必须看到，在党的建设过程中，一些党员干部违法乱纪的行为时有发生，特权思想和特权现象还相当严重，行事作风严重脱离人民群众，使党在人民群众心目中的形象受到一定的破坏。实践表明，只要敢抓敢管敢严，党内风气就会好转。因此，党必须通过加强纪律建设，整顿党的作风，严肃党的纪律，加强党员的党性锻炼，树立为人民群众服务的观点，坚定为人民服务的立场，实打实做好群众工作，在人民心中树立清正廉洁的党员形象，始终保持党同人民群众的血肉联系。习近平总书记尖锐地指出："我们当前的主要挑战还是党的领导弱化和组织涣散、纪律松弛。不改变这种局面，就会削弱党的执政能力，动摇党的执政基础，甚至会断送我们党和人民的美好未来。"① 因此，必须加强党的纪律，只有全党上下齐心协力，坚决维护党纪，认真整顿党风，才能保持党纪的严肃性，从而进一步加强党和群众的密切联系。

加强纪律建设是新时代推进全面从严治党的着力点。全面从严治党与严明党的纪律具有内在统一性，只有把纪律挺在前面，守住纪律这条底线，靠纪律全覆盖地管、全方位地治，从源头上阻断不正之风和腐败滋生的通道，才能维护好整个党内政治生态。改革开放以来，中国共产党深刻认识和准确把握共产党的执政规律和党自身发展变化的实际，紧密结合中国特色社会主义建设的具体实际，正确研判党的建设过程中出现的新情况新问题，不断推进党的建设的实践创新、理论创新、制度创新，取得了一系列卓有成效的建设成就。从总体上看，党的领导水平和执政水平、党的建设状况、党员队伍素质同党肩负的历史使命是相适应的。党的十八大以来，以习近平同志为核心的党中央大力加强纪律建设，不断扎紧党规党纪制度的笼子，大力整治"四风"，严惩腐败行为，针对党的纪律失之于宽、失之于松、失之于软的问题采取了一系列的重大政治举措。习近平总书记指出："各级党组织必须坚持在宪法和法律范围内活动。各级领导干部要带头依法办事，带头遵守法律，对宪法和法律保持敬畏之心，牢固确立法律红线不能触碰、法律底线不能逾越的观念。"② 全面从严治党，始终保持"永远在路上"的政治定力。坚持以人民为中心，下大气力解决人民群众反映强烈、对党的长期执政基础威胁最大的突出问题，形成了反腐败斗争压倒性态势。不断深化对管党治党规律的认识，着力在常和长、严和实、深和细上下功夫，打出一整套正风肃纪、反腐惩恶的组合拳，推出一系列事关长远、影响深远的战略举措，避免使全面从严治党跌入"抓一抓、松一松，出了问题再抓一抓、又松一松"的恶性循环，在探索党长期执政条件下的自我监督、自我

① 中共中央纪律检查委员会，中共中央文献研究室. 习近平关于严明党的纪律和规矩论述摘编［M］. 北京：中国方正出版社，中央文献出版社，2016：64.
② 中共中央纪律检查委员会，中共中央文献研究室. 习近平关于党风廉政建设和反腐败斗争论述摘编［M］. 北京：中央文献出版社，中国方正出版社，2015：123.

净化方面积累了宝贵经验，坚定了全党和全国各族人民对中国特色社会主义事业必胜的信心。

从本质上讲，党的纪律在实践中主要解决两个问题：一是忠诚，二是廉洁。中华人民共和国成立以前主要是解决忠诚的问题。正是基于对党的纪律在不同时期的作用和规律的把握，才有了与不同时期具体实际相适应的制度设计，真正做到了主观与客观相统一，继承了马克思主义的实践品格，即在实践创新实现理论创新，以理论创新推进实践创新。强调纪律的重要性通常侧重于发挥纪律的惩处功能。党的十八大以来，随着全面从严治党不断向纵深推进，党的纪律建设的功能定位是复合的而不是单一的。党的纪律建设不仅要发挥惩处功能，还要在深化党内治理、调整党内关系、规范党员行为、净化党内政治生态等方面发挥重要作用。新时代党的建设总体布局首次把纪律建设纳入其中，并作为党的建设的常态化工作内容，充分凸显了纪律建设作为全面从严治党治本之策的重要地位。

总之，中国共产党是靠革命理想武装起来和用铁的纪律组织起来的马克思主义政党，纪律严明是党的优良传统和独特优势。中国共产党领导中国人民进行革命、建设、改革、复兴的百年奋斗史，就是一部统一全党意志和行动、步调一致向前进、不断从胜利走向胜利的纪律建设史。党的十九大形成的党的建设的总体布局，将纪律建设列为党的自身建设的重要组成部分，不仅是对党的建设有益经验的总结凝练，也反映了新时代党的建设的本质要求。全面从严治党"永远在路上"，全面加强党的纪律建设任重道远。在习近平新时代中国特色社会主义思想科学指引下，在以习近平同志为核心的党中央坚强领导下，我们完全有信心把党建设好，永远保持马克思主义执政党的政治本色，跳出"历史周期率"，始终保持了党的内部团结和统一，使党在政治上更加坚定有力，永葆生机和活力，以强大的内驱力带领全国各族人民不断夺取新时代中国特色社会主义事业的新胜利。

三、党的纪律建设良性运行的制度性安排

加强党的纪律建设是党的光荣传统和独特优势，也是一个重大而紧迫的政治任务。严明党的纪律，是马克思主义政党区别于非马克思主义政党的一个显著特点，也是中国共产党的优良政治传统。中国共产党一成立，就把党的纪律建设提上重要日程，摆在重要位置。党的一大通过的中国共产党第一个纲领有多条规定涉及党的政治纪律、组织纪律。从党的二大开始，历次代表大会制定或修改的党章，都设专章规定党的纪律或党的监察机关。党的八大通过的党章

明确指出:"没有纪律,党决不能领导国家和人民战胜强大的敌人而实现社会主义和共产主义。"① 毛泽东同志在领导创建中国工农红军的过程中,亲自制定了"三大纪律、八项注意"②,成为红军艰苦奋战而不溃散的重要法宝。无论是革命战争年代,还是建设、改革时期,我们党都始终把纪律严明作为党的建设的首要任务。可以说,纪律严明,是我们党由小变大、由弱变强、不断发展壮大的一个重要法宝,也是党领导的革命、建设、改革事业不断从胜利走向胜利的一个重要法宝。正如习近平总书记指出的那样:"纪律松弛,组织涣散,正气上不来,邪气压不住,人民群众反映强烈的党内突出问题得不到及时有效解决,那么中国共产党迟早会出大问题。"③

纪律严明,是保持党的团结统一的根本保证。纪律严明,既是党内政治生活的重要内容,又是党内政治生活正常化、民主化的重要政治保障。邓小平同志指出:"党要同心同德,一心一意,没有纪律不行。我们过去革命,就是靠纪律,而且是自觉的纪律。"④ 江泽民同志指出:"如果容许和听任党组织或党员无视组织纪律,为所欲为,那末,我们党就不成其为马克思主义的政党,我们党就会丧失战斗力,甚至瓦解。"⑤ 胡锦涛同志强调:"党要管党,从严治党,首先就要严明党的纪律……只有纪律严明,才能维护党的团结统一,过去战争年代我们打胜仗,靠的是这一条;现在我们进行社会主义现代化建设,同样离不开这一条。"⑥ 党的十八大以来,习近平同志不仅强调把纪律建设摆在更加突出的位置,而且多次指出要严格依照纪律和法律的尺度,把执法和执纪贯通起来。他强调指出:"加快形成覆盖党的领导和党的建设各方面的党内法规制度体系,加强和改善对国家政权机关的领导。"⑦ 党的性质和宗旨决定了纪严于法、挺在法前,要把执纪和执法贯通起来,把党的纪律和规矩挺在前面,纪律和规矩管住大多数,做到有规在先、抓早抓小,使全体党员干部能够自觉严格执行党规党纪,模范遵守国家法律法规。

---

① 夏利彪. 中国共产党党章及历次修正案文本汇编 [M]. 北京:法律出版社,2016:35.
② "三大纪律"指的是一切行动听指挥、不拿群众一针一线、一切缴获要归公;"八项注意"指的是说话和气、买卖公平、借东西要还、损坏东西要赔、不打人骂人、不损坏庄稼、不调戏妇女、不虐待俘虏。
③ 中共中央纪律检查委员会,中共中央文献研究室. 习近平关于党风廉政建设和反腐败斗争论述摘编 [M]. 北京:中央文献出版社,中国方正出版社,2015:34.
④ 邓小平. 邓小平文选:第二卷 [M]. 北京:人民出版社,1994:408.
⑤ 江泽民. 论党的建设 [M]. 北京:中央文献出版社,2001:337-338.
⑥ 林培雄. 实现中华民族伟大复兴的领导核心 [M]. 北京:人民出版社,2012:248-249.
⑦ 中国共产党第十九次全国代表大会文件汇编 [M]. 北京:人民出版社,2017:55.

1. 加强党的建设要严明政治纪律

严明党的纪律，首要的就是严明政治纪律。"政治纪律是最重要、最根本、最关键的纪律，遵守党的政治纪律是遵守党的全部纪律的重要基础。"① 政治纪律是各党组织和全体党员在政治方向、政治立场、政治言论、政治行为等方面必须遵守的规矩，是维护党的团结统一的根本保证。要想使党的纪律在党的治理和国家治理体系中发挥基础性作用，必须进一步提高党的纪律建设的政治性，把党的政治建设放在首位，新时代就是要不断强化以习近平同志为核心的党中央权威和集中统一领导。政治纪律是最重要、最根本、最关键的纪律，遵守党的政治纪律是遵守党的纪律的根本政治基础和前提。

一部分党组织习惯于把防线只放在反对腐败上，认为只要腐败问题解决了，其他问题都可以忽略不计，在此种观念的影响和支配下，一些人开始忽略政治纪律，为了自己的仕途搞拉帮结派、收买人心、阳奉阴违。这些问题往往没有引起某些党组织的高度重视，即使发现了问题也没能够上升到党纪国法的高度来认识和处理。这种现象和行为必须及时且彻底改正。习近平总书记强调，政治问题是政治问题，不能只讲腐败问题，不讲政治问题。党的领导干部，特别是高级干部如果在政治上出现问题，其危害丝毫不亚于腐败问题，有的后果至更为严重，更具破坏性。在政治纪律方面，任何人都不能越过"红底线"，越过了就要严肃追责。

首先，遵守党的政治纪律，必须维护党中央权威、维护党的团结统一。遵守政治纪律最核心的就是要坚持中国共产党的领导，始终同党中央保持高度一致。在指导思想和路线方针政策以及关系全局的重大问题上，全党必须在思想上、政治上、行动上同党中央保持高度一致。各级党组织和领导干部要牢固树立政治意识、大局意识、核心意识和看齐意识，要防止和克服地方和部门保护主义。绝不能有令不行、有禁不止，绝不可以在贯彻执行中央决策部署上打折扣、搞变通，也绝不允许散布违反党的理论和路线方针政策的意见，泄露党和国家机密以及参加各种非法组织和非法活动。

其次，遵守党的政治纪律，必须坚定理想信念。坚定马克思主义信仰和共产主义信念，是党章规定的共产党人必须遵守的政治纪律。习近平总书记多次强调："理想信念是共产党人精神上的'钙'。"缺乏这种理想信念，就会"精神缺钙"，就会得"软骨病"，就会成为各种歪理邪说的俘虏，就会经不起糖衣

---

① 中共中央文献研究室. 十八大以来重要文献选编（上）[M]. 北京：中央文献出版社，2014：132.

炮弹的袭击。一些共产党人对社会主义前途命运信心不足，因此走上了违法犯罪道路，这就是"精神缺钙"的表现。共产党人必须把对马克思主义的信仰和共产主义的信念作为终身追求，虔诚而执着，至信而深厚，决不被"马克思主义过时论""共产主义渺茫论""社会主义失败论"等谬论所迷惑，决不受西方政治制度、"普世价值"的消极影响，决不从封建迷信、各种宗教中寻找精神寄托，立牢"主心骨"。必须用马克思主义立场观点方法观察世界，用马克思主义基本原理指导实践。不断加深对共产党执政规律、社会主义建设规律、人类社会发展规律的认识，不断增强中国特色社会主义道路自信、理论自信、制度自信和文化自信。要把对远大理想的追求落实到为推进中国特色社会主义事业而不懈奋斗上，百折不挠，埋头苦干，始终保持蓬勃朝气、昂扬锐气、浩然正气，永葆共产党人的政治本色。

再次，遵守党的政治纪律，必须毫不动摇地坚持党的基本路线。党的基本路线是坚持和发展中国特色社会主义的基本遵循，要自觉把"以经济建设为中心"同"坚持四项基本原则""坚持改革开放"这"两个基本点"统一于中国特色社会主义伟大实践，在任何时候都不能有丝毫的偏离和动摇，既不走封闭僵化的老路，也不走改旗易帜的邪路，坚定不移地走中国特色社会主义发展道路。

最后，遵守党的政治纪律，必须增强政治定力。习近平总书记提出好干部"二十字"标准时特别强调"理想信念""敢于担当"。总书记对"敢于担当"的解释就是"面对大是大非敢于亮剑，面对矛盾敢于迎难而上，面对危机敢于挺身而出，面对失误敢于承担责任，面对歪风邪气敢于坚决斗争"①。这里最主要的就是政治担当，就是在政治方向、理想信念这个最根本的问题上保持定力、敢于斗争。全党同志特别是领导干部，对以任何名义歪曲和否定党的基本路线的言行，对否定党的领导、否定我国社会主义制度的言行，对歪曲、丑化、否定中国特色社会主义的言行，对歪曲、丑化、否定党的历史、中华人民共和国历史、党领导人民进行伟大奋斗历史的言行，对宣扬西方"普世价值""宪政""多党轮流执政""三权分立""军队国家化"等错误观点，必须进行自觉抵制和坚决斗争。

2. 加强党的纪律建设必须严明组织纪律

党的组织纪律是政治纪律的保障。习近平总书记强调："组织严密、纪律严

---

① 习近平. 努力造就一支忠诚干净担当的高素质干部队伍［J］. 求是，2019（2）：4-10.

明是党的优良传统和政治优势，也是我们的力量所在。"① 随着我国社会主义市场经济向纵深方向发展，原有的资源配置方式和组织管理模式发生了根本性变化，各种复杂的人际关系和利益关系对党内生活带来了巨大冲击。组织观念弱化就是其中之一。领导班子各自为政的现象时有发生，把分管领域当成私人领域，导致内耗严重。有的只对领导个人负责，把上下级关系搞成人身依附关系；有的办事不靠组织而靠关系；还有的党组织对其成员疏于管理，缺乏严肃认真的组织生活。组织纪律松弛已经成为党的一大忧患，党的组织纪律必须严起来。

坚持请示报告制度，是重要的组织纪律。党委是起领导核心作用的，各方面都应该自觉向党委报告。重大工作和重大情况，在党委统一领导下尽心尽力做好自身职责范围内的工作。报告一下有好处，集思广益，群策群力，事情能办得更好。每个党员都应强化组织观念，自觉执行思想汇报、请示报告制度，真心向组织亮思想、讲真话。领导干部还应结合民主生活会、重大事项报告和述职述廉等党内组织生活形式，定期向组织报告履行职责、执行决议、廉洁自律等情况，建立和完善领导干部报告个人有关事项的管理、核查和问责制度，始终把自己置于组织的教育管理监督之中。

3. 加强党的纪律建设要增强纪律的严肃性、权威性

纪律建设是一个系统工程，纪律的制定、执行需要有机统一起来，这样才能增强纪律的严肃性、权威性。党的纪律要根据不断变化的形式进行完善。习近平总书记反复强调，严明党的纪律是共产党人的集体责任。党的各级组织都应当肩负起维护党的纪律的责任，加强对党员进行纪律教育的力度。对背离党性的言行要有鲜明的态度，对违反党的纪律的行为要坚决制止，对其苗头要及时提醒并极力纠正。党的各级纪律监察机关要把维护党的纪律放在首位并加强对纪律的执行情况的监督，以维护党的纪律的严肃性和权威性。

中国共产党是靠革命理想和铁的纪律组织起来的马克思主义政党。习近平总书记多次强调，要加强纪律建设，严守党的纪律是全面从严治党的必然要求。在改革开放和社会主义市场经济条件下，党的队伍构成发生了重大变化，国内外各种错误思想不断对党组织产生影响，削弱了党的执行能力。必须高度重视并加以解决。办好中国的事情关键在党。党要管党、全面从严治党首先要严明党的纪律。只有严格执行党的纪律，才能不断提高党的领导水平和执政能力。

守纪律是底线，守规矩靠自觉。党内规矩是成文的纪律和不成文的纪律的

---

① 中共中央纪律检查委员会，中共中央文献研究室．习近平关于严明党的纪律和规矩论述摘编［M］．北京：中国方正出版社，中央文献出版社，2016：9.

统称。守规矩包括遵守成文的纪律和不成文的纪律。习惯上，前者称为守纪律，后者称为守规矩。从党员个人的角度看，守纪律是底线，守规矩靠自觉。党的纪律是铁的规矩，是不可触碰的红线，严守党纪是党员的行为底线。习近平总书记指出，守纪律讲规矩是对党员、干部党性的重要考验，是对党员、干部对党忠诚度的重要检验。最重要的是遵守政治纪律和政治规矩，必须维护党中央权威，在任何时候、任何情况下都必须在思想上、政治上、行动上同党中央保持高度一致；必须维护党的团结，坚持五湖四海，团结一切忠实于党的同志；必须遵循组织程序。重大问题该请示的请示，该汇报的汇报，不允许超越权限办事；必须服从组织决定，决不允许搞非组织活动，不得违背组织决定；必须管好亲属和身边工作人员，不得默许他们利用特殊身份谋取非法利益。这"五个必须"，是党员、干部必须严格遵守的规矩。

自觉守规矩是我们党的优良传统，老一辈革命家更是这方面的典范。毛泽东同志曾提议立下不做寿、不送礼等"六不"规矩；朱德同志教育党员干部时也一再强调，党内不能有特殊党员，这是规矩。广大党员都应该向老一辈革命家学习。党的十八大以来，习近平总书记反复强调，党员干部要对党忠诚、个人干净，敢于担当，要做到"三严三实""不能发""事无不可对党言"，等等。这些都是广大党员特别是领导干部必须懂得的规矩，都应该自觉遵守。

每个党员都要有规矩意识。有的人认为，只要不触碰纪律，踩踩规矩红线"没什么大不了的"。这种思想是十分有害的。"千里之堤，溃于蚁穴。"偶尔违反规矩的行为也许并不严重，但久而久之就会松懈思想防线，就会弱化规则意识，发展下去离触碰纪律红线就不远了。2016年初，习近平总书记在十八届中央纪委六次全会上作出"反腐败斗争压倒性态势正在形成"的政治判断，在充分肯定党的纪律建设工作成效的同时，还重申了"两个没有变"，即"党中央坚定不移反对腐败的决心没有变，坚决遏制腐败现象蔓延势头的目标没有变"①。从腐败分子的忏悔录中可以看出，许多人走上违纪违法道路，就是首先从违反党的规矩开始的。我们每个党员都要从中吸取教训，就像习近平总书记反复强调的那样，在守规矩上始终讲严格、讲认真，不能心存侥幸，把规矩当红线、底线来坚守。

严守党内规矩，既要靠广大党员自觉，也要靠各级党组织严格管理、严格监督。习近平总书记指出，各级党组织要把严守纪律、严明规矩放到重要位置

---

① 中共中央文献研究室. 习近平总书记重要讲话文章 [M]. 北京：中央文献出版社，党建读物出版社，2016：365.

来抓，努力在全党营造守纪律、讲规矩的政治生活氛围。各级领导干部特别是高级干部要牢固树立纪律和规矩意识，在守纪律、讲规矩上做表率。各级党委要加强监督检查，对不守纪律的行为要严肃处理。习近平总书记特别强调党规党纪的刚性约束，不能把纪律作为一个软约束或是束之高阁的一纸空文，共产党人必须遵照执行，不能搞特殊、有例外。各级党组织要敢抓敢管，使纪律真正成为带电的高压线。

第四节 走出西方政治现代化制度性安排的道德阙如

政治现代性不是某一个国家或者某些政治主体的有意建构，而是在社会思想与社会实践的相互作用下的某种进化过程，是人类政治活动在现时代显示出来的精神气质。西方政治现代性的头顶顶着平等、自由、人权、正义和博爱的光环，但这些光环终究是虚幻的，因为这一系列价值允诺在西方并未真正地实现。究其虚幻性，原因很复杂。文艺复兴以降，资本主义生产方式、生活方式、思维方式宰制下的西方式政治现代化及其道德谋划因其"原子式的"的文明脐带、以自我为中心的狭隘立场、被宰制的"非此即彼"的僵化思维，不可避免地获致人与自然、人与人、人与社会、人与自身的关系危机。西方式政治现代化及其道德谋划以及由此而形塑的西方资本主义文明形态，因其秉持"追求自我利益最大化"的标准行为假设，将自然环境简约化为"自然资源"，不见了生态的多样性；将社会关系简约化为"社会资本"，不见了生活的真实性；将个体劳动者简约化为"人力资本"，不见了生命的目的性；将伦理精神简约化为"道德资本"，不见了美德的纯洁性。将自己的幸福建立在他人的痛苦之上、人类的幸福建立在大自然的痛苦之上的西方式政治现代化及其道德谋划以及由此而形塑的文明形态可以说是当今人类社会一切政治危机和全球性生态危机的制度根源。西方式政治现代化的制度性安排体现了其在制度设计和实施中的个性特点以及相应的道德缺失，这与中国特色社会主义政治制度形成了鲜明对比，背后有着复杂的政治、经济和文化因素以及社会发展的动态差异性。通过对西方政治制度存在的道德阙如现象的深刻分析，不仅能够客观看待中西文明的多元性，而且对我国社会主义现代化建设也有着深刻的省察意识和学习价值。

在马克思主义政治学语境中，政治制度一般指关于国家权力的全部制度规范，主要包括两个方面：一是关于国家权力归谁所有；二是关于国家权力如何行使。西方政治制度一般特指起源于英国并以英国和美国为代表的现代西方发达资本主义国家的政治制度。西方政治制度模式主要是指以立法权、司法权和行政权"三权分立"的基本制度架构为依托，以多党制或两党制为执政中枢，以选举制度来试图保证其政治权力合法性的一整套国家政治体系及其运作机制。虽然西方政治制度模式的形成有其特殊的历史框架和内在必然性，有其历史进步意义和作用，但究其形式绝不是"普适的"，究其价值绝不是"普世的"。西方政治制度模式是以资产阶级自由主义为理论根基，其核心思想是私有财产神圣不可侵犯和个人主义价值观，它代表和维护的是极少数人利益的资产阶级根本利益和意志，有其自身无法克服的历史和道德局限性。

一、西方式政治现代化的伦理病灶

政治制度是上层建筑的主要组成部分，是建立在一定的经济基础之上的，除了受生产力发展水平、社会生产方式、社会经济关系以及经济发展方式的影响以外，还与一个国家的社会基本结构范式、法律环境、文化传统以及地理条件等因素息息相关。

一方面，资本主义私有制的经济基础决定了西方政治制度的有限性。列宁指出："任何民主，和一般的任何政治上层建筑一样，归根到底是为生产服务的，并且归根到底是由该社会中的生产关系决定的。"[①] 历史唯物主义认为，经济基础决定上层建筑，作为上层建筑重要组成部分的政党制度，当然由其赖以存在的经济基础决定。西方多党制是建立在资本主义私有制的经济基础之上的，它必然反映垄断资本集团的利益及其相互之间的矛盾和冲突。美国就是典型的两党制国家，共和党和民主党都有其各自的财团作背景，财界或企业界就趁机以金钱为诱饵，在各自的政党中扶植自己的利益代言人上台执政，迫使他们运用国家权力，作出有利于自己的政治、经济、外交决策，通过种种极具偏袒性的所谓合法的或非法的手段谋取私利。西方多党制不过是垄断资产阶级内部进行利益调整的政治手段而已。现代西方选举制度是伴随着资产阶级议会制度的产生和发展、为适应资产阶级的政治统治和民主政治发展的需要逐步产生和确立的，形式远远大于内容，实质是选举资产阶级某一利益集团的代理人。"天赋人权"理念是现代选举制度确立的最为根本的理论基石。西方早期的选举制度不仅规定了极高的财产资格和教育程度的限制，还规定了居住期限和性别等限制。有些资本主义国家在提名议员候选人时，实行选举保证金制度，即每个议

---

① 中共中央马克思恩格斯列宁斯大林著作编译局. 列宁选集：第 4 卷 ［M］. 北京：人民出版社，1974：439.

员候选人在选举前必须交纳一笔巨额保证金，以此作为参加竞选的必要条件，这一规定无疑使普通百姓被排除在被选举人行列之外。美国的国家政权始终掌握在大资产阶级和大财团的手中，从未摆脱也不可能摆脱大资产阶级、大财团的支配和控制，是金融垄断资产阶级的统治工具。这从根本上决定了西式选举制度的历史局限性，形式上的民主掩盖了实质性的垄断和专制统治。西式选举制度下的形式与内容、名与实的严重背离，既是资产阶级民主制无法克服的内在矛盾，也是一切私有制条件下的民主制度无法克服的内在矛盾及历史局限。

另一方面，虽然西方政治制度模式离不开西方历史传统和宗教文化，但事与愿违的是，凡是在财富增长的地方，宗教的东西、伦理的东西反而随之减损。① 中西方法律传统上的差异造成了中西方在政治实践中的区别，西方社会在古希腊出现的民主制，经过古希腊特别是雅典时期的大范围实践，最终成为西方具有普遍意义的政治制度。法律至上、集体决议高于个人权威以及契约精神等历史传统长期影响着西方社会。西方法律传统形成于 11 世纪末至 13 世纪末，教皇革命以及西欧社会所特有的政教分离对立的二元结构对西方法律传统的形成具有至关重要的影响。在资本主义萌芽、民族国家形成时期，权力制衡主要是国家内部不同阶级之间的冲突与妥协。随后，不同阶级之间的对抗则又表现为不同国家政权机关的冲突与妥协，这一制衡机制最终发展为资产阶级的民主宪政。以教权和王权的二元对抗为主导的多元政治格局曾为西方法律传统的产生提供了必要的社会基础，实质上就是不同权力之间的对抗与平衡，因而权力制衡是西方法律传统产生的先决条件，也是法治产生的先决条件。基督教文化对于西方社会的影响深入骨髓，新教在宗教的外衣下实际宣扬的是资产阶级的平等、自由和民主价值观。恩格斯谈到英国新教对于资产阶级的意义时说："加尔文教派显示出它是当时资产阶级利益的真正的宗教外衣。"② 基督教本身就具有契约的精神，圣经就是人们和上帝达成的契约。在后来长期的市场经济实践中，生产与生活的流动性也决定了社会只有依靠一种普遍有效的客观意志才能对人们的行为进行规范和调节。

二、西方式政治现代化的制度缺陷

西方政治制度模式看似精巧，实际上存在着严重的制度缺陷，出现严重的

---

① ［德］韦伯. 新教伦理与资本主义精神［M］. 于强，陈维钢，彭强，等译. 西安：陕西师范大学出版社，2002：168.
② 中共中央马克思恩格斯列宁斯大林著作编译局. 马克思恩格斯文集：第 4 卷［M］. 北京：人民出版社，2009：311.

制度异化现象。近些年西方民主乱象丛生，精英政治、寡头政治和金钱政治盛行，民粹主义思潮泛滥，基本政治制度在顶层设计上固有的缺陷已是不争的事实。

首先，异化民主导致低效政治。资本主义民主政治制度常因基因缺陷而出现民主异化，导致低效政治。主要表现在三个方面：一是权力制衡变形为权力掣肘。以权力制衡避免权力滥用，是"三权分立"制度设计的初衷。然而，正如丹麦学者莫恩斯·汉森所指出的，职能细分成立法、行政与司法，这在理论上是清晰的，但在实践中却不起作用。权力相互掣肘，已成为西方民主政治的常态，导致政府效率低下，腐败横行，这一制度设计主要是资产阶级内部利益的调整，发展到今天正面临严峻的考验和挑战，即使在美国，三权分立的原则也难以在政治实践中真正贯彻，有时为了实现其利益集团的私利，甚至不惜任何代价或不惜使用各种手段，可谓是无所不用其极。实行三权分立的实质是要实现权力的制衡，但制衡之后不可避免的必然结果就是三大权力机关之间的相互扯皮，并常常引发混乱、拖延和推卸责任，导致效率低下。同时，由于司法机关无权直接支配社会力量和财富，相比之下，美国联邦法院力量向来较弱。如美国国会因受制于军火利益集团而对控枪法案的多次否决，就是"受益"于三权分立制度。美国是世界上唯一的枪支暴力案件频发的发达国家，美国医改法案的国会之争，再次证明了美国富人对穷人的不公和利益的剥夺。西方的代议制民主是从"对政府的不信任"以及对政府的专横和滥用权力必须持防范的立场和态度出发的。在三权相互牵制的运作过程中，难免造成国家权力运行迟缓、效率低下的弊端。三权分立、相互制衡本来是美国建国者为防止政府和个人滥用权力而设计的，但事实上却成了不同政党和利益集团之间进行争权夺利的工具，也因此导致了美国各种权力之间互相掣肘、效率低下、腐败横行的问题。两党制逐渐演变成为一种"否决政体"，即代表少数人立场的各种政治派别可以阻止多数派的行动，并阻止政府采取任何行动。西方民主选举往往无法产生最优秀的领袖，西方民主政治也有其适用限度，民主对决策可能造成消极影响，民主可能滑向民粹，民主选举可能冲击社会道德，民主政治要付出高昂的经济代价。这种现象在政治学上称为"胜者全得"。获得某州选举人票数多的总统候选人即在该州获得胜利，并取得该州所有选举人票。美国的大选并不是直接选举，而是间接选举。选民投票选举的并不是总统本人，而是本州的所谓选举人。杰出人物进入政界后，就必须不断地妥协，其棱角很快就会被磨没，最后成了一个和其他平庸政客没什么两样的鹅卵石式人物。

其次，多党制演变成党争政治。西方政党制度的主要特征是党争民主制，不管是多党制还是两党制，通过竞争选举后获得执政权的党，只能代表某一党派或某一利益集团的利益，它不可能代表最广大人民的根本利益。私利政治根本无法反映公意，更缺乏正当性。政党越多，决策就越复杂。最极端的例子是印度，印度有数几千个政党，因此各级政府在决策过程中往往要受到各种不同政治势力的干扰，结果是决策速度想快也快不起来。原本意在平衡政党力量的多党制在现实中往往上演"纸牌屋"，议会辩论经常陷入只论党派、不问是非的尴尬境地。近年来，由于美国政府"光说不练"、两党相互否决，在解决非法移民、控枪、医改、疫情防控等问题上长期达不成共识，引起了民众的强烈不满。与此同时还有任期问题，但由此也产生了官员没有长远考虑的问题，不同党派的另一位官员上台后，又马上叫停了或者干脆否决上一任官员的计划或工程。这种"否决"，通常是出于政治目的，而不考虑社会和民众的经济损失。不管国家有多少杰出的政府管理人才，最多只有一半在政府任职，而另一半在野，从而造成人力资源的浪费。

再次，民主选举被金钱污染。"金钱是政治的母乳。"① 西方民主建立在财产权利不平等的基础上，民主不过是资本主义国家的一块遮羞布，本质是虚伪的，是资本家的民主，而不是人民的民主。在民主实践中，民主的形式与民主的本质必须统一，一旦形式和实质不符，就会导致缺陷与困境。唯物辩证法告诉我们，形式和实质是辩证统一的，两者必须相互平衡、相互统一、不可偏废。西方民主被简化为选举，在西方国家，民主越来越被简化为"一人一票""多党竞选"，认为选举是实现民主的唯一途径，"选举至上论"用形式上的民主掩盖了实质上的民主，是武断和片面的，由于阶级统治的局限性，导致了极不平等的社会现象存在。美国的总统选举，是一种系统性、结构性腐败，是通过暗箱操作却又披上合法外衣的金钱买卖。民主依赖选票，选票来自竞选，而竞选需要金钱，这就是美国选举的游戏规则。金钱污染政治、政治回报金钱，在很大程度上侵蚀了西方国家的治理能力。

最后，个人主义催生价值冲突。作为资本主义经济、政治在文化上的重要反映，自由主义对于激发西方社会的创造活力曾起重要作用。但在战胜封建专制这个宿敌之后，自由主义在西方社会并未"踩刹车"，而是肆意滋长，甚至滑向狭隘的个人主义，引发诸多价值冲突，最根本的是个体利益与社会利益的冲突。美国大片渲染的是个人英雄主义，街头篮球流行的是个人单挑。在这种文化的浸淫下，自然会出现个体价值遮蔽社会利益的现象。同时，面对民粹主义

① 仰义方.新媒体时代党的领导力研究［M］.北京：人民出版社，2020：77.

的流行、选票政治的压力，西方政治家罔顾社会整体利益、长远利益，极力迎合部分民众的短期需求，结果使社会陷入"福利陷阱"。再加之传统白人社会与少数族裔的文化冲突，如何实现传统白人社会与少数族裔和谐相处，历来是西方社会面对的难题。少数族裔第一代移民在难以融入当地社会时，大多采取抱团取暖的做法。第二代、第三代移民接受的是西式教育，受个人主义影响颇深。但由于种族、肤色、宗教的差异，他们也存在融入的困难。这些人在难以感受到真正的自由、平等时，容易产生极端思想，甚至开始报复社会。"独狼式"暴恐袭击的背后，就是激烈的文化价值冲突。

什么是现代民主？现代民主就是限制政府权力、保障新闻自由和公民的个人权利。如果没有限权政府和保障人权，民主选举不过是徒有虚名。纳粹德国是经全民投票、民主选举成立的政权，但是它的政府是专制独裁、权力无限、垄断真理、以强凌弱和任意践踏公民人权的法西斯政府。这种民主是选票箱掩盖下的虚假民主，或者说是一种"有选举的暴政"。古今中外统治者的权力，堪称一柄锋利而危险的"双刃剑"，是人类社会的一种"必要的罪恶"。运用得当，权力可以成为促进人民福祉、推动社会进步的强大力量；任意滥用，则会成为侵犯民众利益、阻碍社会发展的恐怖工具。如果缺乏必要的约束和监督，权力势必趋向滥用和腐败。这是由人性和权力的本性所决定的，是适用任何一种政治制度的一条普遍规律。毫无疑问，美国政治体制存在明显缺陷。"府会相争"造成国会与总统分庭抗礼，分权制衡导致决策混乱，党派争执闹得举国不宁，政府治理能力衰落，行政效率低下，甚至导致联邦政府被迫关门。分权制衡既要有防止政府做坏事的能力，同时也要有制约政府做好事的能力。如果没有一个与时俱进、治理良好、自我管理的公民社会与之配套，民主法治制度同样可能出现衰落和诸多流弊。"政治稳定依赖制度化和参与之间的比率。如果要想保持政治稳定，当政治参与提高时，社会政治制度的复杂性、自主性、适应性和内聚力也必须随之提高。"① 现代政体和传统政体的区别就在于它的政治参与水平，发达政体和不发达政体的不同就在于它的政治制度化的水平。政治发展的实质就在于提高政治体系的制度化水平，政治制度化是消除国家政治不稳定顽症的最根本办法。在推进政治现代化的过程中，要保持政治制度化和政治参与之间的平衡关，只有这样，才能避免现代化过程中的政治不稳定、腐化、独裁和暴力。

---

① ［美］亨廷顿. 变化社会中的政治秩序［M］. 王冠华，刘为，译. 北京：生活·读书·新知三联书店，1989：73.

现代性的历史也是一部现代性内部纷争史，一种现代性势力不断地向另一种现代性势力发起挑战。这种争夺在现代性工程的大幕拉开过程中变得日趋激烈，一种现代性刚一登场就迅速被指控，以至于波德莱尔说现代性就是短暂、过渡和偶然。在政治维度，中世纪的神学政治被击退之后，政治现代性的争斗一波接着一波。启蒙之中拉开的现代性政治话语争夺中，自由主义最终占得上风，以至于在西方政治现代性中自由主义几乎成了标志性成果。自由主义生成的自由与民主等政治价值观使西方社会的古典自由观遭遇认同危机。自由主义的实践形态是工业资本主义，而工业资本主义建立的庞大的经济基础持续地生成着自由主义的上层建筑，于是西方政治现代性中的自由规划始终是附着在由资本意志主导着的工业资本主义之上的，这种状况使人们的德性精神时刻遭遇资本之痛。政治现代性的主体性张扬带来了个人自我意识的膨胀，这种自我意识由利益等支撑起来，政治现代性的理性异化成了工具理性，以工具化方式陷入计算理性之中。西方政治现代性实现过程中的道德权威的丧失使制度成了社会的游戏规则，制度逻辑越来越缺少精神关照。政治现代性带有强烈的功利性和目的性，缺少对于规范和价值的反思与追求。现代人为了躲避信念、情感等感情用事方式的不牢靠，而把一切交付给理性。政治现代性与时代性历史进步观塑造着资本主义社会光鲜无比的外观，却忽视其精神之痛，日益陷入制度理性的捆绑之中而忘却道德追求。

西方政治的现代性并非完全割裂了政治与伦理之间的一切关联。在某种意义上它是颠倒了政治与伦理的关系，不是政治依从道德标准追求善业，而是道德依从于政治现实，道德失去对政治的批判、反思与超越维度，变为政治的侍从。造成这种结果的原因在于道德理想已经无法在政治现实中建立根基，政治现代化过程中拆掉了道德理想的基业，这样一种颠倒的结果使得宗教或伦理的东西要么蜕变为政治的认同力量或者辩护工具，要么在政治中保持中立。极端个人主义、自由主义的盛行只不过是西方政治自私自利的一个投影罢了。

三、中国式政治现代化的文化土壤

通过对西方政治制度存在道德阙如的深刻分析，不仅能够客观地看出中西文明的多元性，而且对我国社会主义现代化建设也有深刻的省察意识和学习价值。政治制度有其历史发展的必然性和多元并存的现实性。"政治发展不是不顾自身传统的发展，而是基于各国历史传统、社会文化状况基础上，有利于各国政治稳定、经济发展、文化繁荣的发展……正确的做法应该是正视各国各自的传统，以传统为基础，以普世的自由民主的宪政制度为目标，创造性地走出各国自己的政治发展之路。"① 尊重人类不同群体的政治选择，对于逐步走向成熟文明的人类政治道德来说，充其量只能算是最低标准。对于社会主义民主政治制度来说，在如何扩大政治的透明度，加强对权力行使的监督，保障公民的权利和自由方面，可以从西方的民主政治制度中得到他山之助。以西方民主为镜，取其之长，补己之短，能更有效地促进我国的民主政治建设进程。

自近代以来，我国在实现现代化的征程中，始终面临着"西方优势"的巨大压力。伴随着新型工业化、信息化、城镇化和农业现代化的不断推进，"西方标准"在西方主导的经济全球化时代彰显着西方优势，即使遭遇了国际金融危机后西方道路"无可奈何"的整体性衰落，"西方崇拜"情结在政治制度建设中仍很有市场。中外政治发展的历史和现实都十分清楚地告诉我们，在国家政治制度的设计和发展中，必须有绝不照搬西方政治制度模式的理论自觉和实践自觉，因为照搬西方不仅无用，而且极度危险。

如何评价一个国家的政治体制、政治结构和政治决策是否正确，邓小平早已给出了明确的回答。"关键看三条：第一看国家政局是否稳定；第二看能否增进人民团结，改善人民的生活；第三看生产力能否得到持续发展。"② 回顾历史，放眼世界，发展中国家照搬西方政治制度模式后陷入一系列尴尬境地。比如拉美地区和东南亚一些国家，在独立前多是西方国家的殖民地，独立后自然沿袭了西方政治制度模式，早在 20 世纪 70 年代就达到中等收入国家水平，然而直到今天仍然停止不前，没能实现向高收入经济体的跨越。这些国家未能走出"中等收入陷阱"，甚至出现严重的社会动荡，究其原因在于制度落后及发展战略的选择失误。失业率持续攀升，贫富差距拉大，社会矛盾不断激化，群众抗争此起彼伏。通货膨胀与主权债务危机的不断循环往来，几乎耗尽了这些国家经济持续增长的动力，导致经济发展长期徘徊不前。畸形经济发展锻造出强大的利益集团，使得权力寻租、投机和腐败现象持续蔓延，政府频繁更迭，社会动荡，人民生活水平难以得到改善和提高。再比如西亚、北非的政治持续动荡。以美国为首的西方国家的粗暴介入，使这一地区的形势更加复杂多变。种种迹象表明，霸权主义和强权政治对世界的破坏性影响仍在继续，弱小国家的主权和安全更加难以保障。叙利亚、伊拉克、阿富汗的持续动荡，以及由此而导致的难民危机、恐怖袭击等更使这一地区局势雪上加霜。"当前，难民数量已

---

① 竹森．当代政治发展研究衰落探因［M］∥刘军宁，王焱．自由与社群．北京：生活·读书·新知三联书店，1998：267．

② 邓小平．邓小平文选：第三卷［M］．北京：人民出版社，1993：213．

经创下第二次世界大战结束以来的历史纪录。危机需要应对，根源值得深思。如果不是有家难归，谁会颠沛流离？"①

党的十八大报告明确提出："要把制度建设摆在突出位置，充分发挥我国社会主义政治制度优越性，积极借鉴人类政治文明有益成果，绝不照搬西方政治制度模式。"② 中国共产党根据马克思列宁主义和毛泽东思想关于社会主义国家政权建设的理论，在领导中国革命的过程中，通过认真总结我国民主革命中群众创造的经验以及认真考察我国的具体国情，创造性地建立了适合我国国情并具有中国特色的民主政治制度，其中根本的政治制度就是人民代表大会制度。人民代表大会制度是在我国长期的革命过程中产生和发展起来的，它历经了人民革命的各个阶段，有着长久的革命传统，是以既民主又集中的政治制度为机理为原则，为实现人民和国家根本利益的一致性以及国家权力的广泛性奠定民主政治基础。我国实行人民代表大会制度，国家的一切权力属于人民，人民代表大会由人民民主选举产生，对人民负责，受人民监督；我国不实行大规模的个人竞选活动，以及选举的必要的组织费用又由国库开支，所以在实际的制度安排和设计层面就已经排除了选举的金钱因素。这样就使我国的政权选举具有最广泛的民众基础，国家行政机关、审判机关、检察机关都由人民代表大会产生，对它负责，受它监督，有力地保证了各族人民通过人民代表大会把国家权力掌握在自己手中，使代议机关不仅从形式上而且从内容上都真正代表民意。中国是由人民代表大会统一行使国家权力，"一府两院"由人大产生，对人大负责，受人大监督。人大代表是通过会议的方式依法集体行使职权，各国家机关分工不同、职责不同，全国人大代表来自各地区、各民族、各方面，具有广泛的代表性，人口再少的民族也至少有一名代表。人大代表有各自的工作岗位，对现实生活中的实际问题了解最深入。这是马克思列宁主义关于自由平等、公平正义等思想在我国社会主义民主政治制度中的具体实践和生动体现。

中国的政党制度是中国共产党领导的多党合作和政治协商制度，中国共产党是领导核心，是执政党；各民主党派是参政党。无论是人民代表大会还是它的常委会或专门委员会，都不按党派分配席位，肩负的都是人民的重托，都是在中国共产党领导下依法履行职责，在为人民服务的原则基础上，根本利益是一致的。中国共产党领导的多党合作和政治协商制度是具有中国特色社会主义

---

① 习近平. 习近平谈治国理政（第二卷）［M］. 北京：外文出版社，2017：542.
② 中共中央文献研究室. 十八大以来重要文献选编（上）［M］. 北京：中央文献出版社，2014：20.

的政党制度，党的领导是中国政党制度的前提和根本保证，多党合作是核心内容和重要保障。习近平总书记曾多次强调指出："办好中国的事情，关键在党。中国特色社会主义最本质的特征是中国共产党领导，中国特色社会主义制度的最大优势是中国共产党领导。"① 稳定的政治领导核心和稳定的政府体制，是国家计划和基本国策连续性的根本保障。这样的连续性保证了各项良好的、符合国情的计划和政策得到了不间断的推行。中国共产党和各民主党派合作共事奉行的基本方针是"长期共存、互相监督、肝胆相照、荣辱与共"，汲取了中华优秀传统文化的精华，即和衷共济、和合共生等，是适合中国国情的一项基本政治制度。与西方竞争式的民主相比，我国的协商民主更普遍、更实际，社会主义协商民主是中国共产党和中国人民在社会主义民主形式方面的伟大创造。在社会主义建设的实践中，不断发展、完善我国的政党制度，充分发挥出它内在的先进性、民主性、合理性、优越性，是中国式政治现代化和中国民主政治建设的正确道路选择。

我国的国家政治制度有着深厚的中华优秀传统道德文化做滋养，包含着丰富的传统社会治理思想资源。中国传统政治是一种伦理型政治，即德治。在中国传统文化中，儒家强调在"亲亲""尊尊"原则下，维护"礼治"，提倡"德治"，重视"仁治"，提倡人伦道德，主张崇德明善，经后世发展逐渐形成"仁、义、礼、智、信、勇、恕、诚、忠、孝、悌"的道德思想体系；道家将"道德"视为哲学的最高范畴，认为"道"是宇宙万物的本源和普遍规律；墨家建立以"兼相爱"和"交相利"为核心的义利道德学说，倡导"贵利重义"的道德思想；法家直面社会现实，寻求治国安邦之道，形成以"法"为基本准绳的独特的政治道德观。可以说，作为中华民族最深沉的价值追求和精神支柱，道德体系的建构与崇德向善的实践始终是中华优秀传统文化的根本，持续影响并沿用至今。

中华民族伟大复兴是伟大的历史进程，内蕴着远大理想的战略设计和共同理想的思想因子，熔铸于新型国家制度和治理体系的宏阔实践当中。让历史照进现实与思想照进现实同等重要，面向未来考察"历史中国"与"现实中国""思想中国"与"实践中国"，坚持以人民为中心的发展思想，深刻把握历史发展规律，不断汇聚强大动力支撑和不竭力量之源。职是之故，新时代坚持和完善中国特色社会主义制度、推进国家治理体系和治理能力现代化，要善于从历

---

① 习近平. 在庆祝中国共产党成立 95 周年大会上的讲话［N］. 人民日报，2016-07-02（2）.

史中汲取智慧，从中国具体国情出发，充分发挥我国社会主义政治制度的独特政治优势，积极吸收和借鉴人类优秀政治文明成果，学习但绝不照抄照搬他国政治制度，坚定中国特色社会主义道路自信、理论自信、制度自信、文化自信，是全面建成社会主义现代化强国、实现中华民族伟大复兴的根本政治之基和伦理精神之源。

结束语

人类文明新形态的政治伦理优势

尼采宣布"上帝死了"之后,上帝开始从神龛步入到尘世生活,人性从此被放逐。它一方面为资本主义的高歌猛进释放出强大的经济冲动力;另一方面又为自由不羁的资本主义预制挥之不去的文化悖论。资本主义的文化悖论突出表现为:道德理想因人性的放逐而被贴上个人主义标签,从此变得低级庸俗;个人因为人性的放逐而迷失自我,出现前所未有的存在性孤独与焦虑;经济被放逐之后变成了一匹脱缰的野马,只见亚当·斯密的"自私""精明"和"自我利益最大化",不见他的"良心""同情心"和"合宜性";情愿待在"牢笼"里的现代人在责任和义务面前往往选择"理性的无知",并且逐渐变得麻木不仁。

一、马克思主义是资本主义的最佳替代

通过对当代资本主义在理论上和实践上存在的内生性缺陷进行深刻分析,我们不难发现,导致人类面临如此严重的生态灾难的根本原因就在于资本主义的生产方式、生活方式、政治模式、价值观念以及由此而型固的文化传统与思维方式。资本主义已经面临着它"根本无法解决的危机"①。在人类面临的前所未有的生态灾难面前,在人类面临诸如新冠肺炎疫情全球大流行等复杂性问题面前,资本主义需要被替代,必须有一种有别于且优越于资本主义的替代性选择。

1. 重新回到马克思,回到马克思主义

"现代资本主义社会已经导致了村落共同体、亲属氏族和多代大家庭的崩溃;今天,能在完整的核心家庭中长大的孩子也是越来越少。我们技术化的生活方式和它随之带来的生活节奏,进一步减少了意义深远的面对面交流的机会。

---

① [美]克莱顿,海因泽克. 有机马克思主义 [M]. 孟献丽,于桂凤,张丽霞,译. 北京:人民出版社,2015:50.

人们也感觉与大自然和与其他物种的亲密接触日益减少。"① 与资本主义假设恰恰相反，马克思因其倡导比资本主义假设更高级的政治体制、比资本主义经济哲学更崇高的目标而闻名于世。"在他梦想的国家里，个人不会为了自己的利益行使权力；每一个人将尽其所能贡献他的才能，资源也将以最有利于共同福祉的方式在全社会分享。"② 当人类面临根深蒂固的复杂性问题或危机时，比如说 2008 年爆发的席卷全球的金融危机，第一反应总是回到马克思，回到马克思主义。这是因为，消除资本主义固有的僵化的思维或者成见，马克思主义提供了这一"新的起点"。马克思主义不能被简单地视为是一种批判指南或者工具，而应该被视为是关于资本主义的一种替代性选择。文艺复兴以降，在科学理性主义的宰制下，为资产阶级服务的思想家甚至包括一些马克思主义者都视自己为"科学"。"很多时候，那些一直在认真研究马克思主义的人，又常常把马克思主义作为批判的指南和工具，而不是一种真正的选择。"③ 殊不知，"科学"已经大大地向前发展了，已经突破传统的资本主义或者社会主义的边界，我们需要更加呼吁一种对当今世界的彻底的政治哲学和经济哲学的反思。

2. 马克思和他的主义没有"真正的竞争者"

马克思和他的主义并没有因为旧式马克思主义所犯下的严重错误而失效、失色。资本主义的理论假设及其实践已经为这个世界的发展提供了一种错误的选择或者出发点。资本主义的根本性质和目标已经无法通过体制内的修修补补的改革而得以挽救，马克思主义是资本主义的替代性方案的最好的选择。虽然教条式的马克思主义的严重错误及其后果我们仍然记忆犹新——我们必须清楚地认识到这个事实，但与此同时，我们也必须清楚地认识到，教条式的马克思主义的严重错误以及它所造成的无法挽回的严重后果，不是马克思主义本身的原因，而是马克思、恩格斯的尾随者在对马克思主义的认识、理解与应用的过程中所犯下的错误，并不代表马克思主义基本原理或者基本假设以及它所追求的价值目标或者社会理想已经过时或者失效。汤姆·洛克曼坚称，大多数当代哲学"在马克思面前就相形见绌了。就这方面理论而言（社会发展与社会革命理论或哲学），马克思显然是一个真正的巨人。就我们所了解的所有的现代社会

---

① ［美］克莱顿，海因泽克 . 有机马克思主义［M］. 孟献丽，于桂凤，张丽霞，译 . 北京：人民出版社，2015：250.

② ［美］克莱顿，海因泽克 . 有机马克思主义［M］. 孟献丽，于桂凤，张丽霞，译 . 北京：人民出版社，2015：245.

③ ［美］克莱顿，海因泽克 . 有机马克思主义［M］. 孟献丽，于桂凤，张丽霞，译 . 北京：人民出版社，2015：2.

理论中给人印象最深刻的理论创始人而言，就是不谈他们的许多缺点，他们也不是马克思的真正的竞争者……马克思首次给我们提供了了解全部现代社会生活可信的框架。在这方面，他没有真正的竞争者，也没有能够比得上他的具有类似规模和声望的理论"①。

马克思主义的核心理念在 21 世纪并没有过时且仍然令人信服。"在现代，可能没有思想家能够写出这样的理论了，这些理论极富洞察力地研究了社会经济建设应该如何追求共同福祉，以及权贵们又是如何建造了为极少数而非大多数人谋利的政府。"② 之所以说中国共产党及其领导社会主义新中国是马克思主义的真正拥护者和实践者，正是因为中国共产党从它成立的那一天起，就把为中国人民谋幸福、为中华民族谋复兴、为世界人民谋大同作为自己的初心和使命。中国化的马克思主义是一种不断与时俱进的新马克思主义，它已经走出旧式的马克思主义的本本和教条，实现马克思主义在与中国具体国情、在与中华优秀传统文化"有机结合"的过程中，指导中国的革命、建设和改革的实践。

3. 走出西方"你死我活"的筒仓式思维

质疑或诋毁马克思和马克思主义的西方人士并没有认真读过马克思的著作，并不了解马克思本人。当我们提出马克思主义是资本主义假设的最佳替代选择时，一定会有很多西方人追问：你们凭什么坚信马克思主义仍旧是 21 世纪世界资本主义的一种可行的替代性选择呢？我们暂且不去考虑提出上述质疑或者追问的美国人是不是从美国中心主义、西方中心主义的立场出发，是不是受"意识形态魔咒"的严重影响，但有两点十分清楚：第一，提出上述质疑或者追问的绝大多数美国人或者西方人几乎都没有认真地研读过马克思主义经典文本；第二，提出上述质疑或者追问的绝大多数美国人或者西方人几乎都没有到过日新月异的当代中国，或者根本就不愿意以一种开放、平等的姿态来正视不断进步和发展的新中国，不愿意了解和论说马克思主义在中国。《有机马克思主义》认为："尽管美国人知道，苏联和中国的共产主义（社会主义）都源自卡尔·马克思，但几乎没有人认真读过马克思著作。他们认为社会主义和共产主义是一回事，并且几十年来，他们对社会主义和共产主义的了解都是负面的。基本上，在美国人心目中，社会主义或共产主义意味着国家拥有一切，没有私有财产、自由市场或人权。大多数美国人认为，试图实现社会主义或共产主义，都是不

① ［法］洛克曼. 马克思主义之后的马克思：卡尔·马克思的哲学［M］. 杨学功，等译. 上海：东方出版社，2008：280.

② ［美］克莱顿，海因泽克. 有机马克思主义［M］. 孟献丽，于桂凤，张丽霞，译. 北京：人民出版社，2015：13.

切实际的。"①

出于意识形态的偏见或成见，他们却对人类正面临的严峻形势以及应当采取的积极行动视而不见；对作为一种社会经济体制的资本主义所带来的大量不公和全球性危机或灾难视而不见；对以追求人类共同福祉的中国特色社会主义的成功实践视而不见；对因资本主义的性质和目的而导致的难以挽回的经济和社会的倒退甚至崩溃视而不见；对异己的现代化发展道路、异己的人类文明形态对西方式现代化以及资本主义主导的人类文明形态的替代性甚至革命性选择视而不见。绝大多数美国人所了解的也是他们所反对的社会主义是虚假失真的社会主义。在他们眼里，社会主义通常被夸张地描述为一个集权国家，一提到社会主义，他们想到的就是斯大林和他死亡集中营、20世纪80年代东德摇摇欲坠的工厂，以及对所有私人财产、人权和自由市场的拒斥。但对当代社会主义理论而言，这些都不是真实的。② 即便是对追求人类社会共同福祉的发展理念和世界观有所吸引的绝大多数西方读者来说，可能也未必能够意识到，而作为一种积极的、进步的社会政治哲学，社会主义与他们自己所持有的关于人类社会理想是最为切合一致的。

中国化马克思主义因其指导下的中国特色社会主义的成功实践已充分证明，当代中国马克思主义秉持马克思主义与中国传统哲学智慧所共通的"共同体"意识和思维，走出了西方现代性及其道德谋划之"非此即彼""厚此薄彼"的"筒仓式思维"③ 囿围，旨在实现全体人民的"共同富裕"和人类社会的"共同福祉"。强调共同体意识和思维、强调整体性和实践性的马克思主义是西方资本主义主导下的个人主义、利己主义、消费主义的一种最好的替代性选择。也就是说，只有强调和追求人类共同福祉的马克思主义才是人类社会欣欣向荣的不二选择。一种与时俱进的马克思主义及其在当今中国的成功实践，已经远远地

① [美]克莱顿，海因泽克. 有机马克思主义 [M]. 孟献丽，于桂凤，张丽霞，译. 北京：人民出版社，2015：12.

② [美]菲利普·克莱顿等. 有机马克思主义 [M]. 孟献丽，等译. 北京：人民出版社，2015：249.

③ "筒仓"是那些又高又厚并且没有窗口的密闭结构的统称。筒仓式思维，在管理学上指的是那些阻碍部门之间共同协作或合作——处理高度复杂性问题时所必需的——的条块分割的思维和行为。或是因为部门之间各自为政并且形成固有的信息壁垒，而使每个部门产生"井底之蛙"的短视或安于现状；或是因为部门之间的信息或知识的绝缘而导致每个部门针对同一个复杂性问题所指定的计划方案、法律法规之间出现低级的重复和相互的抵牾，最终导致复杂性问题迟得不到解决。参见：[美]科斯塔. 即将崩溃的文明：我们的绝境与出路 [M]. 李亦敏，译. 北京：中信出版社，2013：122.

突破了西方资本主义世界的思想家或者政客们的固有成见，远远地超出了西方资本主义世界的思想家或者政客们甚至是传统的马克思主义者明智的"科学"的认知边界。也就是说，马克思主义在当代中国已经与时俱进地不断向前发展了，而资本主义却内在地无法摆脱过时的现代"科学"模式的"牢笼"。

二、当代中国马克思主义的价值论优势

通常来讲，我们认识世界的思维方式或者模式无外乎两种：一种是机械模式，一种是有机模式。毋庸置疑，"机械模式"源自机械物理学，偏好于因果力和因果律，偏好于决定论的结果，偏好于"非此即彼""你死我活"的二元对立、"你输我赢、你赢我输"的零和博弈。我们确信，世界上绝大多数的人都已经清楚地认识到，"要解决世界上最紧迫的问题，我们需要的是一种建构性（constructive）方案"①，这就是"有机模式"。

1. 彻底摒弃了西方"非此即彼"的道德误区

"有机模式"导源于生命系统的运作方式，强调的是整体性思维，偏向于公共利益和人类共同福祉，追求的是人与自然的和谐共生、人与人的和谐共处、人与社会的和谐共存、身与心的和谐共进，致力于构建"你中有我，我中有你"的人类命运共同体。汤一介先生就曾指出："在中国已经发生广泛影响的'国学热'和'建构性的后现代主义'这两股思潮在马克思主义指导下的有机结合，如果能在中国生根并得到发展，也许中国可以比较顺利地完成'第一次启蒙'，实现现代化，而且会较快地进入以'第二次启蒙'为标志的后现代社会。"② 中国传统政治智慧比如说道家思想就以关注"和谐"、追求"天人合一"而著称，主张自然本身就是由自相矛盾的不同方面构成，这些不同的矛盾对立面朝着各自的方向发展，但不一定必须相互排斥，矛盾的对立面、不同的思想观念之间始终遵循着相互补充的运行不悖的"道"。

与中国传统政治智慧尤其是道家"和谐""天人合一"形成鲜明对比的是，资本主义主导的西方现代性"常识"却始终把相互补充的思想狭隘地转化为"水火不容的哲学"——西方式现代性迫使这个世界在相互排斥的两个选项中做出"非此即彼"的二元选择：资本主义或旧式社会主义、个人主义或共产主义、

① ［美］克莱顿，海因泽克. 有机马克思主义［M］. 孟献丽，于桂凤，张丽霞，译. 北京：人民出版社，2015：5.
② 贾立政，陈阳波，魏爱云，等. 2012 年度最具价值的 100 个观点［J］. 人民论坛，2013（1）：12-13.

权势者无限制地追求财富或排除任何私有财产、人类或自然。① 西方现代性及其道德谋划的这种"非此即彼""厚此薄彼"的机械模式，导源于文艺复兴以降的欧洲机械主义，导源于"科学""理性""资本""生产工具"等基本力量或文化要素，在资本主义生产方式特别是资本逐利本性的驱策下，"科学"走向了"反科学"，"理性"滑向了"非理性"，"资本"蜕变成了"每个毛孔都滴着血"的怪兽，从上帝那里获得解放的"人"又再度沦为"生产工具"。而这种机械的"现代性模式"总是让人们联想并质疑诸如民族主义、民粹主义、欧洲中心主义、西方中心主义、美国中心主义以及"上帝掌管一切"等一切现代性偏好。

2. 不再拘泥于任何旧式的马克思主义

当代中国马克思主义已经从西方主导的现代主义范式或错误假定中走出来，已经从不适用于当代中国具体实际、不适宜于中华优秀传统文化的欧洲特征中被解放出来，实现了马克思主义基本原理与中国具体实际的有机结合、与中华优秀传统文化的有机结合。"中国现在不再拘泥于任何旧式的马克思主义，以往的痛苦经历使中国意识到了拘泥于旧式马克思主义的问题所在。"② 中国在各个方面特别是在政治上和经济上，已经逐渐走向世界舞台的中心位置，中国化马克思主义、中国特色社会主义道路、中华优秀传统文化正逐渐在世界舞台上发挥着越来越重要的引领作用，而且这种引领不是为了"有你没我、你死我活"的零和博弈，而是为了让中国变得更美好，让世界变得更美好，是为了构建"你中有我、我中有你"的人类命运共同体。正因为如此，中国特色社会主义的制度安排和治国理政的顶层设计，绝不会容忍基于个人、企业、社会团体或利益集团的自私自利的目的而对地球进行的强取豪夺和肆意踩躏。

作为新形态的马克思主义，作为世界免遭资本主义进一步破坏的希望所在，当代中国马克思主义有四个核心原则或者优越性特征，即为了共同福祉、有机的生态思维、关注社会阶层的不平等问题以及长远的整体的视野。③ 作为对资本主义假设、西方现代性及其道德谋划的一种替代性选择，以当代中国马克思主义所追求的健康、可持续的发展目标，所追求的富强、民主、文明、和谐、美

---

① ［美］克莱顿，海因泽克 . 有机马克思主义［M］. 孟献丽，于桂凤，张丽霞，译 . 北京：人民出版社，2015：248-250.

② ［美］克莱顿，海因泽克 . 有机马克思主义［M］. 孟献丽，于桂凤，张丽霞，译 . 北京：人民出版社，2015：3.

③ ［美］克莱顿，海因泽克 . 有机马克思主义［M］. 孟献丽，于桂凤，张丽霞，译 . 北京：人民出版社，2015：225.

丽的社会理想，正是马克思所设想的和马克思主义所要实现的。当代中国马克思主义为批判资本主义提供了新视角，为有效应对全球生态灾难、发展新的文明形态开启了新的希望和光明前景。

中国共产党百年辉煌的奋斗历程，当代中国社会的进步与发展，究其根本原因，就是中国始终毫不动摇地坚持马克思主义的指导地位。系统研究马克思主义基本原理，系统研判中国不同历史时期的具体国情世情社情民情，系统阐释中国道路、中国智慧和中国方案，对中国健康且可持续的发展具有重大历史性意义。马克思主义在当代中国的成功运用并指导中国的具体实践，是中国人民的自己选择使然，是中国历史道路选择的必然，既不是任何外部力量强加的，也从未试图强加于世界任何其他国家，只是自主地选择、自主地实践而走出的一条中国特色社会主义发展道路，为解决人类社会因资本主义而获致的复杂性问题提供了一种新的解决方案、一种明智的正确选择。马克思主义在当代中国发展的革命性作用，不仅对中国具有重大的历史性意义，当今中国所发生的一切对于世界来说同样具有重大的历史性意义。

作为一种新的社会政治哲学和经济哲学，中国化马克思主义既有别于旧式马克思主义的设想，更不同于西方资本主义的假设。实现本土化（与中国具体实际相结合）和全球化（与所处时代背景相结合）的双向度根本性变革、深度融入具体文化背景（与中华优秀传统文化相结合）、以实现全体人民"共同富裕"和全人类"共同福祉"为社会理想的中国化马克思主义，有力地推动了中国式现代化发展进程，开辟了中国特色社会主义发展道路，探索并创造出一种既有别于西方资本主义又有别于旧式社会主义的人类文明新形态。

三、人类文明新形态究竟"新"在何处？

自然资源的消耗殆尽、自然环境的恶化消退，人与人、人与自然、人与社会的关系因技术、经济和官僚政治的操控性而变得更加没有人情味、没有了真实性，就连人自己也变成了纯粹的工具，逐渐远离文艺复兴运动对"以人为本"、科学发展的价值诉求或精神皈依。以人民为中心、以集体主义为原则、以共同富裕为目的、关注社会阶层的相对平等、注重长远、整体和可持续的中国化马克思主义为人类社会解决复杂性问题或危机，为走出资本主义主导的"现代文明"的围圈，不仅提供了一种全新的"指导框架"，更是创造了一种人类文明的新形态。这种人类的新构想或人类文明新形态，"是帮助我们到达成功彼岸的最好渡船"①。

1. 人类文明新形态是以"我们如何在一起"为价值旨归

文艺复兴以降，资本主义生产方式、生活方式、思维方式宰制下的西方式现代化及其道德谋划因其"原子式的"的文明脐带、以自我为中心的狭隘立场、被宰制的"非此即彼"的僵化思维，不可避免地获致人与自然、人与人、人与社会、人与自身的关系危机。正如前文所说，西方式政治现代化及其道德谋划以及由此而形塑的西方资本主义政治文明形态，因其秉持"追求自我利益最大化"的标准行为假设，将自然环境简约化为"自然资源"，不见了生态的多样性；将社会关系简约化为"社会资本"，不见了生活的真实性；将个体劳动者简约化为"人力资本"，不见了生命的目的性；将伦理精神简约化为"道德资本"，不见了美德的纯洁性。将自己的幸福建立在他人的痛苦之上、人类的幸福建立在大自然的痛苦之上的西方式现代化及其道德谋划以及由此而形塑的文明形态可以说是当今人类社会一切政治危机和其他复杂性问题的制度根源。

马克思所说："一个人的发展取决于和他直接或间接进行交往的其他一切人的发展……单个人的历史决不能脱离他以前或同时代的个人的历史，而是由这种历史决定的。"② 与西方式现代化及其道德谋划截然不同的是，中国式现代化及其道德谋划因其强调天与人的合一、情与理的相通、真善美的统一的文化传统或文明脐带而追求人与自然、人与人、人与社会、人与自身关系的和谐统一；因其具有天人合一、民胞物与、美美与共的民族精神性格而追求共同富裕的民本情怀和协和万邦的天下情怀；因其坚持马克思主义基本原理与中国具体实际相结合、与中华优秀传统文化相结合并以中国化马克思主义为根本价值指导而不断与时俱进、开拓创新；因其无产阶级政党的阶级属性和全心全意为人民服务的最高宗旨而始终坚持以人民为中心的发展理念；因其秉持文明开放包容、交流互鉴、命运与共而致力于构建"你中有我，我中有你"的人类命运共同体。

2. 人类文明新形态是以"中国化马克思主义"为指导框架

"在未来的岁月中，中国的执政理念看看起来与两百年前卡尔·马克思设定的社会主义理念有很大不同。但它仍将被称为马克思主义。"③ 丝毫不影响马克

---

① ［美］克莱顿，海因泽克．有机马克思主义［M］．孟献丽，于桂凤，张丽霞，译．北京：人民出版社，2015：7.
② 中共中央马克思格格斯列宁斯大林著作编译局．马克思恩格斯全集：第3卷［M］．北京：人民出版社，2009：515.
③ ［美］克莱顿，海因泽克．有机马克思主义［M］．孟献丽，于桂凤，张丽霞，译．北京：人民出版社，2015：12.

思主义在当代中国的指导地位，这不仅是因为马克思主义已经写进了中华人民共和国《宪法》，而是因为当代中国一直在真正地践行马克思主义，用实际行动在不断地丰富和发展世界马克思主义。

马克思主义与中华优秀传统文化的有机结合，不仅为当代中国的改革开放和社会主义现代化建设、推进国家治理体系和治理能力现代化提供最好的理论和实践的"指导框架"，也为解决诸如生态危机或灾难、新冠肺炎疫情全球大流行等全球复杂性问题的解决提供最好的理论和实践的"指导框架"。以生态文明建设为例，我们不难发现，"天人合一"的中国传统生态智慧与马克思主义自然观的深度融合或者有机结合，产生了尊重自然、顺应自然、保护自然的中国特色社会主义生态文明观，为人类社会系统治理和有效解决全球生态危机或灾难提供了一种最好的替代策略或方法选择。

作为 21 世纪世界马克思主义，中国化马克思主义内含着许多积极的进步的元素。不仅如此，从这些积极的进步的元素已经、正在和必将继续以语言的言说方式和世界范围内的行动策略而为全球治理贡献中国智慧和中国方案。这些积极的进步的元素包括：一是生态或和谐的思维；二是建设性而非破坏性的视野；三是在共同体内部理解人、形塑人的共同体意识和整体性思维；四是确保行动策略或者解决方案的求真务实、与时俱进而非僵化静止甚至永恒信条，凸显了中国化马克思主义的实践性特征和过程性（发展性）思维；五是打破并超越科学、教育甚至社会的"价值中立"的神话，因为这种神话根本就不存在，或者说，这种神话即便存在，也已经沦为前文所称谓的"从牛身上榨油，从人身上赚钱"的资本主义的遮羞布，现如今，这一遮羞布也被资本和资本主义的贪婪的本性撕得粉碎；六是正确处理个人利益与社会利益、国家利益的关系，正确处理本国利益和全人类利益的关系，实现"共同富裕"、追求"人类共同福祉"是中国国家治理和中国参与全球治理的出发点与落脚点。① 中国化马克思主义所独具的积极的、进步的元素，不仅是中国共产党领导下的社会主义新中国对人类社会的积极作为和特殊使命，也是中国式现代化及其道德谋划所创造的人类文明新形态的鲜明特征。

人类文明旧形态在经济冲动力和权力冲动力的双重驱策下，沉迷于生产的无限扩大、财富的无限增长和消费的恣意狂欢，沉溺于无尽的征服感、成就感、满足感和幸福感之中。然而，指数级增长的事实、不饱和状态的假象、物欲背

---

① ［美］克莱顿，海因泽克. 有机马克思主义［M］. 孟献丽，于桂凤，张丽霞，译. 北京：人民出版社，2015：87-88.

后的狂欢往往使得各国政府、国际组织和个人对增长的假象背后所积累的复杂性矛盾和问题"视而不见"。而作为个体的我们，在物欲狂欢后略显孤寂和无助，不得不选择"理性的无知"。妨碍人类应对复杂性问题的那些顽固且僵化的模式、思维、态度或信仰，如同生物基因一样流淌在人类文明有机体里，成为应对和解决诸如核威胁、恐怖主义、全球变暖、生态危机、高致病性传染病等全球公共危机以及全球治理的巨大障碍。① 今天的人类社会必须像浴火重生的凤凰一样涅槃，构想一种真实意义上的人与自然和谐共生、人与人和谐共处、人与社会和谐共存、身与心和谐共进的人类文明新形态，以替代资本主义主导的西方式"现代文明"。实践证明，中国共产党领导下的社会主义新中国已经成为国际形势的稳定锚、世界增长的发动机、和平发展的正能量和全球治理的新动力。②

---

① ［美］科斯塔．即将崩溃的文明：我们的绝境与出路 ［M］．李亦敏，译．北京：中信出版社，2013：130.
② 王义桅．大变局下的中国角色 ［M］．北京：人民出版社，2021：274.

参考文献

一、经典文本

［1］中共中央马克思恩格斯列宁斯大林著作编译局．马克思恩格斯全集：第 1 卷［M］．北京：人民出版社，2002.

［2］中共中央马克思恩格斯列宁斯大林著作编译局．马克思恩格斯全集：第 3 卷［M］．北京：人民出版社，2002.

［3］中共中央马克思恩格斯列宁斯大林著作编译局．马克思恩格斯全集：第 28 卷［M］．北京：人民出版社，2018.

［4］中共中央马克思恩格斯列宁斯大林著作编译局．马克思恩格斯全集：第 29 卷［M］．北京：人民出版社，2018.

［5］中共中央马克思恩格斯列宁斯大林著作编译局．马克思恩格斯文集：第 1 卷［M］．北京：人民出版社，2009.

［6］中共中央马克思恩格斯列宁斯大林著作编译局．马克思恩格斯文集：第 2 卷［M］．北京：人民出版社，2009.

［7］中共中央马克思恩格斯列宁斯大林著作编译局．马克思恩格斯选集：第 1 卷［M］．北京：人民出版社，2012.

［8］中共中央马克思恩格斯列宁斯大林著作编译局．马克思恩格斯选集：第 2 卷［M］．北京：人民出版社，2012.

［9］中共中央马克思恩格斯列宁斯大林著作编译局．马克思恩格斯选集：第 4 卷［M］．北京：人民出版社，2012.

［10］中共中央马克思恩格斯列宁斯大林著作编译局．共产党宣言［M］．北京：人民出版社，1997.

［11］中共中央马克思恩格斯列宁斯大林著作编译局．列宁选集：第 4 卷［M］．北京：人民出版社，2012.

［12］中共中央马克思恩格斯列宁斯大林著作编译局．列宁全集：第 10 卷［M］．北京：人民出版社，2017.

［13］中共中央马克思恩格斯列宁斯大林著作编译局．列宁全集：第 38 卷

［M］.北京：人民出版社，2017.

［14］中共中央马克思恩格斯列宁斯大林著作编译局.列宁专题文集：论无产阶级政党［M］，北京：人民出版，2009.

［15］毛泽东.毛泽东选集：第一卷［M］.北京：人民出版社，1991.

［16］毛泽东.毛泽东选集：第二卷［M］.北京：人民出版社，1991.

［17］毛泽东.毛泽东选集：第三卷［M］.北京：人民出版社，1991.

［18］毛泽东.毛泽东选集：第四卷［M］.北京：人民出版社，1991.

［19］中共中央文献研究室.毛泽东文集：第六卷［M］.北京：人民出版社，1999.

［20］中共中央文献研究室.毛泽东文集：第七卷［M］.北京：人民出版社，1999.

［21］中共中央文献研究室.毛泽东文集：第八卷［M］.北京：人民出版社，1999.

［22］毛泽东.毛泽东军事文集：第三卷［M］.北京：军事科学出版社，1993.

［23］中共中央文献研究室.毛泽东年谱（一九四九—一九七六）：第五卷［M］.北京：中央文献出版社，2013.

［24］中共中央文献研究室.刘少奇选集：上卷［M］.北京：人民出版社，1981.

［25］中共中央文献研究室.刘少奇年谱（一八九八—一九六九）：上卷［M］.北京：中央文献出版社，1996.

［26］邓小平.邓小平文选：第一卷［M］.北京：人民出版社，1993.

［27］邓小平.邓小平文选：第二卷［M］.北京：人民出版社，1993.

［28］邓小平.邓小平文选：第三卷［M］.北京：人民出版社，1993.

［29］江泽民.江泽民文选：第三卷［M］.北京：人民出版社，2006.

［30］胡锦涛.胡锦涛文选：第二卷［M］.北京：人民出版社，2016.

［31］习近平.习近平谈治国理政［M］.北京：外文出版社，2014.

［32］习近平.习近平谈治国理政：第二卷［M］.北京：外文出版社，2017.

［33］习近平.习近平谈治国理政：第三卷［M］.北京：外文出版社，2020.

［34］习近平.习近平谈治国理政：第四卷［M］.北京：外文出版社，2022.

[35] 江泽民. 论党的建设 [M]. 北京：中央文献出版社，2001.

二、重要文献

[1] 中共中央宣传部. 习近平总书记系列重要讲话读本 [M]. 北京：学习出版社，人民出版社，2016.

[2] 中国共产党第十九次全国代表大会文件汇编 [M]. 北京：人民出版社，2017.

[3] 中国共产党第十九届中央委员会第六次全体会议文件汇编 [M]. 北京：人民出版社，2021.

[4] 中共中央文献研究室. 习近平总书记重要讲话文章 [M]. 北京：中央文献出版社，党建读物出版社，2016.

[5] 中华人民共和国宪法 [M]. 北京：人民出版社，2018.

[6] 中国共产党章程 [M]. 北京：人民出版社，2017.

[7] 中共中央马克思恩格斯列宁斯大林著作编译局. 苏联共产党代表大会、代表会议和中央全会决议汇编：第一分册 [M]. 北京：人民出版社，1956.

[8] 中共中央办公厅. 中国共产党第八次全国代表大会文献 [M]. 北京：人民出版社，1957.

[9] 中国革命博物馆. 中国共产党党章汇编 [M]. 北京：人民出版社，1979.

[10] 习近平. 在党史学习教育动员大会上的讲话 [M]. 北京：人民出版社，2021.

[11] 习近平. 在庆祝中国共产党成立 100 周年大会上的讲话 [M]. 北京：人民出版社，2021.

[12] 中共中央文献研究室. 习近平关于社会主义社会建设论述摘要 [M]. 北京：中央文献出版社，2017.

[13] 习近平. 高举中国特色社会主义伟大旗帜为夺取全面建设小康社会新胜利而奋斗 [M]. 北京：人民出版社，2007.

[14] 习近平. 决胜全面建成小康社会夺取　新时代中国特色社会主义伟大胜利 [M]. 北京：人民出版社，2017.

[15] 习近平. 让开放的春风温暖世界：在第四届中国国际进口博览会开幕式上的主旨演讲 [M]. 北京：人民出版社，2021.

[16] 中央档案馆. 中共中央文件选集：第一册 [M]. 北京：中共中央党校出版社，1989.

［17］中共中央文献研究室．十三大以来重要文献选编（上）［M］．北京：
中央文献出版社，1991.

［18］中共中央文献研究室．十六大以来重要文献选编（上）［M］．北京：
中央文献出版社，2005.

［19］中共中央文献研究室．十六大以来重要文献选编（中）［M］．北京：
中央文献出版社，2006.

［20］中共中央文献研究室．改革开放三十年重要文献选编：上册
［M］．北京：中央文献出版社，2008.

［21］中共中央文献研究室．改革开放三十年重要文献选编：下册
［M］．北京：中央文献出版社，2008.

［22］中共中央文献研究室，中央档案馆．建党以来重要文选选编：第一册
［M］．北京：中央文献出版社，2011.

［23］中共中央文献研究室．建国以来重要文选选编：第四册［M］．北京：
中央文献出版社，2011.

［24］中共中央文献研究室，中央档案馆．建党以来重要文选选编：第五册
［M］．北京：中央文献出版社，2011.

［25］中共中央文献研究室，中央档案馆．建党以来重要文选选编：第八册
［M］．北京：中央文献出版社，2011.

［26］中共中央文献研究室．建国以来重要文选选编：第十册［M］．北京：
中央文献出版社，2011.

［27］中共中央文献研究室，中央档案馆．建党以来重要文选选编：第十五
册［M］．北京：中央文献出版社，2011.

［28］中共中央文献研究室．建国以来重要文选选编：第二十二册
［M］．北京：中央文献出版社，2011.

［29］中共中央文献研究室．十七大以来重要文献选编（中）［M］．北京：
中央文献出版社，2011.

［30］中共中央文献研究室．十八大以来重要文献选编（上）［M］．北京：
中央文献出版社，2016.

［31］中共中央文献研究室．十八大以来重要文献选编（下）［M］．北京：
中央文献出版社，2016.

［32］中共中央党史和文献研究院．十九大以来重要文献选编（上）
［M］．北京：中央文献出版社，2021.

［33］中共中央党史和文献研究院．十九大以来重要文献选编（中）

［M］．北京：中央文献出版社，2021．

　　［34］中共中央党史和文献研究院．十九大以来重要文献选编（下）［M］．北京：中央文献出版社，2021．

　　［35］政协全国委员会办公厅，中共中央文献研究室．人民政协重要文献选编：下卷［M］．北京：中央文献出版社，2009．

　　［36］江泽民．论党的建设［M］．北京：中央文献出版社，2001．

　　［37］中共中央文献研究室．习近平关于社会主义社会建设论述摘要［M］．北京：中央文献出版社，2017．

　　［38］习近平．论坚持人民当家作主［M］．北京：中央文献出版社，2021．

　　［39］中共中央文献研究室．论群众路线：重要论述摘编［M］．北京：中央文献出版社，党建读物出版社，2013．

　　［40］习近平．坚定信心　共克时艰　共建更加美好的世界［M］．北京：人民出版社，2021．

　　［41］本书编写组．《共中央关于全面推进依法治国和以德治国若干重大问题的决定》辅导读本［M］．北京：人民出版社，2014．

　　［42］中共中央文献研究室．习近平关于社会主义政治建设论述摘编［M］．北京：中央文献出版社，2017．

　　［43］中共中央文献研究室．习近平关于社会主义文化建设论述摘编［M］．北京：中央文献出版社，2017．

　　［44］中共中央文献研究室．习近平关于全面依法治国论述摘编［M］．北京：中央文献出版社，2015．

　　［45］中共中央纪律检查委员会，中共中央文献研究室．习近平关于严明党的纪律和规矩论述摘编［M］．北京：中央文献出版社，2016．

　　［46］中共中央纪律检查委员会，中共中央文献研究室．习近平关于党风廉政建设和反腐败斗争论述摘编［M］．北京：中央文献出版社，2015．

　　［47］中共中央关于党的百年奋斗重大成就和历史经验的决议［M］．北京：人民出版社，2021．

　　［48］新时代公民道德建设实施纲要［M］．北京：人民出版社，2019．

三、中文译著

　　［1］［美］福山．政治秩序与政治衰败：从工业革命到民主全球化［M］．毛俊杰，译．桂林：广西师范大学出版社，2015．

　　［2］［奥地利］熊彼特．资本主义、社会主义与民主［M］．吴良健，译，

北京：商务印书馆，1999.

[3]［美］斯克尔．现代美国政治竞选活动［M］．张荣健，译，重庆：重庆出版社，2001.

[4]［美］吉尼尔．超越选主：反思作为陌生权贵的政治代表［M］．欧树军，译．北京：北京大学出版社，2014.

[5]［美］奇格勒．美国民主的讽刺［M］．张绍伦，金筑，译，石家庄：河北人民出版社，1997.

[6]［美］亨廷顿．变化社会中的政治秩序［M］．王冠华，刘为，译．北京：生活·读书·新知三联书店，1989.

[7]［德］昆．神学：走向后现代之路［M］∥王岳川．后现代主义文化与美学．北京：北京大学出版社，1992.

[8]［德］尼采．上帝死了［M］．戚仁，译，上海：上海三联书店，2007.

[9]［德］霍克海默．霍克海默集［M］．渠敬东，曹卫东，译．上海：上海远东出版社，1997.

[10]［加拿大］泰勒．现代性之隐忧［M］．程炼，译，北京：中央编译出版社，2001.

[11]［德］哈贝马斯．交往行为理论［M］．曹卫东，译．上海：世纪出版集团，上海人民出版社，2004.

[12]［美］罗．再看西方［M］．林泽铨，刘景联，译．上海：上海译文出版社，1998.

[13]［美］贝尔．资本主义文化矛盾［M］．蒲隆，赵一凡，任晓晋，译．北京：生活·读书·新知三联书店，1989.

[14]［印度］森．伦理学与经济学［M］．王宇，等译，北京：商务印书馆，2003.

[15]［英］斯密．道德情操论［M］．蒋自强，钦北愚，等译．北京：商务印书馆，1997.

[16]［英］斯密．国富论：上卷［M］．郭大力，王亚南，译．北京：商务印书馆，1997.

[17]［德］韦伯．新教伦理与资本主义精神［M］．于强，陈维钢，彭强，等译．西安：陕西师范大学出版社，2002.

[18]［美］克莱顿．有机马克思主义：生态灾难与资本主义的替代选择［M］．孟献丽，译，北京：人民出版社，2015.

[19]［法］洛克曼．马克思主义之后的马克思：卡尔·马克思的哲学［M］．杨

学功，等译，上海：东方出版社，2008.

[20]［美］科斯塔. 即将崩溃的文明：我们的绝境与出路［M］. 李亦敏，译，北京：中信出版社，2013.

[21]［德］黑格尔. 法哲学原理［M］. 范扬，张企泰，译. 北京：商务印书馆，1979.

[22]［德］黑格尔. 精神现象学：下［M］. 贺麟，王玖兴，译，北京：商务印书馆，2010.

[23]［古希腊］柏拉图. 理想国［M］. 郭斌和，张竹明，译. 北京：商务印书馆，1995.

[24]［美］罗尔斯. 正义论［M］. 何怀宏，等译. 北京：中国社会科学出版社，1988.

[25]［美］桑德尔. 自由主义与正义的局限［M］. 万俊人，唐文明，等译. 南京：译林出版社，2001.

[26]［英］麦金太尔. 追寻美德：伦理学理论研究［M］. 宋继杰，译. 南京：译林出版社，2003.

[27]［英］吉登斯. 现代性的后果［M］. 田禾，译. 南京：译林出版社，2000.

[28]［德］康德. 道德形而上学原理［M］. 苗力田，译. 上海：上海人民出版社，2001.

[29]［英］布莱克. 比较现代化［M］. 杨豫，陈祖洲，译. 上海：上海译文出版社，1996.

四、中文著作

[1] 樊浩. 中国伦理精神的历史建构［M］. 南京：江苏人民出版社，1993.

[2] 汪民安，陈永国，张云鹏. 现代性基本读本［M］. 郑州：河南大学出版社，2005.

[3] 宋希仁. 马克思恩格斯道德哲学研究［M］. 北京：中国社会科学出版社，2012.

[4] 赵云献. 毛泽东建党学说论：上［M］. 北京：人民出版社，2003.

[5] 王海明. 新伦理学原理［M］. 北京：商务印书馆，2017.

[6] 李建华. 道德原理：道德学引论［M］. 北京：社会科学文献出版社，2021.

[7] 王水照. 王安石全集［M］. 上海：复旦大学出版社，2016.

［8］政治学辞典［M］.上海：上海辞书出版社，2009.

［9］房宁.中国的民主道路［M］.北京：中国社会科学出版社，2014.

［10］王绍光.民主四讲［M］.北京：生活·读书·新知三联书店，2008.

［11］张维为.中国震撼：一个"文明型国家"的崛起［M］.上海：上海人民出版社，2010.

［12］夏利彪.中国共产党党章及历次修正案文本汇编［M］.北京：法律出版社，2016.

［13］竹森.当代政治发展研究衰落探因［M］//刘军宁，王焱.自由与社群.北京：生活·读书·新知三联书店，1998.

［14］王义桅.大变局下的中国角色［M］.北京：人民出版社，2021.

［15］武斌.现代化离我们还有多远［M］.北京：中国经济出版社，1999.

［16］陈绪新.信用伦理及其道德哲学传统研究［M］.北京：中国社会科学出版社，2008.

［17］陈绪新.资本主义文化悖论的后现代走向与回救［M］.北京：光明日报出版社，2013.

［18］陈绪新.当代中国青年价值困惑与出路［M］.北京：中国社会科学出版社，2016.

［19］陈绪新.中国文化自信的精神形态研究：语义、价值和实践的逻辑［M］.北京：人民出版社，2021.

［20］车文博.心理咨询大百科全书［M］.杭州：浙江省科学技术出版社，2001.

五、期刊

［1］习近平.扎实推动共同富裕［J］.求是，2021（20）：4-8.

［2］刘冰，布成良.政治现代化的中国道路与国家治理的理念选择［J］.当代世界社会主义问题，2016（4）：42-48.

［3］吕承文，司马双龙.协商民主视角下中国特色政党政治的结构功能分析［J］.领导科学，2020（20）：98-102.

［4］民盟福建省委课题组，刘泓，李仲才.论协商民主与和谐的政党关系［J］.马克思主义与现实，2009（6）：30-34.

［5］王韶兴.现代化进程中的中国社会主义政党政治［J］.中国社会科学，2019（6）：4-24，204.

［6］陈振川.中西方政治现代化模式比较［J］.中共山西省委党校学报，

2006（2）：67-69.

　　[7] 方雷，崔哲. 政治过程视角下中国新型政党制度的治理效能 [J]. 南京师大学报（社会科学版），2021（3）：83-91.

　　[8] 周淑真. 中国共产党与政治文明新形态 [J]. 人民论坛·学术前沿，2022（6）：4-11，71.

　　[9] 郭晗，任保平. 中国式现代化进程中的共同富裕：实践历程与路径选择 [J]. 改革，2022（7）：16-25.

　　[10] 江先锋，孙玉良. 习近平关于人民健康重要论述的伦理意蕴 [J]. 广西社会科学，2020（5）：7-13.

　　[11] 汪宗田，杜燕然，郝翔. 中国共产党发展党内民主的百年历程与经验启示 [J]. 毛泽东思想研究，2022，39（2）：117-126.

　　[12] 宁超，郭小聪. 论新时代协商民主与选举民主的协同发展 [J]. 湖北社会科学，2018（12）：36-41.

　　[13] 马宝成. 如何认识选举民主与协商民主的关系 [J]. 中国党政干部论坛，2013（7）：19-21.

　　[14] 陈家刚. 生态文明与协商民主 [J]. 当代世界与社会主义，2006（2）：82-86.

　　[15] 林尚立. 基层民主：国家建构民主的中国实践 [J]. 江苏行政学院学报，2010（4）：80-88，102.

　　[16] 林尚立. 民主与民生：人民民主的中国逻辑 [J]. 北京大学学报（哲学社会科学版），2012，49（1）：112-122.

　　[17] 任中平. 全过程人民民主视角下基层民主与基层治理的发展走向 [J]. 理论与改革，2022（2）：1-15，147.

　　[18] 王海峰. 在治理中生成民主：协商政治与有效基层民主建设 [J]. 中国浦东干部学院学报，2016，10（6）：90-102，136.

　　[19] 汪卫华. 人民民主的新时代 [J]. 中央社会主义学院学报，2022（1）：14-24.

　　[20] 孙应帅. 中国式民主对马克思主义民主观的继承和发展 [J]. 人民论坛·学术前沿，2022（5）：16-25.

　　[21] 王洪树. 全过程人民民主：中国式民主的时代诠释和多维建构 [J]. 理论与评价，2021（5）：32-43.

　　[22] 鲁品越. 全过程民主：人类民主政治的新形态 [J]. 马克思主义研究，2021（1）：80-90，155-156.

［23］李慧凤，郁建兴：基层政府治理改革与发展逻辑［J］. 马克思主义与现实，2014（1）：174-179.

［24］陈家刚，陈凌宇：党内民主与党内法规制度建设［J］. 中共天津市委党校学报，2020，22（6）：18-26.

［25］张君. 西方民主流变的阶段划分、双层比较及其内在逻辑［J］. 学术探索，2020（3）：72-78.

［26］辛湘理. 人间正道是沧桑：坚决抵制西方"宪政民主"思潮的渗透侵蚀［J］. 新湘评论，2020（17）：27-28.

［27］王洪树，郭玲丽. "中国之治"与"西方之乱"的民主政治根源解析［J］. 河南社会科学，2020，28（10）：31-38.

［28］左鹏. 西方民主是真民主吗［J］. 前线，2022（1）：49-50.

［29］姚璐. 西方民主政治问题和中国方案［J］. 行政科学论坛，2020（10）：55-57.

［30］漆程成. 当代西方民主治理困境的比较分析［J］. 比较政治学研究，2021（2）：233-259，341.

［31］魏治勋. 真实性、解构及其法治：析查尔斯·泰勒的社群主义法治观［J］. 山东警察学院学报，2007（5）：18-23.

［32］陈绪新，吴豫徽，丁婷婷. 被放逐的资本主义及其文化悖论［J］. 中州学刊，2013（12）：113-118.

［33］贾立政，陈阳波，魏爱云，等. 2012 年度最具价值的 100 个观点［J］. 人民论坛，2013（1）：12-13.

［34］吴润楠. 简析社会主义核心价值体系的价值认同［J］. 山西高等学校社会科学学报，2011，23（5）：7-9.

［35］程恩富，何干强. 论推进中国经济学现代化的学术原则：主析"马学""西学"与"国学"之关系［J］. 马克思主义研究，2009（4）：5-16，159.

［36］唐代兴. 道德与美德辨析［J］. 伦理学研究，2010（1）：6-12.

［37］卢风. 现代人为什么不重视美德［J］. 道德与文明，2010（2）：30-34.

［38］赵永刚. 美德伦理与规则伦理：由对立互竞到协同互补［J］. 道德与文明，2010（6）：25-29.

［39］廖申白. 德性的"主体性"与"普遍性"：基于孔子和亚里士多德的观点的一种探讨［J］. 中国人民大学学报，2011，25（6）：105-114.

［40］陈绪新. 文化生态：以一种对话的视野回救现代性［J］. 科学技术与

辩证法，2005（2）：13-16.

[41] 陈绪新. 后金融危机时代必须究诘的几个伦理问题 [J]. 马克思主义研究，2010（8）：68-77，160.

[42] [英] 麦金太尔. 不可公度性、真理和儒家及亚里士多德主义者关于德性的对话 [J]. 孔子研究，1998（4）：25-38.

[43] 钟翔. "和谐共生"：论梭罗人与自然和谐相处伦理思想 [J]. 吉林省教育学院学报（学科报），2008，24（11）：41.

[44] 江畅. "人民至上"价值理念的道义合理性 [J]. 道德与文明，2021（5）：5-7.

[45] 尚伟. 正确义利观的科学内涵与积极践行 [J]. 马克思主义研究，2021（8）：125-135，164.

[46] 郭卫华. 论中国情理主义道德哲学传统的传承与创新 [J]. 中州学刊，2022（3）：94-100.

[47] 舒艾香，尹文. 人民至上：中国共产党百年辉煌的成功密码 [J]. 湖北社会科学，2021（7）：11-17.

[48] 张文龙，李建军. 新时代"人民至上"的理论出场、内涵布展与逻辑指向 [J]. 思想理论研究，2020（10）：28-34.

[49] 彭凤莲，陈宏建. 德法合治：国家治理现代化路径的反思与重塑 [J]. 安徽师范大学学报（人文社会科学版），2021，49（2）：66-75.

[50] 郭忠，刘渠景. 习近平法治思想中的德法关系理论 [J]. 重庆社会科学，2022（2）：101-115.

[51] 蒋永穆，谢强. 坚持人民至上　扎实推动共同富裕 [J]. 山东社会科学，2022（4）：53-61.

[52] 张旭，乔涵. 中国共产党人共同富裕思想发展的历程与实践 [J]. 山东社会科学，2022（4）：32-43.

[53] 李红军，王琴. 共同富裕：解锁中国共产党治国理政的密钥 [J]. 河南师范大学学报（哲学社会科学版），2022，49（3）：45-51.

[54] 潘斌. 马克思共同富裕思想的哲学逻辑及其当代价值 [J]. 南京师范大学学报（社会科学版），2022（2）：76-84.

六、报纸

[1] 习近平. 坚持和完善人民代表大会制度　不断发展全过程人民民主 [N]. 人民日报，2021-10-15（1）.

［2］习近平．在庆祝中国人民政治协商会议成立 65 周年大会上的讲话 ［N］．人民日报，2014-09-22（2）．

［3］习近平．在庆祝全国人民代表大会成立 60 周年大会上的讲话 ［N］．人民日报，2014-09-06（2）．

［4］胡锦涛．在庆祝中国共产党成立 90 周年大会上的讲话 ［N］．人民日报，2011-07-02（1）．

［5］钟声．谎言遮不住金钱政治的丑陋 ［N］．人民日报，2020-03-15（3）．

七、外文文献

［1］GOLDSCHMIDT N, LENGER A. Justice by Agreement：Constitutional Economics and its Cultural Challenge ［M］// Justice and Conflicts：Theoretical and Empirical Contributions. Berlin：Heidelberg, 2012.

［2］WELCHMAN J. Hume, Callicott, and the Land Ethic：Prospects and Problems ［J］. The Journal of Value Inquiry, 2009, 43（2）：201-220.

［3］REIMAN J. Is Racial Profiling Just? Making Criminal Justice Policy in the Original Position ［J］. The Journal of Ethics, 2011, 15（1）：3-19.

［4］ALEXANDER J. Environmental Sustainability Versus Profit Maximization：Overcoming Systemic Constraints on Implementing Normatively Preferable Alternatives ［J］. Journal of Business Ethics , 2007, 76（2）：155-162.

［5］SILVA E G, COSTA J D S. Are Voters Rationally Ignorant? An Empirical Study of Portuguese Local Elections ［J］. Portuguese Economic Journal, 2006, 5（1）：31-44.

［6］NEWMAN I. Learning from Tolstoy：Forgetfulness and Recognition in Literary Edification ［J］. Philosophia, 2008（36）：43-54.

后　记

早期"被迫现代化"的历史事实规定了中国现代性及其道德谋划的路径选择必须在"结合"上下功夫。在传统文化的现代化、外来文化的本土化的过程中，"度"的正确把握就显得尤为重要。如果一味地奉行拿来主义，就会逐渐丧失自我而缺乏自主创新；如果奉行国粹主义，就会因为闭关锁国而变得更加贫穷落后。这不仅是鸦片战争以来实现中国现代化和中华民族伟大复兴之"中国梦"的道路困惑，也是中华文化及其内蕴的伦理精神重构的道德困窘。站在"他者"的立场上，以积极伦理学为视野和方法，以深厚的传统文化为根基，以改革创新的时代精神为主旋律，规避西方现代性的道德隐忧，不时以后现代精神反思和回望我们来时的路，重构当代中国伦理精神，是中国式现代化尤其是中国式政治现代化及其道德擘画的必由之路。

客观地讲，国内较早较为系统地研究现代化并且将重点聚焦在中国式政治现代化的，当属《我们离现代化还有多远》① 的作者武斌先生。《我们离现代化还有多远》认为，"现代化"作为"现代性"之实践，在不同的历史时期、不同的民族国家及不同的文化介质里，形式各异，异彩纷呈。但从总体上来说，现代化主要有两种基本形式：一种是从本土发展起来的"早发内生型现代化"，像英美等西方发达国家；一种是在外力推动下发展起来的"后发外生型现代化"，像印度、巴西、中国等，甚至还包括日本和俄罗斯。后一种现代化或称为"现代化的后来者"，是一个社会与"早发内生型现代化"的国家接触或碰撞之后，受到外力的刺激与挑战，自愿或不自愿地借鉴前者的经验，追随着前者，或随潮流而行，或迎头赶上，它往往是通过政府的顶层设计来挽救社会危亡的一种手段。② 就民族国家发展的文化个性与历史路向而言，它不是历史的必然，

---

① 武斌. 我们离现代化还有多远 [M]. 北京：中国经济出版社，1999.
② 武斌. 现代化离我们还有多远 [M]. 北京：中国经济出版社，1999：46.

倒像是历史的中断。1840 年，英国人用坚船利炮打开中国的大门，胁迫中国进入世界现代性的潮流之中。西方列强破门而入，将我们"拽出"家门，从那一刻起，我们就深知自己的命运在相当长的时间里要被别人牵着鼻子走。虽然带有几分不情愿，但毕竟我们已经走出了家门，故而不得不接受这个残缺的"被迫现代化"的历史事实。我们带着对家的几分眷恋和不舍，涌进现代化的大潮之中，开始了中国式现代性及其道德谋划的路径选择与历程探索。

作为现代化的后来者，我们是被拽出家门的，因此必须承受别人没有承受过的苦痛。我们被迫离家出走，却始终眷顾着那生我养我的地方。于是乎所谓的"国粹派""西化派"和"中间派"或"结合派"之间无休止的论证就应运而生了。"国粹派"与"西化派"之争以及"结合派"所走的一些弯路，从根本上来说，都源自对西方"早发内生型现代化"的本质属性与中国现代化的历史定位缺乏科学理性的认知，在传统文化的现代化、外来文化的本土化以及文化自我与文化他者的对话与沟通等方面存在着心理的拒斥、行为的不适和视野的偏狭。纵观 1840 年鸦片战争以来的中国近现代历史，我们不难发现，"结合派"相对而言会走得更稳健，更久远。这其中，马克思主义中国化则是传统与现代、本土与外来、东方与西方有机结合的最好典范。这是因为它既与中国传统文化内蕴的辩证、中庸的精神品质和民族性格相符合，同时又满足了吾国吾民向西方学习的冲动和诉求。当然，"结合派"也并非一帆风顺。如果结合得好，社会前进的步伐就会高歌猛进，势不可挡；可一旦结合得不好，势必会造成思想混乱、社会动乱和历史倒退。中国共产党始终坚持把马克思主义基本原理与中国具体实际相结合、与中华优秀传统文化相结合，推进马克思主义中国化时代化，不仅成功地找到了一条"农村包围城市，武装夺取政权"的新民主主义革命道路、"一化三改"的社会主义改造与社会主义建设道路，更是找到了一条扎实推进国家治理体系和治理能力现代化、建设社会主义现代化强国、实现中华民族伟大复兴的中国特色社会主义发展道路。

在西方以历时性存在的传统、现代和后现代的文化因子、价值观念在当下中国被超时空地压缩，变成了共时性的实存。我们迎来了千载难逢的发展机遇，同时又面临着前所未有的时代挑战。一方面，西方世界现代化建设的成功经验和优秀文明成果可以为我所用；另一方面，我们又不得不承载着西方现代性及其道德谋划的困惑、难题与危机。传统的、现代的、后现代的三种文化因子竞相生长的现世实存，增添了当代中国和中国人的抉择的痛楚、核心价值观认同的迷茫及其体系建构的困难。传统的"生存之链"断裂，使得离"家"出走的人们出现了前所未有的存在性孤独与安全性焦虑。感情融洽、价值共享、生命共存的共同体生活及其一贯性正在或已经被打破，代之以原子式的以自我为中心的个体的"自我实现"，社会人伦关系的真实性、稳定性不见了。人们彼此间不再熟知，似乎没有了真情实感，对伦理道德的追求逐渐被抽象的形式和无表情的契约关系所取代。① 因是，重构当代中国伦理精神尤其是重构全体社会成员社会关系认同、社会主流文化及其内蕴的核心价值观的认同、人格同一性认同的伦理实体或共同体背景势在必行。中国式现代化及其道德擘画必须尽可能地规避西方式现代化过程中出现的道德困境，以深厚的传统文化为根基，以改革创新的时代精神为主旋律，不时以反思现代性的精神回望我们自己来时的路，才能从真正意义上实现不同于西方且持续健康的中国式现代化；始终坚持"马学为体、西学为用、国学为根、世情为鉴、国情为据、综合创新"② 的学术原则，创造出有别于西方且和谐进步的中国现代文明。中国政治伦理精神的当代重构也需要"在结合上下功夫"，其基本路向应该是实现美德与规则的相互培源、传统与现代的互融互释、人的全面发展与社会的全面进步的有机统一。

　　我的研究方向是东西方文化传统及其伦理精神比照研究，"现代性""现代化"是我一直以来聚焦的学术话语。20 世纪 90 年代末通过西方思想界现代化研究开创式人物——美国当代著名社会学家布莱克的《比较现代化》③ 和前面提到的武斌先生的《我们离现代化还有多远》开始将"现代性"视为自己的研究旨趣。对西方式现代化及其道德谋划进行深刻反思，对中国式现代化及其道德擘画进行历史叙事，对当代中国社会主义现代化建设与伦理精神的现实建构进行深入探讨，厘清中国式现代化尤其是政治现代化及其道德谋划两种不同的探究传统，先后发表《文化生态：以一种对话的视野回救现代性》《韦伯悖论与新教伦理的后现代走向研究》《后金融危机时代必须究诘的几个伦理问题》《被放逐的资本主义及其文化悖论》《走出美德与规则"厚此薄彼"的道德误区》《韦伯的文化偏见与新教伦理的后现代回救》《土地伦理从可能到现实：兼论资本主

---

① 吴润楠. 简析社会主义核心价值体系的价值认同 [J]. 山西高等学校社会科学学报，2011，23（5）：7-9.

② 程恩富，何干强. 论推进中国经济学现代化的学术原则：主析"马学""西学"与"国学"之关系 [J]. 马克思主义研究，2009（4）：5-16，159.

③ ［英］布莱克. 比较现代化 [M]. 杨豫，陈祖洲，译. 上海：上海译文出版社，1996.

义生产方式的反环境特质》《中国现代性路径选择与中国共产党的文化自觉》《习近平治国理政思想与中国化马克思主义的整体推进》《跨越全球治理的"筒仓式思维"的认知门槛》《极端经济学的非理性特质及其道德副产品》《走出"整体性生命存在"的现代性危机——基于马克思整体生命观研究》，等等。坚持马克思主义基本立场，以马克思主义中国化的最新理论成果为思想指导，以唯物史观为基础，站在道德哲学分析的高度，从跨文化比较的视野出发，力求打通中西马，融通古近今，从博士论文《信用伦理及其道德哲学传统研究》（中国社会科学出版社，2008）到后来的《资本主义文化悖论的后现代走向与回救》（光明日报出版社，2013）、《当代中国青年价值困惑与出路》（中国社会科学出版社，2016）、《中国文化自信的精神形态研究——语义、价值和实践的逻辑》（人民出版社，2021），从未须臾离开。

2015 年以来，我一直聚焦国家治理体系和治理能力现代化的伦理精神及其跨文化比照研究，系统谋篇"当代中国政治伦理精神建构"三部曲，即"导论篇""理论建构篇""道德实践篇"。作为"导论篇"的《当代中国政治伦理精神研究导论》这本拙著的出版实属不易，几易其稿，因为各种原因出版社也几经周转。现在呈现在各位读者面前的已经是第五稿，应出版社的要求，书稿的名称也由原先的"中国式政治现代化及其道德谋划"改为"当代中国政治伦理精神研究导论"。《当代中国政治伦理精神研究导论》从"政治伦理精神"视角出发，对政治现代化及其道德谋划作中西方两种不同道德探究传统比照，阐明"当代中国政治伦理精神研究"的原则立场，旨在为后续的"理论建构篇"和"道德实践篇"研究奠定理论基始，厘清思维理络，预设学术基调。不仅如此，《当代中国政治伦理精神研究导论》也为我的在研项目——国家社科基金重点项目"拓展新时代文明实践中心建设研究"（项目编号：21AZD052）提供必要的原则立场和方法论指导。众所周知，没有农业农村和农民的现代化，就没有真正意义上的中国式现代化。以拓展新时代文明实践助力乡村全面振兴是中国式现代化的应有之举，建设宜业宜居和美乡村是建设人口规模巨大的现代化、全体人民共同富裕的现代化、物质文明和精神文明相协调的现代化以及人与自然和谐共生的现代化的必然要求。

在此要特别鸣谢我的同事同时也是我的博士研究生——江南大学马克思主义学院白冰副研究员，他的刻苦钻研的进取精神、不耻下问的学术品格和积极乐观的人生态度着实令我感动，在写作大纲的打磨过程中一次次地碰撞出思想和智慧的火花；感谢我的研究生王琴琴、罗紫薇、王瑞霞、董梦茹、张青青、齐孟晗、李梦寒等七位同学，她们努力克服因突如其来的新冠疫情而封校所带来的诸多不便，广泛收集整理文献资料，并直接参与第一、二、四、五章初稿的组稿工作，教学相长只有在师生共同营造的学术共同体内部才能实现，研究生的学术品格或者人格也只有在师生学术共同体内部才能够获致或者形塑。古人有云，弟子不必不如师，师不必高于弟子，闻道有先后，术业有专攻，如是而已。特别鸣谢上海交通大学长聘教授王强博士应邀作《重新发现"伦理"：中国式现代化视野下现代道德谋划》的云端分享，深受启发。特别鸣谢江南大学马克思主义学院对我的"中国式现代化及其道德谋划"科研团队给予的大力支持。

学术研究和创作来不得半点马虎，需要正心诚意地全身心投入，为此难免会处于半闭关的状态，最容易被忽视的是自己身边最亲近的家人。在此我要特别感谢妻子韩冬女士，她的宽容大度，包容了我无数次因沉浸于思考而未能及时给予的言语的回应和行动的反应；感谢女儿的快乐陪伴之余却总有那么一丝丝惆的怅和遗憾，遗憾的是因为疫情她未能回母校参加毕业典礼，未能见证她此生难得的高光时刻，未能真切感受依依惜别的四年同窗情。2022年7月2日拙著初稿成稿之际，恰好是农历六月初四母亲86岁生日。疫情反复，突如其来，回乡探母再次搁浅，让母亲盼儿归故乡的希望再次幻灭。母亲出生在战火纷飞的动荡年代，从小颠沛流离，在她的依稀的记忆里，五六岁就开始放牛、做农活。父亲和母亲是远房表兄妹，解放初期结为伉俪，育有三男两女，大姐在三年严重困难时因为饥饿而不幸夭折。我在家中是老幺，记忆中虽家徒四壁但总是很温暖。母亲一边摇着纺车一边给我们编着离奇古怪的故事，至今记忆犹新。从小到大，逢年过节，或是家里来客人，母亲很少坐到厅堂的大桌上吃过饭，都是一个人在厨房里对付一下。1997年香港回归那年，父亲走得突然，我第一次真切地体会到了什么叫"子欲养而亲不待"的痛苦和无奈。岁月从未停止过它匆匆的脚步，转眼间母亲已是耄耋数年。或许是不习惯城市生活，或许是因为故土难离，母亲一直生活在安徽乡下老家。不能膝前尽孝，心中一直有愧！有遗憾才会懂得更加珍惜，有挫折才会变得更加坚韧。就在书稿五修之际，慈祥的母亲离我而去，悲恸之情难以言表！真切体会到了什么叫"父母在人生尚有来处；父母去人生只剩归途"。时疫已经过去，生活仍要继续！中国人是有温存的，中国人性是有温良的，中国社会是有温度的，中国文化是有温情的。这是因为，中国人在意的是"我们"而不只是"我"，追求的是"我们如何在一起"而不是"我应该如何活得更好"，亘古不变。

是以为记，是以为念，是以为谨。

陈绪新

2024 年 7 月于东篱轩